拯救自我丛书卷一

ZHENGJIU ZIJI DE SHENGMING

拯救自己的生命

——健康秘密与素食革命

雷璟思　编著

西北工業大學出版社

【内容简介】本书分析了人类面临健康危机和灾难的根源，揭露了西方和中国当前流行的健康模式的根本缺陷和巨大危害，对如何拯救自己的生命作出全面、系统和深刻的分析论证，人类得病除了遗传基因缺陷以外，都是与我们自己的生活方式和生存环境直接有关。虽然医疗技术可以救死扶伤，可以挽救生命，但是，从构建自身健康体质、维护和促进身体健康来看，外界的医疗技术不能起到根本性作用，我们必须自己拯救自己，认识到健康理念变革的重要性，认识到树立科学健康观、健康价值观、科学健康模式和健康饮食路线的重要性，本书较为详细地介绍了维护和提高自愈能力以及构建长久健康模式的方法，为我们日常的生活提供参考。

图书在版编目（CIP）数据

拯救自己的生命/雷璟思 编著.—西安：西北工业大学出版社，2016. 10
ISBN 978-7-5612-5124-9

Ⅰ.①拯… Ⅱ.①雷… Ⅲ.①环境保护—研究 Ⅳ.①X

中国版本图书馆 CIP 数据核字（2016）第 249157 号

出版发行：西北工业大学出版社
通信地址：西安市友谊西路 127 号 邮编：710072
电　　话：（029）88493844 88491757
网　　址：www. nwpup. com
印 刷 者：西安盛业印务有限公司
开　　本：787 mm×1092 mm 1/16
印　　张：23.75
字　　数：320 千字
版　　次：2016 年 10 月第 1 版 2016 年 10 月第 1 次印刷
定　　价：48.00 元

总　序

一个人从母体来到世间，人的生命过程就开始了，同时您的人生旅程也就开始了。在人生旅程中，生命、健康、本领、灵魂、梦想、子女、事业、爱情、财产、权力等都是重要组成部分，我们会面临各种各样的风险，有时还会面临巨大的凶险危机。在这里，我们坚持从实际出发和问题导向，着重对健康灾难、本领恐慌、灵魂危机和生命归宿等做出深刻分析和系统研究，编撰出版《拯救自我》丛书，包括《拯救自己的生命》《拯救自己的安全》《拯救自己的本领》《拯救自己的灵魂》和《生命的归宿》。《拯救自我》丛书能够为每一个希望自己健康、荣耀、安全、心正和心安地走上人生旅程的人提供切实帮助就是笔者最大的心愿，这也是《拯救自我》丛书出版的意义所在。

身心健康和生命安全对每一个人来说都是最重要的。在人生旅程中，我们必须维护好自己的身体健康，保护好自己的生命安全，因为只有健康是人生一切要素的唯一承载和希望，生命安全和健康与否才是人来到世间最重要的问题。特别是化学工业、能源工业发展的负面影响和贪吃动物性食物，从20世纪初现代化快速发展以来，人类健康出现的前所未有的危机和苦难向我们敲响了警钟！最重要的问题是人类贪吃动物性食物，人类食物结构改变的速度太快了，人类的身体机能和结构都无法适应这一根本性改变，当然人类的健康就出现大危机了。因此，必须从对身外之物的关注转变到对身内状态的关注，把生命安全和健康维护放到更高地位，拯救自己岌岌可危的生命和健康。《拯救自己的生命》一书从科学健康观、健康价值观、科学健康模式、健康饮食路线、维护和提高自愈能力以及构建长久健康模式的方法等方面对如何拯救自己的生命做出系统的分析论证。

在现代化的社会中，个人的安全问题已经时时刻刻地摆在每个人的面前，生命安全尤为突出，非正常的安全问题集中爆发，在交通运输和生产中事故不断，不知有多少人瞬间消失或者变成残废。任何人都可能遇到意想不到的突发状况，但由于应急处理不当，突发状况已经成为威胁人身安全和政治安全的重要因素。在信息化和网络化的时代，财产安全已经成为一个极为突出的社会问题，各种诈骗、敲诈、勒索和强夺手段层出不穷，防不胜防，不知有多少人的合法财产失去了安全保障。在各种安全问题中，外界因素固然极为重要，但自我因素也起着以小搏大的关键性作用，因此，从根本的意义上说，如果自己忽视或者放弃了维护自己安全的责任和方法，那么，自己的安全很难得到保障。而自己的安全必须靠自己来保障，靠自己来拯救。《拯救自己的安全》一书从以人为本和个人安全的角度出发，全面系统地分析和论证现代化、全球化和网络化时代的个人安全问题，主要是人身安全、政治安全、财产安全、信息安全等安全问题，从环境、交通、生产和社会活动等方面分析个人安全问题，是一本安全教科书。

本领是每一个人立身和立业的根本。由于外部世界巨大而迅速的变化，知识和技术创新的速度通常会超过我们的预期，我们本领的提升往往赶不上这种变化。著名成功学大师拿破仑·希尔曾说过："恐慌是人的天性之一，例如心理恐慌、情感恐慌、办事恐慌、说话恐慌、交际恐慌等，这些恐慌可以归结为一种恐慌，那就是本领恐慌。"1939年，在抗日战争和我们党及解放区处境非常困难的时期，正是在那个时候毛泽东同志提出了"本领恐慌"的问题，他讲到："我们队伍里边有一种恐慌，不是经济恐慌，也不是政治恐慌，而是本领恐慌。"从那时起开始的学习运动，以及后来的延安整风，为后来的抗日战争乃至10年后的解放战争胜利和建立新中国提供了坚强的理论基础和思想保证。在中共中央党校建校80周年庆祝大会暨2013年春季学期开学典礼上，习近平总书记强调：本领恐慌在党内相当一个范围、相当一个时期都是存在的。实现党的十八大提出的各项目标任务，做好方方面面的工作，对我们的本领提出了新的要求。只有全党本领不断增强了，"两个一百年"的奋斗目标才能实现，中华民族伟大复兴的"中国梦"才能梦想成真。

在瞬息万变、竞争激烈的新世纪，"本领恐慌"更加严重，但与此形成鲜明对比的是，一些人不仅缺乏“本领恐慌”意识，反而自我感觉良好，他们满足于“知识不多有文凭，学力不高能应付”，对于潜在或明显的差距看不到，对于即刻到来的恐慌也麻木不仁。如何克服“本领恐慌”，已经成为摆在我们面前的一项紧迫任务。克服“本领恐慌”，学习是根本出路。延安时期，毛泽东同志在百忙之中仍坚持读书学习。毛泽东同志说过：“读书是学习，使用也是学习，而且是更重要的学习。”增长本领，提高能力和素质，不仅要学习书本上的知识，还要向实践学习。个人本领的大小既有赖于实践的检验，又来源于实践的锻炼。我们应勇于到艰难困苦的环境中去，这既是对一个人本领的挑战，也是增强本领的好机会。巧借身边人之长，是解决“本领恐慌”的重要方法。个人的精力和时间毕竟有限，向身边人学习则是提高自身能力的一条捷径。取人之长，补己之短，就能获得几何级数式的知识积累，迅速提高自己的综合分析能力、鉴别能力和运用能力。只要我们正确认识“本领恐慌”问题，以时不我待的精神去追求新知，不断提高自己的能力素质，就能战胜“本领恐慌”，就能变恐慌为从容，变无所作为为大有作为。《拯救自己的本领》一书以人类社会和国家发展为主线，以人生事业和前途为主题，以信息化社会和知识经济为背景，正确对待“本领恐慌”问题，系统分析本领的构成和核心，全面论证拯救自己本领的途径和方式，为我们解决“本领恐慌”问题提供导引和帮助。

灵魂是每一个人精神世界的支柱和导航，是人生的又一个根本性问题。什么是灵魂？这不是用一个定义就能阐述清楚的概念，“灵魂”一词有多重含义，从一般意义上说，灵魂是指生命、人格、良心、精神、思想等，也比喻事物中起主导和决定作用的因素。宗教认为，灵魂是附在人的躯体上作为主宰的一种东西，灵魂离开躯体后人即死亡。

我们可以从以下五个方面来对灵魂进行基本解释：①文化意义上可以影响或激励后人的人文成果；②科学非正统派认为附于人体的心意之灵；③比喻起关键和主导作用的核心因素；④把高尚的品德和伟大的精神作为至上的目标；⑤宗教认为附在人的躯体上作为主宰的一种非物质的灵体，灵体离开躯体人即死亡。例如，李二和《远行》：

"灵魂，是开启生命、破译自然、领悟真谛的神圣钥匙；是滋养和照耀生命的水与阳光；是极致的世界。"巴金《随想录·文学的作用》："文学作品能产生潜移默化，塑造灵魂的效果。"魏巍《谁是最可爱的人》："他们的灵魂是多么美丽和宽广。"瞿秋白《出卖灵魂的秘诀》："从中国小百姓方面来说，这却是出卖灵魂的唯一秘诀。"周恩来《抗战军队的政治工作》："以革命主义为基础的革命政治工作是一切革命军队的生命线与灵魂！"

灵魂与信仰是相通的，有了信仰才有灵魂！信仰是一种对身外之物——或神或人或物的绝对的无条件的非理性的崇拜、信奉、服从和依赖，是人（信徒）的生活的源泉和动力，是他们的精神生活的核心内容；失去了它人（信徒）的生命就失去了意义。

精神危机即信仰危机必须解除，20 世纪 90 年代以来，出现了"重建信仰"的呼声，经过 20 年"重建信仰"的艰苦努力，《瞭望东方周刊》（2007/6）刊登的童世骏教授课题组关于"当代中国人精神生活调查"课题报告指出：不信教的、宣称自己是无神论者的，约占样本总人数的 15%，我国信仰者占总人口的比例接近了 85%。如果这个专项调查报告取样的样本是真实的话，可以说"信仰"重新回到了中国人的现实生活中，如果按照 13 亿人口比例来推算，中国至少有 11 亿信仰者，而在年龄为 16 周岁以上的中国人里，具有宗教信仰的人数为 31. 4%，即中国具有宗教信仰的人口约 3 亿。据此，我们可以推算出非宗教信仰者约有 8 亿人。

那么，这 8 亿的非宗教信仰者他们都信仰什么呢？童世骏课题组告诉我们，他们信仰"财神"。当代中国人对信仰功能的需求出现了新特点，其中最为典型的是兴旺于中国各地的"接财神"现象，出现了将财神爷放到与观音并列的位置，正是民间心态的表达方式：财神对现今的生活太重要了，与救苦救难的观世音菩萨已经一般无二了。如果一个人，甚至一个国家民族，确认了对金钱的信仰。那么，一切罪恶便都是微不足道的。它可以让人肆无忌惮地、一往无前地做他想做的一切而不需要考虑后果，其社会危害性将远远超过被称之为邪教的信仰。

某些成功人士或名人不仅不去进行正能量的传导，反而屡屡以冰冷的言行去击碎最基本的人性底线，反以“直言”自居并显洋洋得意之状。

通过他们的言论我们看到了灵魂危机，这种灵魂危机的实质就是拜金主义，即“货币拜物教”，灵魂危机恐怕是比金融危机更大的危机。《拯救自己的灵魂》以人类社会的伟大文明发展进程为背景，揭露各种心灵危机现象的本质，全面批判拜金主义思潮，倡导公平正义价值观和人的本质和天良，同时深入剖析宗教在解决心灵危机中的机制和功能，创建“人类命运共同体”的伟大价值观，为塑造伟大、高尚的心灵提供精神产品和动力。

在市场经济的发展过程中，形成了金钱交易关系的普遍化趋势，在这个历史过程中所产生的最大负面影响就是拜金主义，拜金主义是货币拜物教的通俗表述，即所谓“货币拜物教”是指人把自身的力量归结为货币固有的魔力。马克思在《资本论》中对货币拜物教进行了深入地分析批判。

“货币拜物教”把金钱看成是万能的，从而把人变成了金钱的附属物，变成了获取金钱的工具。金钱一旦成为崇拜的对象，成为价值的核心和目标，从而用物与物的关系代替了人与人的关系，便要导致人自身的异化了。一个“货币拜物教”占统治地位的社会是一个物欲横流的社会，是人类的一切价值包括人类自身的价值都被极度贬低的社会，这是与人类的发展进步背道而驰的，与社会主义现代化也是格格不入的。与“货币拜物教”现象相联系，人们追求利益的形式和手段也发生了重大的变化。在人们的利益意识觉醒的今天，追求利益不择手段的现象的普遍化已经达到了无孔不入的程度。今天形成了一个全社会规模的、渗透到各行各业之中的、反应及其迅速的、不计社会后果和风险的、完全泯没了人类良知的不择手段地追求利益的潮流。这个潮流用它的浊浪冲击着整个社会：凡是有一个可能获利的机会，立即就会有千千万万人争先恐后地去争夺，在正常生活轨道上的任何一件平常的事物，都有千千万万的人挖空心思地去从中寻找能够获利的邪门歪道，从而使得这种不择手段地追求利益的行为达到了无以复加的程度，使普通百姓避之无路，使监督部门应接不暇。比如，割裂经济效益与社会效益，片面追求经济效益的行为；一些地区和部门为了部门和单位的利益而牺牲国家和民族的整体利益、长远利益；更有甚者，不择手段地追逐金钱、利益，不仅无视社会公德、践踏市场准则，甚至不惜以戕害他人生命为代价，如金融、证券领域的欺骗诈取、黑箱操作；食品、医药、房地产、建材等领域的假冒伪劣等。这种状况是"货币拜物教"即拜金主义泛滥的直接结果。

"货币拜物教"对行政权力的渗透。行政权力是代表国家对社会进行管理的权力，除了代表国家和社会的利益之外，不应该有自己的特殊利益。但实际上在行政机构中也生长出某种特殊利益来了，这就是一定机构的特殊利益和工作人员的特殊利益。从而也就会产生这些特殊利益与国家和社会利益的矛盾。在"货币拜物教"驱使下，则往往使行政机构的特殊利益压倒国家和社会的利益，于是满足行政机构特殊利益的各种手段便纷纷出现。于是各种各样的"收费""罚款""摊派"，以及收受"回扣"贿赂，对人民群众作威作福等等行为便不断地发生了。不少领导干部把手中的权力作为谋取钱财的手段，从而出现不少贪污腐败、行贿受贿、权钱交易、买官卖官等腐败现象。比如，有的以权谋私、与民争利，把小团体、本部门、本单位的利益置于群众利益之上，乱收费、乱集资、乱摊派，侵害群众利益，甚至中饱私囊；有的贪图享受、大吃大喝、大手大脚、挥霍人民财富，甚至腐化堕落……这些行为实际上是对社会的掠夺，使人民群众怨声载道。

"货币拜物教"对文化的冲击主要是造成文化的低俗化。它既妨碍继承传统文化的精华，又妨碍吸收外来文化的优秀成果。"货币拜物教"是把文化当作赚钱的工具，其本质是反文化的。一些文化工作者的社会责任感丧失，一些文化活动被简单地商品化；一些媒体为了所谓的市场占有率，一味迎合低级、庸俗的趣味，甚至纵容错误和虚假的东西招摇过市；一些学者著书立说只是为了评职称、捞资本、争名利，有的甚至依傍某种资本，为捞取金钱而甘心为其摇唇鼓舌。

"货币拜物教"危害严重。从人的发展来看，货币拜物教与人的全面发展相背离，剥夺了人的本质的丰富性，把人降低为金钱的奴隶；

从社会来看，拜金主义盛行的社会必然是一个物欲横流、人情冷漠、尔虞我诈、人人自危的社会，是一个道德沦丧、信仰缺失的社会。从经济发展来看，如果任拜金主义泛滥就会使经济秩序陷入混乱，诚信丧失，就会使诚实劳动得不到回报，使坑蒙拐骗、敲诈勒索者大行其道；从政治发展来看，如果盛行拜金主义，执政党和政府就会失去广大人民群众的信任和支持，执政党的政权就有得而复失的巨大危险；从文化发展来看，如果一切唯金钱至上，整个社会就没有了精神支柱，没有了凝聚力和精神动力。

什么是生命的归宿？物质与精神，这两个永恒的生命主题，困扰着所有活着的人。在《生命的归宿》里，我们试图对此做出回答。对于物质与精神，人类永远在追逐，却永远顾此失彼，在得到物质利益的同时，却让灵魂得不到安宁，为了不让灵魂游荡，我们需要建立一个至上的精神家园。面对生命，做任何选择都有一定的理由，都会面临两难选择。典型的成功者，在现实中生存没有梦想的人，在梦想中生存不知现实的人。人类最重的灾难也许是在童话里陷得太深，也许是在现实中不能自拔，这两种现象难道恰恰是生命的归宿吗？我们在大千世界，看到了众生百相，看到了生命的挣扎，看到了灵魂的孤苦，看到了卑微的姿态和高贵的心，看到了欲望、毁灭与重生。沉重的未必悲惨，轻松的未必辉煌。灵魂可以永生，但生命只有一次。

我们以林语堂《人生的归宿》中的一段话来做注解吧："我爱好春，但是春太柔嫩；我爱好夏，但是夏太荣夸。因是我最爱好秋，因为它的叶子带一些黄色，调子格外柔和，色彩格外浓郁。它又染上一些忧郁的神采和死的预示。它的金黄的浓郁，不是表现春的烂漫，不是表现夏的盛力，而是表现逼近老迈圆熟与慈和的智慧。他知道人生的有限，故知足而乐天。"

编　者

2016 年 3 月

序　言

生命的诞生是人生一切的起点，人的生命的存在或延续是做一切事情的前提，如果失去了生命，什么都无从谈起。自从人类在地球上诞生以来，从20世纪初现代化快速发展以来，人类健康出现前所未有的危机和苦难。一种异常现象令人十分震惊！如果您到大中城市的医院去，就会发现医院里的人比大型商店或超市的人还多，罹患心血管疾病、癌症和糖尿病等疾病的人比得感冒的人多！心脏病、癌症、糖尿病等发病率、死亡率大幅度上升，医疗健康专家进行了系统研究发现，这是因为医疗技术进步和医疗费用增加的速度赶不上化学工业和能源工业对环境的负面影响速度，赶不上环境污染的加剧和生态环境的破坏速度，赶不上人类食物结构变革的速度。人类健康出现前所未有的危机和苦难，这是人类发展过程中的大事件，揭示了一个世纪以来人类健康模式的根本缺陷，也揭示了以工业化和城市化为核心的现代化的发展给人类健康方面带来的副作用，向我们敲响了化学工业、能源工业的负面影响和贪吃动物性食物悲惨后果的警钟！这一点在过去我们并没有足够的重视，只是在适应人类现代化运动所形成的生活方式，因为现代化运动在促进生产力和社会发展的同时，也为满足人类的各种贪婪提供了条件。最重要的是人类贪吃动物性食物，人类食物结构改变的速度太快了，人类的身体机能和结构都无法适应这一根本性改变，同时环境污染和生态环境恶化也从外界给人类的生命以致命性重击，当然就出现大危机了。科学家分析了美国人的死亡有10大原因，在此我们只说前三位死亡原因。第一位是心脏病，1/3的人死于心脏病。第二位是癌症，1/4的人死于癌症。第三大死亡原因是什么呢？这是我们都想不到的原因。第三大死亡原因不是什么病，而是叫医疗失误！一个医疗水平这样高，费用又这么大的国家，医疗失误竟然成为第三大死亡原因。这多么令人可怕和震惊！这给我们什么样的启示呢？它启示我们，我们最信赖的医疗技术不一定是安全可靠的！人类得病除了遗传基因缺陷以外，都是与我们自己的生活方式和生存环境有关，说明我们的健康观念和健康模式存在根本缺陷。医疗技术可以救死扶伤，可以挽救生命，但是，从构建自身健康体质、维护和促进身体健康来看，外界的医疗技术不能起到根本性作用，我们必须自己拯救自己。那么如何拯救自己的生命呢？

第一，必须保护好人类生存的地球环境。如果地球环境发生了颠覆性的不利于人类生存的变化，那将是人类的灭顶之灾，全人类必须共同防止这种情况的形成，必须共同阻止这种情况的发生。我们必须防止化学工业和能源工业负面影响的延续，阻止环境污染的加剧和生态环境的破坏，保护好人类生存的地球环境。为此，必须靠全人类的共同努力，必须靠各个国家、国际组织、跨国公司发挥决定性作用，必须靠各类社会组织、企业、家庭和个人发挥不可缺少的重要作用。在保护生存环境方面人类已经开始行动，并采取了一些列重大措施，取得了一些明显的成绩。但是，从总体上看，人类在保护环境和改善生态方面只是起步，处于初级阶段，还没有形成全球化的体制机制和保护体系，我们还有更长的路要走，还有更多的事要做，我们必须不断努力，不断进步，力争早日实现保护好人类生存的地球环境的伟大目标。

第二，必须发展好中国特色健康服务业。我国健康服务业的现状已经不能适应社会发展需求和人民群众的期待，不适应、不平衡、不协调问题十分突出，全体民众受到各种疾病的威胁日益增加，整个民族的身体素质下降，发病率不断上升，健康服务资源供应紧张，严重损害人民群众的身体健康和生命安全，全社会医疗费用支出过快上涨，民众维护健康成本过大，健康资源耗费的过大，全社会都不满意！因此，必须发展好中国特色健康服务业。必须正本清源，坚决摈弃一个时期以来流行的忽视预防、机械的狭隘健康观，这种狭隘健康观归结到一点，就是以疾病为中心的健康管理模式，注重治病，忽视防病，放弃自己维护健康的责任和权力，而把自己的生命安全和身体健康交给了医院，交给了他人，比如交给了贪钱而缺良知的生产者、加工者、服务者，而同时放纵了自己，把自己的生命置于危险的境地。因此，在全社会大力倡导和全面树立科学健康观，就是要恢复被“狭隘健康观”放弃的人类自然本性和整体本性的观念，恢复被经济利益扭曲的健康服务的本来面貌和发展目的，确立预防第一、治疗第二的根本观念和战略方针，充分发挥常态化健康维护的根本作用和医院救死扶伤、治病去病的重要作用。

第三，必须依靠自己拯救生命。人类和中华民族延续发展的经验证明，人类必须拯救自己，不能靠神或者外星人，我们每个人也必须拯救自己的生命，不能仅靠医院。我们要拯救自己的生命，就必须全面遵守生命法则。生命法则存在于人的生老病死和衣食住行的整个过程中，生命法则是一个自然法则系统，核心法则是人类的自然本性和整体本性，根本法则是遗传、代谢和自愈三大原理，基本法则是系统与环境、结构与功能、整体与部分、宏观与微观四大关系和机制，生命过程中的物理、化学、生理和心理等一系列机理。我们必须遵循各种生命法则，既不可违背，也不可偏废。全面遵守生命法则，必须按照人类的自然本性和整体本性的要求，既要维护、促进、管理和保障人的生理、身体健康，又追求和保障人的心理、精神健康，以及在此基础上的促进社会、环境、家庭、人群等各方面的生态健康。

第四，必须维护和提高自愈能力。纵观人类几千年来解决健康问题的伟大历程和经验教训，要从根本上解决人类健康面临的基本问题，必须不断提高人类自身抵抗疾病的能力，这就是自愈能力，这是一个最根本的问题，人体如果失去了自愈能力，生命就难以为继，任何医疗手段都不能解决问题。维护和提供自愈能力是人类解决自身健康问题的最根本途径。人类的身体经过一百多万年的进化，已经接近完美的程度，拥有不可思议和不可战胜的自愈能力，而我们要做的最重要的工作就是爱护它，并更好地维护它和提升它。从某种程度上来说，医生治病，只是激发、扶持和利用人类机体的自愈力而已，最终治好疾病的，不是药和手术，而是人体的自愈能力。

第五，必须规划和管理好自己的时间。人生的追求无非是健康、财富、快乐和爱，只是由于价值观不同，这四者的比例有所差异罢了。而这些追求的实现，无一不是用时间的分配、利用来实现的。从这个角度来讲，时间管理对于人生的意义就是实现健康、财富、快乐和爱。因此，维护和增进健康的一个极为重要的问题就是规划和管理好自己的生命时间，也是维护和增强自愈能力的最根本的保障。不管是保障中国传统饮食结构，还是进行体育锻炼，进行气功和武术修练，或者在生病时采取一定的措施进行自我修复，实现自愈目标，都必须花费必要的时间，如果没有一定的时间保障，维护和增强自愈能力就会成为一句空话。因此，规划和管理好自己的生命时间就显得极为重要，最重要的一条就是必须通过时间管理给维护和增强自愈能力留下足够的时间。规划和管理好自己的时间并不是要把所有事情做完，而是更合理和更有效地运用时间。时间管理的目的除了要决定你该做些什么事情之外，另一个很重要的目的也是决定什么事情不应该做。虽然时间管理不是完全的掌控，但是我们自己必须降低被动性，透过事先的规划，做为一种提醒与指引。

第六，我们不仅要有最基本的人体科学和健康知识，而且关键是要树立科学健康观。我们不仅要知道怎么做，还必须知道为什么？不仅要看见树木，还要看见森林。不仅要知道最基本的健康知识，还要有科学的健康观，掌握健康的精髓和核心，不然仅仅知道一些具体的人体知识、营养知识、西医知识、中医知识、食品加工知识以及各类食物的具体知识，这些知识非常重要，它教给我们怎么做，但这些知识很零碎也很分散，要买很多本书或十几本书来看才行，而且学了这些健康知识，不等于就有了科学健康观。因此，我们一定要树立科学健康观，用它们来整合我们的具体健康知识，全面、系统和整体地把握和维护我们自己的健康，实现民族和我们自己的健康长寿。

拯救生命，必须依靠自己，别人只能提供力所能及的帮助，虽然这种帮助很重要，但不能解决根本问题。这里最重要的是要形成科学健康的生活方式，汲取贪吃动物性食物悲惨后果的教训。几千年来，中国人的健康饮食有一条基本路线，核心是以植物性膳食为主，还有四个基本点：杂、粗、淡、动。所谓杂就是各种各样的素食都要吃，不能单吃一类食物，即多渠道的营养；粗就是以粗粮为主，吃更多粗粮；淡就是油的清淡和口味的淡；动就是开展体育运动，进行各种各样的体育锻炼。这条中国传统健康饮食路线的主线是以植物性膳食为主体的多样化搭配，关键是把握好各种膳食品质的数量，既不能少，更不能多。大家一定要记住这条中国人传统的健康饮食路线，奠定维护增强自愈能力与维护健康的物质和能量的基础。

编　者

2016年3月

前　言

习近平总书记在全国卫生与健康大会上发表的重要讲话，从战略和全局高度对建设健康中国的重大任务作了深刻阐述，是推进健康中国建设的强大思想武器，是全党全社会建设健康中国的行动指南，是全方位全周期保障人民健康的行动号令，具有重大的现实意义和深远的历史意义。推进健康中国建设，不仅是各级党委和政府的重要职责，也是全国广大民众自己的重要使命。广大民众需要不断学习卫生与健康知识，努力提高自身素养，从维护自我健康做起，夯实健康中国建设的坚实基础。习近平总书记的讲话对今后进一步推动健康中国建设具有里程碑意义，我们重点从五个方面来理解和把握。

第一，要把人民健康放在优先发展的战略地位。习近平在讲话中强调，“健康是促进人的全面发展的必然要求，是经济社会发展的基础条件，是民族昌盛和国家富强的重要标志，也是广大人民群众的共同追求。”健康中国的美好蓝图，凝聚着全党、全国各族人民的共同理想。推进健康中国建设新目标的确立，是我们党以人为本、执政为民理念的重要体现，不仅凸显了国家对民众健康的高度重视，也有利于进一步凝聚起发展改革攻坚的信心和决心，推动解决制约事业发展和民众健康改善的全局性、根本性和长期性的问题。建设健康中国是关系现代化建设全局的重大战略任务，在社会主义现代化建设的过程中，必须把人民健康放在优先发展的战略地位，加快推进健康中国建设，努力全方位、全周期保障人民健康，为实现“两个一百年”奋斗目标、实现中华民族伟大复兴的中国梦打下坚实健康基础。

第二，坚持中国特色卫生与健康发展道路。推进健康中国建设，坚持中国特色卫生与健康发展道路是根本。习近平指出：“经过长期努力，我们不仅显著提高了人民健康水平，而且开辟了一条符合我国国情的卫生与健康发展道路。”随着工业化、城镇化、人口老龄化趋势的发展，由于生态环境、生活方式和疾病谱不断变化，我国仍然面临多重疾病威胁并存、多种健康影响因素交织的复杂局面，我们既面对着发达国家面临的卫生与健康问题，也面对着发展中国家面临的卫生与健康问题。如果这些问题不能得到有效解决，必然会严重影响人民健康，制约经济发展，影响社会和谐稳定。随着经济社会的发展，人们的需求从“能看病”发展到“看好病”“不得病”，这对卫生与健康工作提出了更高的标准和要求。在这种情况下，推进健康中国建设，是国民追求幸福生活的需要，也是全面建成小康社会和富强民主文明和谐的现代化国家的需要。习近平指出：“在推进健康中国建设的过程中，我们要坚持中国特色卫生与健康发展道路，把握好一些重大问题。要坚持正确的卫生与健康工作方针，以基层为重点，以改革创新为动力，预防为主，中西医并重，将健康融入所有政策，人民共建共享。以基层为重点，以改革创新为动力，预防为主，中西医并重，将健康融入所有政策，人民共建共享。”这是对我国卫生与健康事业发展经验的科学总结，也是必须长期坚持的工作方针。在新的历史条件下，卫生与健康工作的新方针既有历史延续性，又有时代性。预防为主、中西医并重等内容是我们党在卫生健康工作中长期坚持的，符合中国国情，在实际工作中发挥着重大作用。同时，新方针也具有鲜明的时代性，契合城镇化建设、统筹城乡发展的形势，只有让基层的医疗水平普遍提高了，健康中国才有了落脚点；而强调将健康融入到所有政策中，人民共建共享，则体现了国家改革发展成果由人民共享，体现了发展为了人民。建设健康中国，需要立足国情、把脉实际，把握好一些重大问题。要坚持基本医疗卫生事业的公益性，不断完善制度、扩展服务、提高质量，让广大人民群众享有公平可及，系统连续的预防、治疗、康复、健康促进等健康服务。要坚持提高医疗卫生服务质量和水平，让全体人民公平获得。要坚持正确处理政府和市场关系，在基本医疗卫生服务领域政府要有所为，在非基本医疗卫生服务领域市场要有活力。”

第三，把以治病为中心转变为以人民健康为中心。习近平强调，

“要坚定不移贯彻预防为主方针，坚持防治结合、联防联控、群防群控，努力为人民群众提供全生命周期的卫生与健康服务。要重视重大疾病防控，优化防治策略，最大程度减少人群患病。要重视少年儿童健康，全面加强幼儿园、中小学的卫生与健康工作，加强健康知识宣传力度，提高学生主动防病意识，有针对性地实施贫困地区学生营养餐或营养包行动，保障生长发育。要重视重点人群健康，保障妇幼健康，为老年人提供连续的健康管理服务和医疗服务，努力实现残疾人‘人人享有康复服务’的目标，关注流动人口健康问题，深入实施健康扶贫工程。要倡导健康文明的生活方式，树立大卫生、大健康的观念，把以治病为中心转变为以人民健康为中心，建立健全健康教育体系，提升全民健康素养，推动全民健身和全民健康深度融合。”

第四，良好的生态环境是人类生存与健康的基础。健康中国突破了医疗卫生的部门局限，纳入了体育、教育、环保部门、农业和食品，突出大健康理念，这是社会进步的重要表现。习近平指出：“要按照绿色发展理念，实行最严格的生态环境保护制度，建立健全环境与健康监测、调查、风险评估制度，重点抓好空气、土壤、水污染的防治，加快推进国土绿化，切实解决影响人民群众健康的突出环境问题。要继承和发扬爱国卫生运动优良传统，持续开展城乡环境卫生整洁行动，加大农村人居环境治理力度，建设健康、宜居、美丽家园。要贯彻食品安全法，完善食品安全体系，加强食品安全监管，严把从农田到餐桌的每一道防线。要牢固树立安全发展理念，健全公共安全体系，努力减少公共安全事件对人民生命健康的威胁。”

第五，健康的基础作用也无可替代。人民健康是社会发展和一切事业的根本，如果没有广大人民的健康，就会动摇社会根本，也会动摇国家的基础。习近平指出：“没有全民健康，就没有全面小康。”对任何人来说，没有健康，持续稳定的事业就无从谈起，幸福美好的生活更得不到保证。明白健康的意义容易，难的却是如何拥有健康、保持健康。人们所理解的健康，不仅是身体上的，也应该是心理上的，这就需要养成良好的生活习惯，坚持积极向上的心态。在健康教育中注入“防未病”“治未病”理念，扭转如今“治已病”的固化思维，使群众形成健康的生活习惯，增强其自我保健能力和疾病的预防能力。除了为病患治病，更加重要的工作是进行医学科普，减少常见的慢性病如糖尿病、高血压、高血脂等病症的发生。除了个人的努力，全社会也要大力普及健康生活，加大宣传力度，倡导健康文明的生活方式，广泛开展全民健身运动，共同营造人人追求健康、人人共享健康的氛围。

本书在编写过程中，曾参阅了相关文献、资料，在此，谨向其作者深表谢忱。

编 者

2016 年 3 月

目 录

第一章　健康秘密与素食革命

我们为什么要讲中华民族和中国民众的健康问题，而不仅仅是讲个人的健康问题，因为没有民族和民众的健康，也不可能保障个人的健康。

因为我们看到了一种异常现象令人十分震惊！如果您到大中城市的医院去，就会发现医院里的人比大型商店或超市的人还多，罹患心血管疾病、癌症和糖尿病等疾病的人比得感冒的人多！世界各地各种慢性病的人群都在不断增加，而且出现了年轻化的趋势。根据公开数据显示，我国医疗费用从2008年的1.2万亿元，增加到2014年的3.6万亿元，医疗费用的增长远超国内生产总值（GDP）的增长，超过收入的增长，民众看病贵看病难的问题一直没有缓解，医疗体制改革偏离了为民服务的轨道，整个社会的健康观与民众的健康状况出现了前所未有的冲突。因此，我们必须寻找中国民众获得健康的正确道路！

第一节　生命和健康的威胁来自贪婪

一、从我们还很陌生的三个世界说起

人类从制造石器和弓箭的时候起，就开始了探索天地人秘密的历程，几万年过去了，到科学技术较为发达的21世纪，还有很陌生的三个世界，这就是天、地、人。天地人三者是密切联系的，宇宙、地球和生命起源密不可分，人类的健康与天地是一体的。天——宇宙——无穷无尽的宇宙秘密我们还未探明；地——生命的摇篮，地球的精灵——作为生物圈中的人类，无穷无尽的生命奥秘和健康秘密等待我们去揭开，我们能否拯救自己的生命？人类的演化和延续向何处去？人

——作为从事社会活动的人类——不知有多少问题等待回答，人类将走向何方？现代化运动在推动社会发展的同时我们能否避免可能发生的灾难？我们向哪里去？又能走多远？这些问题还得用一生的时间去探索和回答！

二、人来到世间最重要的问题

在此，只讲地球的精灵——生物圈中的人类。一个人从母体来到世间，人的生命过程就开始了，同时您的人生旅程也就开始了。在人生旅程中什么最重要？这是我们必须首先回答的根本问题。我们都知道，在组成人生旅程的生命、健康、灵魂、本领、子女、事业、爱情、财产、权力和梦想等诸多要素中，只有生命和健康是人生一切要素的唯一承载和希望，生命安全和健康与否才是人来到世间最重要的问题。因此，必须从对身外之物的关注转变到对身内状态的关注，把生命安全和健康维护放到更高地位，拯救岌岌可危的生命。

三、"四贪"是生命和健康的主要威胁

一个人来到世间，贪财、贪色、贪食和贪权就是您面临的最大诱惑，也是生命安全和身体健康的主要威胁。如果您不能做到自我控制和自我约束，如果您经不住财、色、食和权的诱惑，走上了四贪之路（即贪财、或贪色、或贪食、或贪权），它们必定成为您的生命安全和身体健康的主要威胁。当然战争也会威胁民众的生命和健康，但那是另外一种威胁，这是个人不能自我控制的社会威胁。四贪就是只关注身外之物，构成了对生命和健康的主要威胁。这种例子实在太多了，只要您愿意去寻找，遍地都是，各种情况都有，反面教材是不缺的。

首先说贪财，汉黄石公《三略上略》："信谗则众离心；贪财则奸不禁。"古人云，"人为财死，鸟为食亡"，这就是贪财威胁生命安全的写照。不知有多少事例证明，贪财是生命安全的主要威胁之一，因为贪财，从古至今，不知有多少巨贪走上了不归路，也不知有多少人因贪财丧命。清朝的巨贪和珅，新中国成立后不久出了贪财的刘青山、

张子善，改革开放后出了成克杰、胡长青、郑筱萸、王怀忠，党的十八大以来揭露了大老虎周永康、薄熙来、郭伯雄、徐才厚、令计划和苏荣……

其次说贪色，《左传成公二年》："贪色为淫，淫为大罚。"女色或男色是人见人爱的尤物，如果不能自我节制，打开了潘多拉盒子，厄运就会降临。贪色是双贪，既贪身外之物，又贪自我感受。如果贪欲无限，迟早要付出沉重代价。例如成克杰、胡长青、郑筱萸等一批巨贪都是贪色的典型。

其三说贪食，贪食指超过生命需求吃东西的一种状态，而这种饮食方式容易造成肥胖症和心血管疾病等。《孔子家语六本》："大雀善惊而难得，黄口贪食而易得。"唐韩愈诗云："贪食以忘躯"。贪食有两种状态，一种是口福型贪食即普通贪吃，另一种则是贪食症，作为一种进食行为的异常改变。这里的贪食是指普通贪吃。贪食是只关注身外之物的基本表现，贪食造成肥胖，严重威胁自身健康。

其四说贪权，《庄子盗跖》："贪财而取慰，贪权而取竭。"贪权者最典型的是无数的暴君和乱世枭雄，为了让自己"流芳千古"，紧紧地抓住权力，至死不放，为了保住自己的权位，必然对妨碍自己权位之人进行打压或杀戮。在一个当权者嗜权如命的年代，一人意志得以纵横天下，千万人的梦想也就因此成空。最典型就是希特勒，他对财富根本就不屑一顾，然而，正是由于拥有了权力，希特勒得以建立了一个庞大的第三帝国，以其荒谬的思想与意志发动了第二次世界大战，最后因战败而死。权力就像一支利剑，既可以杀害他人，也可以杀害自己。贪权就像毒品，贪权者是难以自拔的。

四、人类对动物性食物的贪婪威胁健康和生命安全

在原始社会、农业社会和工业社会中期以前的几万年时间里，人类健康的主要威胁来自身外之物，即传染病和战争，人类较大规模的身体内部威胁——生活方式疾病还没有出现，但自从20世纪中期即第二次世界大战以来，由于人类对食物特别是动物性食物的极度贪婪，

食物结构发生了前所未有的改变，这种改变不符合人类的身体构造和遗传基因，成为人类生命健康的主要威胁。人类必须从对动物性食物的贪婪中解脱出来，这样才能保障自身健康和生命安全。

第二节 生命和健康模式之谜

一、发病率的增长速度快于财富增长速度

在20世纪60至80年代，很少听说癌症，很少听到心脏病、糖尿病，更没有听说骨质疏松症、自体免疫性疾病。但是，从20世纪90年代以后，随着社会财富的增加，这些病开始被关注了，关于民众健康的讯息也越来越多，发病率快速增长，而且快于财富的增长。但是，我们还没有把这些讯息变成我们生活中有用的讯息，似乎健康变成了口号，我们很想达到可却好像达不到。中国也走了欧美国家的“富贵病”之路，对此我们的民族和大众将付出沉重代价，从变化势头来看，还没有减缓的趋势，大概还需要几十年时间，人们才能够从中吸取血的教训，才能走上民族健康之路。

二、经济科技发达没有阻止癌症发病率的上升

在整个文明病的发展过程中，癌症具有独特的指标意义。我们还是用统计数字来分析人类健康问题。原来我们认为，越发达的国家或地区民众的健康状况应该越好，其实不然，北美洲每4人当中就有1人死于癌症。这让科学家和民众都很惊讶！北美洲经济科技都非常发达，医学也非常发达，为什么这么发达的国家或地区每3.8人就有1人会死于癌症呢？

最近几年，北美洲的医务人员发现，在医院里，癌症病人非常非常多，甚至其门诊量不亚于感冒，得癌症跟感冒一样多，这非常可怕。从公共卫生和流行病学的角度来看，这些都是非常异常的现象，这些异常现象都发生在经济和科技高度发达的国家或地区。本来随着经济

和科技的进步，医疗技术越来越创新，癌症应该越来越少，可是很不幸，也非常遗憾，癌症发病率非但没有减少，反而很显著地增加了！

据有关统计资料，2007 年，全球确诊癌症病例约 1 230 万，全球每年死于癌症的人数约 750 万，这比很多战争死亡的人数还多，每天达到 20 547 人。近 30 年来，美国的癌症发病率上升了 90%，而且这些数字还在不断增加，我们必须思考，经济和科技的发达，为什么没有抑制癌症发病率的上升？难道人类丢失了健康密码？这在人类发展史上是一个什么性质的事件？我们必须找到根源，找到妥善的解决之道。

三、经济科技发达没有阻止心脏病发病率的上升

在美国不仅每 4 人就有 1 人死于癌症，而且每 3 个人就有 1 人死于心脏病，经济科技的发达没有阻止癌症发病率的上升，同样也没有阻止心脏病发病率的上升，还有其他一些疾病，如糖尿病、脑梗等发病率的上升。这是必然的吗？健康有没有偶然呢？还是只要我们做些什么，就可以避免这种惨状的发生？我们必须思考这个问题，是医疗科技出了问题，还是医疗费用投入太少了呢？还是我们人类的生活方式或者饮食结构出了问题？

四、医疗费用的大幅增加没有阻止发病率的上升

从 1960 年到 1997 年，美国的医疗费用投入占 GDP 的比例都在不断增加，而且每个国家都是这样的。在将近 40 年的过程中，医疗费用增加了 300%，在美国人的收入中，每 7 美元就有 1 美元用在医疗保健上。有人告诉您，在美国 7 美元收入当中就有 1 美元用于医疗费用，可是很不幸，他又告诉您，您有 1/3 的机会死于心脏病，有 1/4 的机会死于癌症，或者死于糖尿病和脑梗，您能接受吗？我们不能接受，可这就是美国的状况。中国的状况怎么样呢？我们正在走美国人的老路，正在步美国人的后尘，如果我们不改变的话，美国人的悲剧就会在中国人身上重演。

五、科技发达和投入增加并没有增加平均寿命

在美国，医疗科技不断进步，医疗费用不断增加，平均寿命也应当增加，可是到底是不是增加了平均寿命呢？我们看到了平均寿命延长的统计数据，其实这是统计学上的一个假象，实际上是因为婴儿的死亡率减少造成的，其实平均寿命并没有因此而增加。因为婴儿的死亡率减少，好像平均寿命延长了。在美国，40 岁、50 岁后美国人的平均寿命没有增加。那么多的钱财和人力都投进去了，结果是平均寿命没有增加。这到底是为什么？这是倒退还是进步呢？

六、寿命延长并不等于幸福

既长寿又健康才有幸福。据有关资料显示，中国人的平均寿命约 71.5 岁，但是，平均寿命并不能反映一个社会的幸福感。其实，中国人的平均健康寿命只有 62.3 岁。这消失的 9.2 岁到哪里去了呢？据国家卫生机构研究发现，这 9.2 岁是带病生存或残疾而终，就是一种卧床的生存状态。各位朋友，如果我们努力奋斗了一生，到了人生的最后阶段是这样一个结局，您愿意吗？这是我们每个人都不愿意的！为什么会是这样呢？

其实，还有一个令人震惊的情况是一个人的晚年医疗费用会花掉我们一生收入的 40%，而且其中有很大的比例是在临终前 28 天花掉的。这是多么残酷的事情。我们的人生规划绝对不应该是这样的。幸福的人生规划应该是年轻时候奋斗，有一个好的家庭和较高收入，到老的时候又能够健康地养老，子孙不要为我们的健康担忧，不要为我们的健康承受不应承受的负担，这才是幸福人生规划的一个很好的目标。可是很多人的生命旅程与这个目标相违背，这又是为什么呢？

七、美国人三大死亡原因的启示

美国人的死亡有 10 大原因，在此我们只说前三位死亡原因。第一位是心脏病，1/3 的人死于心脏病。第二位是癌症，1/4 的人死于癌症。

第三大死亡原因是什么呢？这是我们谁都想不到的原因。第三大死亡原因不是什么病，而是叫医疗失误！一个医疗水平这样高，费用又这么大的国家，医疗失误竟然成为第三大死亡原因。这多么令人害怕和震惊！这给我们什么样的启示呢？它启示我们，我们的健康模式存在根本缺陷，我们最信赖的医疗技术不一定是安全可靠的。我们不能把自己的生命安全的主导权交给医生。我们一定要明白美国人死亡 10 大原因背后的原因，这就是我们所说的根源。

八、人们对医疗失误风险的警觉性往往不够高

在美国，每年医疗事故造成 225 400 人死亡，即每天死亡 617 个人。您在美国的新闻报道里看到了医疗事故造成每天 600 多个人死亡，从来没有！从来没有看到过这样的报道！可是如果是一架飞机掉下来，大概三四百人罹难，这是一个大新闻，往往各种媒体都要报道一个星期。可见，我们对医疗失误的警觉性往往不够高。医疗失误竟然成为美国第三大死亡原因，对我们的启发非常重要。

据 WHO（世界卫生组织）统计，全球有 1/3 的患者死于药物滥用，这个数字好像从来没有被关注过，很多人认为这跟我们没关系，其实都有关系，因为医院是我们一生都会去的一个地方。我们国家怎么样呢？据国家卫生机构统计，每年因药物不良反应住院高达 250 万人，并造成 20 万人死亡，20 万人这个数字比起任何一个传染病的死亡人数高出 10 倍。平均每天死亡 548 人，这也远远大于一次空难造成的死亡人数！

大家都知道“非典”很可怕，可是您想过没有，这么恐怖的一个传染病的死亡率居然比起药物滥用的死亡率还要少 9/10。我们从来没有想过这个问题，在我们的意识里，生病到医院吃药打针是有保障的，其实并不是这样的，到医院风险也很大。这里一定要跟大家说明，不是让大家生病不到医院吃药打针。主要是想告诉大家，医疗本身有风险，药物本身有风险，我们不能对医疗失误风险失去警觉性！

其实，医院是一个高感染的地方，药物本身有很大的副作用，手

术也可能失误，所以造成了很多因医疗本身所产生的一些疾病。我们很难想象有这样的一个报道，叫做“医生罢工死亡率下降”，1973年以色列医生罢工一个月，那个月死亡率下降50%，还有哥伦比亚医生罢工两个月，死亡率下降35%，这是非常具有讽刺性的事件。另外在洛杉矶发生的事件，因为医生为了抗议保险额下降而延误医疗，死亡率下降18%，延误医疗也降低死亡率，这是我们从来没有思考过的问题。

在救死扶伤方面，医疗技术发挥了重大作用，特别是在战争年代、安全事故、急性疾病救治等方面作用十分明显，如果得病了也应当到医院去诊治。正因为这样，人们往往忽视了医疗本身的风险，忽视了药物的风险，还有就是医疗的道德风险，如果医德出了问题，还有如果医院把追求经济收入作为主要目标，那样就糟了，我们会遭医生和医院算计，我们将面临医疗、道德和经济等多重风险。如果我们把自己的生命安全和健康都寄希望于医疗，这是很可悲的，也是很可怕的。

第三节 贪吃动物性食物的悲惨后果

一、一个世纪以来人类健康模式的根本缺陷

前面我们讲过，20世纪初以来，特别是第二次世界大战以来，发达国家在医疗技术进步和医疗费用增加的过程中，疾病发病率也在不断上升，在美国，从1907年到1936年，心脏病的死亡率上升了60%，癌症的发病率上升了90%，糖尿病、脑梗等发病率也在上升，在这短短的30年里，人类健康出现前所未有的危机和苦难，这是人类发展过程中的大事件，是人类现代化发展过程中的大事件，揭示了一个世纪以来人类健康模式的根本缺陷，向我们敲响了贪婪动物性食物悲惨后果的警钟！向我们警示如果我们不注意克服工业化、现代化过程中对环境和健康的不利影响，那么我们难以避免地将付出沉重代价。

二、一个世纪以来人类健康模式的根本危机

为什么一个世纪以来，人类健康出现前所未有的危机和苦难，心

脏病、癌症、糖尿病等发病率、死亡率大幅度上升，医疗健康专家进行了系统研究发现，这是因为医疗技术进步和医疗费用增加的速度赶不上人类食物结构变革的速度，赶不上环境污染的速度，这就是现代人类健康模式的根本缺陷，人类贪吃动物性食物，食物结构改变的速度太快了，人类的身体机能和结构都无法适应这一根本性改变，当然就出现大危机和大灾难了。

我们还要追寻问题的根源，我们的医疗方向是不是出现了错误？我们分析发现，医疗的进步并不等于或者没有跟上医治的进步。医疗的进步是指医疗技巧的进步，包括疗法、手术方法、新的药物等，极少提倡治疗观念的提升。其实，在中国古代的医书里已经把这个问题讲得很清楚了，医疗的进步是讲症状的解除，而治疗则是病因的根本化解。因此，我们的医疗模式也出现了根本性的问题。

三、错误疾病观念带来的悲惨现象

病症与病根（病因）的辨析，在生病的过程中，往往是病已得，而症则未现。例如，头痛是症还是病呢？头痛是症，病根在头上吗？不一定，也可能在身体的其他部位，怎样面对疾病呢？好像一旦得了病只思考如何赶快把病症解除，对于病根并不是很关心。生活过程中的决策是由观念引导的，比如，头痛就选择吃止痛药，赶快把头痛症状解除了。这就好比盗贼进了博物馆而我们则去关掉防盗器一样荒唐！

只有通过症的辨析，才能找到病根，对病症下药还是对病根下药呢？当然是治病必须除根！

癌症是症还是病呢？癌症是症，我们把它切掉了不一定解决问题。很可能过一段时间又长出来了，为什么呢？可能是肿瘤切晚了转移了，更有可能是因为产生癌症的病因没有解除，是多发性肿瘤。很多生物学家把癌症看成“基因突变”，其实不是基因突变而是“基因劝谏”，强制性要求我们改变自己的性情和生活方式。

台湾一个当了二十几年神经外科医生的大专家许达夫发现他自己得了大肠癌，以他的专业经验来想一想，他应如何去面对呢？一般人会说他当然接受外科手术，但是，他选择不做外科手术，不接受化疗和放疗，他采取了一个特殊疗法，就是彻底改善他的生活、脾气和饮食。结果两年后他再去检验，发现癌细胞全部没有了。于是他写了一本书，叫做《感谢老天我得了癌》，在台湾出版，因为癌症强制他改变了他的一切。

中国古人倡导治未病，就是预防疾病的发生。《金匮要略》里说："上工救其萌芽，下工救其已成，救已成者，用力多而成功少。"扁鹊三兄弟的故事针对我们今天面临的现实最有教育意义：扁鹊是很有名气的外科医生，做外科手术是手到病除，有一天一个人与扁鹊谈家学渊源时，扁鹊告诉他，其实二哥比我还有名气，因为我二哥在人患小病的时候就能够把它治好，不会让他拖成重病，而我专治重病，因为我在人患小病的时候还看不出来，所以我专治重病。扁鹊又说了，我大哥的医术比我二哥医术更强，我大哥在人还没有生病的时候，只要看他走几步路，看他的生活习惯、看他喜欢吃什么，他的脾气怎么样，他就能预言他三十年后会得什么病，然后他就告诉这个人，你要改脾气吆，你要多吃蔬菜呀，这样你在三十年后就可以避免一场疾病的灾难！这个故事对我们什么启发？能够治大病的医术最差的扁鹊最有名气，反而能够治未病的医术最高的他大哥则名气最小。这是为什么呢？

这是因为疾病紧迫性程度以及对疾病观念的不同造成的。因为重病大病最为紧迫，不及时治疗就会有生命危险，而扁鹊能够治好重病大病，手到病除，这样扁鹊的名气就越来愈大，而治未病，即预防疾病没有紧迫性，一般人又不能够直接感受到，同时又不太愿意对治未病花钱，所以能够注意到未病的人不多，这样，最有能力、最有眼光的医生反而不能够得到普通人的关注和理解！所以扁鹊大哥名气也最小。现在的情况也是这样！一般人相信最有名气的医生，但这样对自己未必最好！

四、神奇法则：预防 1∶110 效应

现在我们面临的选择是：是救萌芽还是救已成？即我们是更多地

建豪华医院呢？还是把钱花一部分在预防疾病上？即治未病。现在我们面临的现实是悲惨的负循环，即一方面发病率越来越高，癌症、心脏病、糖尿病等越来越多，各地建造的医院也越来越多，越来越豪华，我们宁愿把更多的钱花在建医院和到医院治病上，也不愿意拿一部分钱出来预防疾病！另一方面得病的人又越来越多，这是多么悲惨又多么可怕呀！我们能否走出这个悲惨的负循环呢？办法肯定是有的，就是看我们自己愿意不愿意走出这个负循环！

疾病预防或救萌芽可以产生神奇效应，这就是预防疾病 1∶110 效应，中国国家卫生机构的专家提出，预计在预防疾病上花 1 元钱，就可以省下 8.5 元医疗费和 110 元抢救费。这是一个多么神奇的效应，这对整个国家经济来说是非常重要的启示。1∶110 效应在质量管理、安全管理、子女监管、国民教育、环境保护和社会治理等领域都广泛存在。我们必须高度重视这个神奇法则在实践中的应用。

五、动物性营养过剩的悲惨后果

美国健康基金会主席欧尼斯特·怀特博士，是一位著名流行病学专家，他曾经做过一个统计，约有 50% 的男性癌症和 60% 的女性癌症跟营养过剩有关。研究资料显示，肥胖症、心脑血管疾病、糖尿病等疾病发病率的快速增长都与营养过剩有关。可以说，20 世纪以来，人类健康的主要威胁是营养过剩！当然战争除外。这就是营养过剩的悲惨后果！

WHO 公布 2000 年全球死于营养过剩的人数超过死于营养不良的人数，也就是说，从 21 世纪开始，撑死的人比饿死的人还多。这正常吗？这是令我们非常忧心的情况，也是一个多么可怕的后果！这是我们对饮食没有节制的严峻后果。中华文化早有教诲，《弟子规》说："对饮食，勿拣择，食适可，勿过则。"对此我们不能等闲视之，它背后有非常科学的道理和经验智慧，对营养过剩必须重视起来。对这个问题我们要有透彻的理解，如果您要享口福，胡吃海喝，好像吃得不够对不起自己，自己吃亏了，那么您要失去健康之福，您可能会得病，甚至是大病，也会减少您的寿命，这就是享口福，无命福，害己又害人！

六、动物性营养过剩对健康的极大危害

我们首先谈关于低脂肪饮食概念。你说低脂肪饮食，他说好了，我到菜市场或超市买奶粉的时候就买脱脂奶粉，买肉的时候就买精肉（即把肥肉去掉后的瘦肉）或者买羊肉、牛肉、鱼、鸡肉，这就是低脂肪饮食。各位朋友，这些都是饮食误区。从营养学的角度来看，绝不是把肥肉拿掉就叫低脂肪饮食。所谓低脂肪饮食就是天然植物性膳食。这是很清楚的概念，可是我们很多人并不是很清楚。

近年来，血管硬化问题严重地威胁了人类的健康与生命。许多国家因血管硬化而引起的心脏血管及脑血管病变，年年被列为首要的死亡原因。在造成血管硬化的诸多因素中，如血脂增高、高血压、肥胖、缺乏运动、紧张、抽烟、内分泌及维他命不平衡等，多吃动物性脂肪是主要因素。

北京协和医院调查了北京1999年民众健康状况，并与1955年的民众健康状况作了对比，发现癌症的发病率增长了5.2倍，这个发病率的提升与肉食的增长是有关系的，就是肉吃得越多，癌症的发病率越高。北京大肠癌的发病情况，在20世纪70年代以前是每10万人中得大肠癌小于10人，80年代增长为20人，90年代为24人，到2000年的时候达到60人。这与北京人吃肉数量的增加成正比。

中国大陆现在的健康状况：中国人的腰围比世界其他任何一个国家人的腰围增长速度都要快。2008年7月出版的美国《保健事务》杂志上的一份研究报告称，2000年与1989年相比，中国女性肥胖者人数翻了一番，男性肥胖者人数则是当时的3倍。中国目前肥胖人口达3.25亿人。这个数字在未来20年后还可能增加一倍。可以说，2000年是中国人健康问题的拐点。

2013年5月中国疾病预防控制中心慢性非传染疾病预防控制中心最新的研究结果公布——2010年中国成年人中高血压患病率高达

33.5%，据此估计患病总人数已突破3.3亿！相当于每3名成年人中就有1人是高血压，而在这3.3亿人中，有1.3亿人根本不知道自己得了高血压。因此，就更谈不上控制血压了，导致高血压防治失控，高血压控制情况非常不如人意。

2013年1月11日全国肿瘤登记中心发布的《2012中国肿瘤登记年报》显示，每年因癌症死亡病例达270万例，每年新发肿瘤病例约为312万例，平均每天8 550人，全国每分钟有6人被诊断为癌症，恶性肿瘤发病率全国35岁至39岁年龄段为87.07人/10万人，40岁至44岁年龄段几乎翻番，达到154.53人/10万人；50岁以上人群发病占全部发病的80%以上，80岁达到高峰。肿瘤死亡率男性高于女性，为1.68∶1。

2015年4月11日，中国医学科学院肿瘤医院举办“肿瘤防治宣传周”，专家对全国肿瘤登记中心2011年监测数据进行分析指出，我国2011年新增癌症病例337万人，比2010年增加28万人，相当于每分钟有6.4人被确诊为癌症，肺癌仍然是中国癌症发病率和死亡率第一位的肿瘤，癌症病人中有60%～80%到医院确诊时就已经进入中晚期，失去了最佳的医疗时机。

从病种看，居全国恶性肿瘤发病第一位的是肺癌，其次为胃癌、结直肠癌、肝癌和食管癌，前10位恶性肿瘤占全部恶性肿瘤的76.39%。居全国恶性肿瘤死亡第一位的仍是肺癌，其次为肝癌、胃癌、食管癌和结直肠癌。死亡率最高者男女均为肺癌。男性其他主要死因癌症包括肝癌、胃癌、食管癌和结直肠癌；女性其他主要死因癌症包括胃癌、肝癌、结直肠癌和乳腺癌。这是为什么呢？这与环境污染有关，因为呼吸系统和消化系统与外界直接相连，受伤害最多。

世卫组织发表最新数据显示，到2020年前，全球癌症发病率将增加50%，即每年将新增1 500万癌症患者。不仅如此，癌症的死亡人数也在全球迅猛上升，2007年全球共有760万人死于癌症，2030年这个数字可能会增至1 320万。值得关注的是全球20%的新发癌症病人在中国，24%的癌症死亡病人在中国。目前我国每死亡5人就有1人死于癌症；而在0～64岁人口中，每死亡4人就有1人死于癌症。这是很可怕的，也是可悲的，这是中国人健康模式的危机，也是国家健康体制的危机，我们进入负循环难以自拔了。

世界医学权威杂志《柳叶刀》发布了《全球疾病负担报告 2013》，该研究报告评估了 1990 年—2013 年间 188 个国家的死亡情况，报告显示，在中国，最致命的 3 种疾病是脑卒中、冠心病以及慢性阻塞性肺病，这 3 种疾病造成的死亡人数占 2013 年全部死亡人数的 46%。而以世界卫生组织的定义，心血管病是心脏和血管疾患引起的，包括冠心病、脑卒中、高血压、心衰等。换言之，中国最致命 3 大健康杀手，心血管疾病占去 2 个。

目前中国约有 9 200 万糖尿病患者，1.48 亿糖尿病前期患者，快速增长的糖尿病人，转眼之间就将中国推向了世界第一，超越印度成为全球糖尿病人最多的国家。上海交通大学附属第六人民医院科研人员建立了国际上最大数量的“中国人糖尿病家系库”，并发现糖尿病“中国标志”即“大肚子细腿”多为高危人群。大肚子就是动物性营养过剩造成的，我们一定要警惕大肚子的危害。

据美国媒体 2011 年 8 月 16 日报道，美国癌症协会在一份新报告里称，癌症是世界上造成最大经济损失的一种疾病，报告指出，2008 年癌症带来的经济损失是 8 950 亿美元，相当于全球生产总值的 1.5%，这个损失并不是指治疗癌症的费用，而是癌症造成的伤残和工作寿命年限的减少。其中，肺癌等相关癌症造成 1 800 亿美元损失，吸烟者平均寿命比非吸烟者短 15 年。心脏病造成的损失仅次于癌症，金额为 7 530 亿美元。

2012 年 08 月 17 日《经济参考报》报道：来自疾病预防控制部门的数据显示，我国目前确诊的慢性病患者已经超过 2.6 亿人，因慢性病死亡占我国居民总死亡的构成已经上升至 85%。专家表示，我国慢性病已经呈现“井喷”状态，并且将会对我国经济发展造成严重负担，给医疗机构和家庭带来严重负担。今后 10 年，因心脏病、心脑血管疾病和糖尿病等导致的过早死亡将造成 5 580 亿美元经济损失。

我们来看看大肠癌与吃肉的关系，据研究资料显示大肠癌在日本女性中死亡率，每 10 万个女性中有 7 人死于大肠癌，她们每天食肉量约 30g，到了英国每天食肉量增加到了 197g，死亡率上升到了 20 人，美国食肉量增加到 280g，死亡率增加到 30 人，新西兰食肉量最多，达到 309g，死亡率增加到 40 人。这是通过科学分析我们看到的动物性营养过剩对健康危害的现状。

第四节　素食革命——低动物性膳食的巨大益处

一、人类的消化道结构不适应动物性食物

科学观察证实：高纤维食物（素食）通过人类消化道的时间为 1 天，即 24h，低纤维食物通过消化道的时间就会延长到 80~ 100h，约 4 ~ 5 天，也就是说，动物性膳食在人类的肠道里会堆积得比较久。这样就会吸收更多的毒素，将对人类的健康构成极大的威胁！爱尔兰有一个丹尼斯·海博特医学博士，终身都在研究大肠癌，他认为罹患大肠癌与食物通过大肠的时间有关。

因为肉在室温下一天就变臭，可是，在室温下一天就变臭的肉竟然在人的肚子里会摆上 4~ 5 天，人的肚子会非常难受。在 4~ 5 天里，人的肠道不仅吸收营养和水分，而且同时把肉类代谢出来的毒素也吸收了。如果我们天天吃肉，这种状况持久存在，年复一年都这样，毒素累积的就越多。我们就要思考，身体的细胞会不会出来劝谏？它可能会说，主人啊，我实在受不了，所以它就得了癌症！

为什么会是这样的呢？我们从人类的消化道结构找到了原因。吃肉动物的臼齿是尖的，而不是平的，因为它是用来撕碎食物的；人的唾液腺很发达，唾液里含有淀粉酶，因为人吃素，要消化淀粉，而动物的唾液腺则不发达，它的唾液是酸的，因为动物吃肉；动物的胃酸也是人的 20 倍，肉是不好消化的，必须有强大的胃酸才能消化肉类，我们吃肉的时候也会分泌过多的胃酸。

从生理特点来看，人类也不适合吃动物性食物。人类的肠道（大肠和小肠）总长度为脊柱的 12 倍，而食肉动物肠道总长度为脊柱的 3

倍。为什么食肉动物的肠道很短，因为它吃下去的肉需要很快排泄掉，因为肉在肠道呆的时间越长毒素的积累就越多，动物吸收的毒素就越多，所以食肉动物需要赶快把食物排泄掉，而肠道短吃下去的肉就能够很快排泄掉！

人类为什么需要这么长的肠道呢？因为人类最早是素食类动物，是以植物为食物来源，因为植物的纤维素不容易消化，需要这么长的肠道来消化纤维素。如果人类吃肉的话，自己消化道的缺点就完全暴露出来了，人类吃肉不是一个明智的行为。从生理状况来看，人类应当吃素，不吃肉或很少吃肉，这样才能与自己的生理构造相适应，才能减少毒素的吸收，保障自己的健康！

二、素食革命——低动物性膳食对健康的巨大益处

长期吃素，究竟对人体健康的影响如何，是有害，还是有益？请看科学家的惊人发现！长期素食对身体健康有何影响呢？医学科学家提出了十多年来极有学术价值的调查结果。

他们运用血液自动分析器、蛋白质电气泳动器、同位素测定器、心电图、X 光、眼底镜等现代医学仪器和方法，从多角度来分析长期素食对人体的影响。调查普及各地几十处地方，花了 2 年多的时间，接受调查的一共有 394 人，他们的吃素时间从 1 年以上，最长达 72 年不等。非素食者血蛋白平均 6.1~ 11g，素食者则 6.6~ 8.8g。以最新仪器“电气流动法”测试，也证实素食者血蛋白完全正常，且比非素食者更平和稳定。

首先，看素食者每日所摄取的食物营养是否适合现代营养标准？调查结果显示，其总热量、脂肪、糖、磷质、维他命 A、C 皆比标准量多。少于标量者为蛋白质、钙质、铁、维他命 B、菸酸，但是比标准量少的这五项，就是非吃素的中国人，也有相似的倾向。此与中国人食物的质量及嗜好有密切关系，并非吃素者独有的现象。在进一步分析素食者的血液及尿的各种成份与非素食者的比较中，发现素食者与非素食者的总蛋白质量及各种蛋白质量非常接近。此外，吃素者的

尿素氮、肌酐及尿酸等成份，也都在正常范围内。这些结果中显示，虽然吃素者所摄取的蛋白质与非吃素者不同，但其血液中各种蛋白质却相差甚微，且长期吃素者的血清蛋白质之质量皆不逊于非吃素者。

长期不吃动物性食物会不会引起贫血呢？对此问题，科学家也由多方面加以求证。从血液成份中与贫血有关的红血球数及血红素的检查中，发现吃素者的平均值与非吃素者非常接近，且患贫血的比率也不比一般非吃素者高。通常有人觉得，吃素者皮肤颜色显得略黄，但这并非因贫血而引起的。

维他命 B 是为身体造血不可缺的重要成份，其供应通常靠动物性食物为主。从植物性食物中，人类很少能得到其所需的维他命 B，因此理论上来说，不吃动物性食物会发生维他命 B 的缺乏，而维他命 B 的缺乏又有导致巨幼红细胞性贫血的可能。但在调查中，居然没有发现吃素者有此症状，虽然他们血中维他命 B 量降低者占 70%。

调查结果显示，长期吃素食对成年人利益多多，特别是对中年人及有动脉硬化倾向的人，非常有益。

那长期吃素对身体到底还有没有什么副作用呢？美国《健康》杂志刊文为我们总结了长期吃素有以下 10 个“副作用”：

1. 减轻体重

2013 年发表在《美国营养和饮食学会期刊》上的一项为期 5 年的追踪调查显示，不吃肉的人，平均身高体重指数要低于食肉者，素食者比杂食者患上肥胖症的比率明显偏低（9.4% 对 33.3%）。此外，即使摄取的热量相同，吃肉少的人也更苗条。

2. 不易得心血管疾病

吃太多肉和乳制品会增加血液中胆固醇的含量，而血液中胆固醇含量过高会增加人们患上心脏病的风险。

3. 降低血压

发表在《公共健康营养学期刊》上的一项研究成果显示，素食者的高血压患病率要低于肉食者。这是因为前者的平均体重较轻，且他们会摄入大量的果蔬。

4. 患糖尿病的风险降低

美国糖尿病协会进行的一项研究显示，少吃肉会降低人们患上代谢综合症的风险，它是与2型糖尿病、中风和心脏病相关的一组风险因素。

5. 患癌症风险降低

2002年，美国加州洛马林达大学的研究人员对近7万名不吃肉的人进行了长达10年的追踪调查。结果发现，食用素食会降低所有癌症的发病率。

6. 改善消化功能

食用更多的蔬菜和豆类意味着对膳食纤维的摄入量增加，这能改善总体的消化功能，减少便秘。

7. 皮肤更光泽

多吃素食是对皮肤最有益的饮食方案。多吃新鲜的水果和全粒谷物能增加抗氧化剂的摄入量，而抗氧化剂可以中和会造成皱纹、褐斑和其他导致老化迹象的自由基。

8. 身体味道更好

发表在《化学感官期刊》上的一项研究显示，食用素食会让异性觉得你的气味更有吸引力、更令人愉悦。

9. 心情更愉快

英国华威大学和美国达特茅斯学院的经济学家和公共卫生研究人员通过对英国8万人的饮食习惯进行调查后发现，每天吃7份果蔬的人感觉最快乐，而普通人每天食用不足3份。

10. 身体能量水平会增加

多吃菠菜、羽衣甘蓝和豆类等富含膳食硝酸盐的食物会让你感觉精力更充沛。硝酸盐对血管健康有益处，它能扩张血管、降低血压，甚至能提高运动能力。

我们来看看《中国健康调查报告》，这是美国康奈尔大学坎贝尔博士到中国来做饮食与健康（或者疾病）关系研究的报告。从1981年到1987年，他在中国找了65县，每个县找了100个人去做抽血检验。他为什么到中国来做这样一个健康调查报告，因为当时中国比较穷，吃植物性膳食、蔬菜、水果比较多，吃肉比较少，从科学上讲，中国与美国、欧洲比较是一个很好的样本。

在今天来看，这不仅是一个很好的样本，而且是一个极为重要的样本，因为它是绝版，这凸显了这个健康研究报告的巨大历史和科学价值。因为20多年后的中国人已经彻底改变了吃植物性膳食、蔬菜、水果比较多，吃肉比较少的饮食结构，中国人的饮食结构已经与欧美人的饮食结构达到类似的模式，至少50年内找不到80年代以前的中国人的样本了。这是人类医学史上对饮食与疾病关系做过的最深入、规模最大而完整的科学研究，并把研究报告公布于世。

《中国健康调查报告》的结论是：在中国饮食中肉吃得越少，吃得越素的地方，血液中雌激素、胆固醇水平也就越低，癌症、心脏病、骨质疏松症、肥胖症、糖尿病等疾病的发病率也越低。这就是低动物性营养对健康的极大益处。可以说，20世纪80年代，中国人的健康状况是处于较好的一个状态，这是一个正常状态，是常态化的健康状态，也是可遇不可求的一个状态。

由于《中国健康调查报告》把各种不同因素列于研究范围，与过去做的其他研究相比是很特别的，报告收集了各种不同的资讯，这些包括遗传、病历、饮食和运动，比较了367项资讯，所有的迹象似乎指出一个值得高度重视的因素，“中国人吃蛋白质食物里，由动物方面摄取的，占总量的10%，而一般美国人所占比例是70%。”这个报告指明了中国人健康的方向和道路，也指明了人类健康的方向和道路。

目前，大部分美国人的饮食习惯，在人类历史上是前所未有的，在过去几万年、几千年的历史长河中的任何一天里，人类从来没有吃过这么多蛋白质和脂肪，早餐是肉和鸡蛋、午餐是乳酪汉堡、晚餐是意大利脆饼，美国人一天吃了大量蛋白质和脂肪，所消耗的动物性膳食实在是很惊人的。从20世纪90年代以来，中国人的饮食习惯已经发生历史性改变，已经赶上美国人了，已经严重威胁我们的健康和生命安全，这是违背人类健康的方向和道路的非理智行为！

为什么一些人容易得骨质疏松症呢？科学研究发现，吃得比较好(高动物性食物)、摄取很多乳制品的美国、英国、芬兰、瑞典等欧美国家人群骨骼比较弱，动物性膳食吃得多但骨骼并不是很强壮，而吃得比较差的、乳制品摄取少的亚洲、非洲等国家的人骨骼反而比较强。流行的观点认为，吃得好的国家的人群相应地摄取钙也比较多。难道钙吃得越多骨骼就越强吗？答案是否定的。这是为什么呢？因为问题的关键不是钙吃得多少，而取决于钙在人体中代谢过程的状况。

科学研究显示，当人摄入动物性蛋白质食物三到四小时后，会比正常情况下有更多的钙从尿中流失。问题不在于钙吃进去了多少，而在于身体能保留多少。因为肉为酸性食物，而人的体质是弱碱性的，弱碱性的体质遇到酸性食物的时候，需要从骨骼里抽出钙来平衡酸性体液，因为钙属于碱性的。吃进去的肉虽然可以补充一些钙，但肉中的钙很少，不足以平衡吃进去的酸性，它却让我们的身体牺牲非常多的钙来平衡酸性体液。因此，吃肉对钙的循环来说是负循环，对身体是亏本的。

因此，美国国家癌症学会建议，如果美国人采取低脂肪（植物性）饮食习惯，可以降低 50%～90% 罹患癌症的几率，如果不幸得了癌症，采取低脂肪饮食习惯，则可以降低 35%～40% 的死亡率。当您看到这些数字，您感受到什么，低动物性饮食习惯对人类的健康益处极大，而高动物性饮食习惯对人类的健康又多么大的害处。如果您只要口福，吃大量的动物性食物，那么，您享口福的后果是命福是薄的，极为悲惨的，结局是凄凉的！

三、植物性膳食能减少 58% 的人不得糖尿病

美国的一个医生用 3 年时间，请 3 000 准糖尿病人参与做了一个植物性膳食减少患糖尿病几率的试验，结果证实，低脂肪食物，吃蔬菜、素食，即吃天然的植物性膳食并接受一定量运动的人，大幅度地减少了糖尿病的发病几率，高达 58%，减少近 6 成。因此，防治糖尿病的关键在于“管住嘴、迈开腿”，即少吃肉，多运动，就可以得到较好的效果。

四、植物性膳食能够防治心血管疾病

人的血液分为血清和血浆两个部分。在试验室里，抽取人的血液，

血浆会沉淀，血清为透明的褐色液体。但动脉硬化病人的血清不是澄清的，是黏稠的，如果这个黏稠的东西持续不断地在血管中流动的话，它会阻塞血管，如果阻塞的地方在心脏就叫心脏病，如果阻塞的地方在大脑就叫中风，心脏病和中风都是因为血管阻塞造成的疾病。

血管为什么会阻塞呢？大部分的原因是来自饮食结构的不正常，是动物性膳食的比例过高造成的，如果我们吃了过多的脂肪，它就会转化成胆固醇并累积在血管壁，血管壁就会慢慢变厚，本来有弹性的血管壁也会慢慢失去弹性，血管变硬了，叫做动脉硬化，血压也会升高。如果还不改变饮食结构，血管就会越来越缺少弹性，就会被堵住，心脏和大脑就会缺血或者出血，造成生命危险。所以，心血管疾病是吃出来的！

五、关于酸性体质与酸性食物

目前有两种病态体质，一个是酸性体质，一个是低钾高钠体质。我们先说酸性体质。人的正常体质的酸碱度为 7.35~ 7.45，中性偏弱碱，这是人体正常运行的体质，偏一点点行不行？绝对不行！因为人体是一个精密的体系，人的体质环境往往是得病的主要条件，但我们忽略了，如果偏酸一点，到 7.0 或 7.2，人体就会培养癌细胞。例如，非典细菌只有在 7.0 的条件下才能生存。因此，正常体质的人不会得非典，只有酸性体质的人才会得非典。

所以，非典病毒只是得病的条件，它不是决定性的。当人的体液小于 6.8 的时候，人就会死亡。这对我们有什么启示呢？第一，人体正常的酸碱度是决定体内微生物是否致病的主要因素。所以维护正常体质极为重要。第二，酸碱度每降低 0.2，机体输氧能力就降低69.4%，造成组织缺氧，这样既会造成人没有精神，又促使癌细胞的大量生长（研究发现癌细胞在缺氧的环境下大量生长）。第三，酶参与生化反应也需要正常酸碱度。酶指具有生物催化功能的高分子物质。人体 37℃并不能很好地让很多生物化学反应发生，因为温度太低。所以，几乎所有细胞活动都需要酶的参与以提高效率。与其他非生物催化剂相似，酶透过降低化学反应的活化能（用 Ea 或 ΔG 表示）来加快反应速率。大多数的酶可以将其催化的反应之速率提高上百万倍。

事实上，酶是提供另一条活化能需求较低的途径，使更多反应粒子能拥有不少于活化能的动能，从而加快反应速率。酶作为催化剂，本身在反应过程中不被消耗，也不影响反应的化学平衡。酶有正催化作用，也有负催化作用，不只是加快反应速率，也会减低反应速率。与其他非生物催化剂不同的是，酶具有高度的专一性，只催化特定的反应或产生特定的构型。

我们的身体是一个非常庞大、非常复杂的化学工厂。酶对酸碱度很敏感，如果酸碱度一偏，就会降低酶的作用，或者就不起作用了。因此，正常酸碱度对我们的生命活动是极为重要的，一旦体内酸碱度不正常了，生化反应就会出问题，我们就会得病，各种各样的疾病就会出现，千万不能忽视维护体内正常酸碱度这件事！维护体内正常酸碱度与食物结构直接相关，即与酸性食物与碱性食物相关。

酸性食物的定义：根据吃到体内食物的代谢产物的酸碱性来判定，不是尝起来是酸的就是酸性食物。如柠檬、醋等吃起来是酸的，可是它们是碱性食品。哪一些是酸性食物呢？

（1）可乐、甜点、白糖、蛋黄、奶酪、金枪鱼、比目鱼、乌鱼子、柴鱼等为强酸性食物，甜点、白糖很酸，喜欢吃甜食对身体很不好。

（2）红色的动物肉类食物是酸性。

（3）非天然的，用白米、花生、巧克力、白面等原料经过加工制作的食物；植物性食物原料经过加工过程会变成酸性食物。

（4）紫色饮料都是不好的饮料，是酸性食品，如酒类和可乐类饮料。

那么，哪一类食物是碱性食物（健康食物）呢？天然的植物类食物都是碱性食物。包括五谷类、蔬菜类、水果类、海藻类、植物性食物，没有经过加工的天然植物性食物几乎都属于碱性食品。

我们的身体为什么会变酸？因为吃了太多的酸性食物。据有关数据显示，目前70%的人都是酸性体质。如果您喜欢吃鱼、肉类、喝牛奶、吃鸡蛋，喜欢吃精致西点、甜点，喜欢抽烟、喝酒，不喜欢吃五谷类、蔬菜和水果类食物，那么您很可能就是酸性体质。我们怎样维护体内的正常酸碱度呢？多吃植物性食物，少吃动物性食物！

如何判断自己是不是酸性体质呢？

（1）如果您常常觉得疲劳，睡 7~ 8 个小时还不够，因为身体缺氧；其实睡 6 个小时也就可以了，您很可能为酸性体质。

（2）儿童的智力受到酸性体质的影响，如孩子记忆力差。

（3）体内结石，吃肉类食物在尿中发现钙和草酸，二者结合叫做草酸钙，就形成结石。

（4）常常感冒、糖尿病、高血压、口臭、动脉硬化、关节疼痛、痛风、虚胖、肌肉松弛、钙质流失导致骨质疏松症，以及皮肤皱纹、皮肤感染治愈速度慢、留下疤痕等。

可以对照一下，如果您有上述症状的话，您可能已经处于比较不好的状态，上工救其萌芽，我们必须调整食物结构，多吃蔬菜、多吃五谷杂粮，不吃或少吃肉！

六、关于低钾高钠体质与酸性食物

在人体里钾与钠的比例也是一定的。当体内钾比较高、钠比较低的时候，细胞活动是正常的，而当钠比较高、钾比较低的时候，细胞就会朝癌症的方向发展。在细胞里，钾是钠的 5~ 6倍左右，如果钾不足的话，细胞容易癌化，钾增加到恢复正常状态，癌细胞也恢复正常。这种可逆过程是一个重要特征，也就是说癌症并不是绝症，很多医疗报告也是这样呈现的，民间也有不少癌症好转或治愈的案例，这给我们以希望。

怎样实现钾钠平衡呢？也需要从食物当中来，而不是药丸，要多摄取自然存在于食物当中的钾，这样状态的钾人最容易吸收。

哪些食物钾钠比值高呢？在蔬果植物里，大多数钾钠比值达到 200，甚至达到 300 或 400，即钾是钠的三四百倍，但是在肉类里，在鸡鸭鱼猪牛羊这些肉类，大约都不会超过三到五倍。但烹调过程是会加钠盐的，所以，肉类经过烹调之后，钠都会超过钾！

比如一些食物，火腿钾钠比值为0.3，龙虾只有0.9，罐头、加工类食品、方便面等，钾钠比值都在1以下，这些数据给大家做参考。所以，我们必须多吃蔬菜、水果、五谷杂粮，少吃鸡鸭鱼猪牛羊等肉类和加工类食品等酸性食物，还要经常吃一些含钾高的蔬果类食品，以此来改变低钾高钠体质，创造我们钾钠平衡的好体质，实现和长期维护体内的钾钠平衡！

七、破除饮食误区，维护好我们的体质和健康

1. 白糖、人工香精、人工色素和人工防腐剂是不是好东西？

白糖会损伤牙齿、掠夺体内维生素B、破坏钙的正常代谢、对神经系统也有不良的影响。糖吃得多了，孩子很调皮、暴躁、容易感冒，而成年人呢？就容易出现忧郁、紧张、情绪低落。在美国曾经做过这样一个实验，在一个学校里，拿掉这4种东西，发现79%的儿童多动症得到改善。在劳教所里，拿掉这4种东西，47%青少年的特异行为降低了，44%的人减少自杀倾向。在某所学校里，仅仅拿掉了可乐，学生的学习成绩就上升。所以，提高孩子的学习成绩有两个办法，一是把这4种东西拿掉，如果平时孩子吃零食、喝饮品，这4种东西几乎一样都不会缺，不能再给孩子吃这4种东西。二是吃糙米和粗粮，维生素、纤维素、微量元素等都得到保留和吸收。这样能够为孩子的身体发育提供优质营养。

2. 牛奶是不是优质营养食品呢？

医学报告显示，牛奶是引起呼吸系统疾病的主因。牛奶的总蛋白是母乳的三倍，好像牛奶很有营养。其实牛奶看起来很黏稠，是因为牛奶里含有87%的酪蛋白，而它又不能被人体消化吸收，很多人喝了牛奶之后消化不好，造成肚子胀气。还有很黏稠的物质会形成很多异性蛋白，造成过敏反应。牛奶是以酪蛋白为主，母乳是以白蛋白为主，此外牛奶还缺乏碘、铁、磷、镁等，而母乳里的色氨酸、胱氨酸是其他动物乳汁所不及的。

母乳中的卵磷脂和牛磺酸是牛奶里没有的，是不可替代的，这两

种东西参与了儿童大脑和眼睛的发育。这是最重要的两个器官，它们的正常发育是非常重要的。如果用牛奶代替母乳，很有可能孩子的大脑和眼睛的发育受到很大影响。流行的看法好像是蛋白质越高越好，其实不然。食物营养的关键是配比，不是蛋白质或其他物质的绝对量。母乳里的蛋白质含量不是非常高，但母乳的营养成分是人所需要的。

婴儿出生后体重增加一倍需要 180 天，动物乳汁中的蛋白质比较高，给婴儿喂牛奶体重增加一倍的时间也比母乳短，我们经常看到，身边喂牛奶的婴儿体重增加得比较快，就是这个道理，但大脑和眼睛与体重相比那个更重要呢？这是不言而喻的。因此，牛奶的营养价值绝不是商业广告里说的那么高，那么优良，那么不可替代！我们不反对喝牛奶，关键是有没有比牛奶更好的营养食物。我们的回答是非常肯定的！

3. 检验报告都是一样

美国著名环保人士、国际著名健康饮食作家约翰·罗宾斯讲了一个故事，加深了我们对牛奶的认识。他说，我在医院麻醉部门学习麻醉技术的时候，有一个病人第二天要做冠状动脉绕道手术，我记得那一天已经很晚了，我帮病人抽血，然后送到实验室去化验，当时我简直不敢相信自己的眼睛。在正常的情况下，浮在试管上层的液体应该是透明的，是黄色的，也是肉眼可以看透的，可是这个病人的血是很不正常的。

试管里病人的血液绝不是透明的，浮在上层的血清既厚又油，颜色是白色的，看起来像胶质的东西。我摇动试管时，它根本是黏在试管壁上的。于是我回到病人那里问他，“菲利普先生，您今天来医院之前吃了些什么？”他说：“我吃了一个奶酪汉堡，还有一杯奶昔。”这个时候我才明白，我在试管里看到的是什么，是牛肉汉堡的脂肪，奶酪和冰淇淋奶昔里奶油脂肪和胆固醇的集合物。脂肪和胆固醇渗透到血液里，提高了血液中的脂肪和胆固醇含量。

如果这种状况 30，40，50 年积累下来，偏高的脂肪和胆固醇含量，必然会影响到血管功能并使血管产生结构变化，动脉就会被脂肪和胆固醇阻塞起来，就会形成心脏病和中风等心血管疾病，如果病得很严重，就会死亡。这些病人的检验报告都是一样的，上面都写着死因是饱和脂肪酸和胆固醇。但是从来没有一份检验报告会说死因是绿花菜、豆腐和五谷杂粮！

七、动物性食物的污染程度高于植物性食物

经科学研究发现，动物性食物的污染最高。抽取食肉者、蛋奶素食者及素食者三种人的血液，经过化验分析，发现农药残留居然是15∶5∶1，这就是说，吃肉者血液里的农药残留是素食者的15倍，这就是生物性积累，造成吃肉者吃到体内的农药残留量比吃素者更多！研究报告显示，动物性农药残留惊人，比植物高出好几个数量级，植物里农药残留比较少，而动物性食物、奶制品、油脂等农药残留都很高！

食肉者还伴随其他严重问题，比如有抗生素滥用和残留，荷尔蒙、食品添加剂和动物性病原和动物情绪问题等，都会对人体造成伤害。动物情绪很不好的时候，请问它的肉会很健康吗？答案是否定的，不会是健康的。有一个报道说，很多动物都是有癌症的，动物处在一个很压抑的环境中，自身就会产生毒素和代谢产物，有的动物饲料里还掺有动物骨粉，比如牛饲料，已经有报道说，吃了含有骨粉饲料牛得了疯牛病。人再去吃这些肉，问题会非常多，也很可怕！

人类所有污染都排到河里了，最终到了海里，市面上销售的鱼含有持久性有机污染物（Persistent Organic Pollutants，简称 POPs）。POPs 指人类合成的能持久存在于环境介质（大气、水、生物体等）中、通过生物食物链（网）累积、并对人类健康造成有害影响的化学物质。它具备四种特性：高毒、持久、生物积累性、亲脂亲水性，而位于生物链顶端的人类，则把这些毒性放大到了7万倍，对人类健康和环境具有严重危害。

我们吃陆生的猪、牛、羊、鸡、鸭等肉类食品中的污染物几乎都超标，吃水生的鱼也不是一个安全的选择。生蚝一个月可以储存超过水中有毒化学品7万倍的浓缩度。台湾清华大学一位教授从市场上买回来鱼肝油、海狗油、鱼油，来分析二恶英的含量，发现最严重的二

恶英超标程度竟然达到允许值的24倍，这是海洋生物被污染的情况。长期吃水生动物也是很可怕的！

关于垃圾食品问题，WHO公布了10大垃圾食品，其中有一种叫做加工肉类食品，它含有三大致癌物质之一的亚硝酸盐，台湾有一个14岁的初二学生，因为他从上小学的时候起，每天上学时都要吃一根香肠，在他14岁的时候得了大肠癌，医生和家长都非常震惊！另一类食品叫做烧烤类，这些年很受欢迎和流行的饮食习惯，无论是肉类本身，还是烧烤时的香气都含有大量致癌物质，经常吃烧烤食品对民众的身体安全是非常危险。垃圾食品问题一定要引起我们的高度重视。

医学研究显示，350g烤牛排的毒性相当于200只香烟的毒性，而且连香味都有毒性。为什么近20年来癌症、心血管疾病和糖尿病的发病率这么高？从当代人类的食物结构来看，就有其发病的根本原因，中国古人说：祸从口出，病从口入，这即是惨痛的血的教训，也是非常精辟的教诲。必须做到为身体健康而吃，绝不是为色香味而吃！不能为色香味失去我们应有的理智！

八、素食革命——典型素食者案例的启示

科学研究发现，植物里的蛋白质以及所产生的氨基酸已经足够人类使用，人类所必须的氨基酸在植物里都可以得到！而且绿色植物和未加工五谷类蛋白的品质都高于动物蛋白，这是很多人不知道的。不少书籍里说，人类需要四大营养来源：肉类、五谷类、蔬菜类和蛋奶类，而这四大类食物有50%来自动物，而动物性膳食导致了20世纪以来的人类文明病。这必须引起我们的注意和反思。这个四大营养之说的科学性值得怀疑，也必须加以修正。

豆类是非常好的素食来源。豆浆和豆腐是很好的绿色食品。豆浆含有很容易消化的优质植物性蛋白，脂肪低，没有不好的胆固醇，而且含有85%的不饱和脂肪酸，这是人体所需要的营养成分，卵磷脂、脑磷脂、亚麻酸的含量非常丰富，既健脑益智，又防治肥胖、高血压、高血脂和动脉硬化，而且低聚糖有利于益生菌生长，大豆皂、异黄酮

有抗癌、抗衰老作用，维他命也高于牛奶，价格也比牛奶低，性价比非常高。

第一次大规模素食试验发生在第一次世界大战期间的丹麦，丹麦遭到了联军的封锁和粮食禁运。当时丹麦国王请一个医生来规划全体丹麦人民的饮食结构，这个医生给国王建议禁止用谷物来饲养牲畜。因为当时谷物人都不够吃，怎么还把谷物拿去喂牲畜呢？所以丹麦全国就不饲养牲畜，也就不吃肉了。可以说战争改变了丹麦人的食物链，即缩短和简化了食物链。

1917年到1918年间，全体300万丹麦人就被迫吃素一年！这是好事还是坏事呢？您是不是会觉得丹麦人好可怜，连肉都吃不到，也很吃亏呢？结果出人预料，一年以后，意外发现丹麦人的死亡率比过去18年来降低了34%。这是在战争的情况下发生的，在一年内通过素食调理让丹麦人的死亡率降低了34%，这是素食带来的意想不到的结果。这个典型素食案例会给我们多少启示呢？

很多人会说，吃素好像没有体力，好像比较累，是这样吗？耶鲁大学、密西根大学和布罗塞尔大学等一些非常有名的大学做过很多实验来证实，他们发现，吃素者的智力和体力都比食肉者强。第一，吃素者的精力为食肉者的两倍；第二，疲劳后恢复、强壮、敏捷这三项，吃素者更为优胜；第三，吃素者疲倦负荷时间为食肉者的两到三倍。

我们来看看典型素食者的案例。首先来看运动家的现身说法，第11届柏林奥运会马拉松金牌得主韩国孙基祯先生，是一个终生素食者，如果吃素没有体力的话，他怎么能够跑马拉松，而且还是金牌得主。我们还需注意一个很重要的现象，就是美式足球明星的平均寿命是54岁，而这位运动家的寿命却高达90岁。为什么呢？第一是过度训练，第二是过度吃肉。

有很多人讲，孙基祯是个亚洲人，可能是特例吧。我们来看看卡尔·刘易斯，他是9个奥运会金牌的短跑选手，这在历史上是很少见的。这位先生说，我参赛表现最佳的那一年，正是我开始吃素的那一年。他是个彻底素食者，不喝牛奶不吃鸡蛋。也就是说他认为最好的那个比赛成绩是由于他改善了饮食结构之后所造成的，吃素使他的运动成绩达到顶峰。

还有一位叫做大卫·斯考特的运动家，他说，运动员需要动物性蛋白质的说法是可笑的谬论，大卫·斯考特是连续三年赢得夏威夷铁人三项持久赛冠军的选手。铁人三项包括3.86km的长泳、180km单车长骑和42km长跑，他也是素食者，如果他没有体力，绝对没有办法完成这样高强度的铁人三项持久赛任务，还怎么连续三年赢得冠军。

再有一位选手叫做埃德温·摩根，他曾经在从1976年到1984年这么长的时间跨度里赢得全世界400米跨栏金牌，而且曾经创造了从1977年到1987年间112场比赛全胜记录。一般运动员的运动寿命都不会这么长，这是为什么呢？他也是一个素食者。再来看一个例子，莫雷罗斯在1956年墨尔本奥运会赢得3个金牌，他从两岁就开始吃素。从自然现象来看，体力好、寿命长的都是吃素的。

许哲女士，是新加坡的国宝，是一个终生素食者，2008年是111岁，她还在照顾很多七八十岁的老人。她在她妈妈的肚子里就开始吃素了，即所谓的胎里素，也就是说她在一生当中是没有吃过肉的。这个例子给了我们很多的信心，吃素绝对不会没有营养。史怀特也是一位素食者，爱因斯坦也是吃素的，他说，没有什么能比素食更能改善人的健康和增加人类在地球上生存的机会！

过去人们根深蒂固的认为，不吃肉没有营养，这是站不住脚的，与植物比较起来，很多动物的蛋白质并不是优质蛋白。植物与动物膳食比较，蛋白质差不多，牛肉、猪肉、鸡肉以及牛奶等动物性膳食含有很高的不好的胆固醇，而土豆、菠菜、豌豆、西红柿里没有，植物里含有人体需要的不饱和脂肪酸，而动物则含不需要的脂肪太多，植物性膳食含有很多的微量元素和维生素，而动物性膳食则较少。

现在很多人对吃素很有疑虑，总是担心吃素营养不够，我们还是作一些科学分析，比较一下素食营养。比如，从钙质的角度来看，动物钙质的含量在很多植物面前是抬不起头的。钙磷比是钙质吸收的关键因素，钙质的吸收主要取决于磷的含量，如果钙质很多而磷也很多，那就会相互抵消。例如，莴苣这种植物，钙质的绝对量并不是很高，但莴苣里磷的含量很少，它含的钙质大部分可以被人体吸收。

如果一种食物中磷的含量很高，钙质再多也无法吸收。芥菜的钙磷比非常高，是动物肝脏的 70 倍，是牛肉与猪肉的 23 倍。芥菜中的钙质很容易被吸收，而鸡肉和猪肉里钙质则不易吸收，因为它们磷的含量也较高，磷会抑制钙质的吸收。甘蓝含铁量是牛肉的 14 倍。铁在动物里只有 11% 能够被人体吸收，而植物里的铁大部分能够被人体吸收。牛奶里铁的含量很低，如果您要得到相等的铁，您可以选择一碗菠菜面或者 2 000kg 牛奶。

为什么我们会感觉吃素会体力下降呢？这是错觉。第一，科学研究证实，在消化肉类的过程中，在肉类分解的时候会产生一种类吗啡的化学物质，它会麻痹我们的中枢神经，产生饱足感和兴奋感。当中断食肉之后，神经暂时没有类吗啡化学物质的刺激，所以吃素觉得有饥饿感。第二，素食容易消化和吸收，也容易产生饥饿感，特别是长期吃肉的话，身体得不到很丰沛的营养物质，如果几天不吃肉的话，吃素更容消化和吸收，更易产生饥饿感。这是身体向健康方面恢复的可喜现象。

20 世纪 80 年代以前，中国绝大多数人以植物性食物为主，有少量的动物性食物（占 10%）搭配，这是很合理的膳食结构。我们有很多吃素的人，有绝对吃素的人一点动物性食物都不吃，也有半吃素的人，吃蛋和奶，不吃其他的肉。吃素也要均衡搭配，是粮食和豆类搭配，蔬菜也要合理搭配，不应单一品种，必须多样化，再加上水果和坚果（花生、杏仁等）。

几千年来，中国人的健康饮食有一条基本路线，核心是以植物性膳食为主，以四个基本点为支撑：杂、粗、淡、动，所谓杂就是各种各样的素食都要吃，不能单吃一类食物，即多渠道的营养；粗就是以粗粮为主，吃更多品种的粗粮；淡就是油的清淡和口味的淡；动就是开展体育运动，进行各种各样的体育锻炼，也包括中国的气动。这条中国健康饮食路线的主线是以植物性膳食为主体的多样化搭配，关键是把握好各种膳食品质的数量，既不能少，更不能多。大家一定要记住这条中国人健康饮食路线。

九、粮食给动物吃得太多了

过去认为，人类需要四大营养来源：肉类、五谷类、蔬菜类和蛋奶类，而这四大类有50%来自动物。这是从20世纪以来100多年积累下来的饮食观念。今天这么庞大的畜牧业在人类的历史上从来没有发生过，因为它是经过科技改良之后形成的新的饲养形态。从人类学、历史学、社会学和流行病学的角度来看，分析这种畜牧业状态就会发现过去不存在的东西现在都有了，从整个社会发展过程来看，不仅人类的健康出了问题，而且人类生存的环境也出了极大的问题。

在美国，90%的黄豆、80%的玉米和95%的小麦是作为饲料给动物吃的，根据有关研究分析，在中国，饲料粮已经成为中国粮食消费的第一大项，2010年饲料用粮比2005年增加700多亿斤，增长20%以上，约占国内粮食消费增加量的2/3以上。饲料粮快速增长已成为粮食消费刚性增长的主要需求，成为我国粮食安全的主要威胁。农业生产的粮食给牲畜吃得太多了！

从全球主要国家来看，农业从为人类服务变成了为畜牧业服务，而动物的肉类则成为人类的主要食物。农业和畜牧业的性质和地位已经发生根本性改变，事实已经证明，这种根本性改变不仅对人类的健康构成巨大威胁，造成了对环境的严重污染和极大破坏，也造成营养物质和能量的巨大浪费。粮食让动物吃得太多了。在这种生活模式和生产模式下，人类在做大亏本的买卖。这种生活模式和生产模式使人类的食物链加长了，形成了复杂化的食物来源，既亏了营养价值，还亏了我们的身体健康，最后还亏了我们赖以生存的环境！

十、动物性食品营养价值的大幅度递减

现代畜牧业造成优质植物蛋白的巨大浪费，这是绝大多数人过去不知道的。例如，饲养一头乳牛所损失的植物性蛋白占78%，饲养一只肉鸡所损失的植物性蛋白占83%，饲养一头猪所损失的植物性蛋白占88%，而饲养一头肉牛所损失的植物性蛋白高达93%。一般说来，

6t 植物性蛋白才能够换 1t 动物性蛋白，如果吃肉的话，我们是用 6t 优质植物性蛋白去换 1t 劣质动物性蛋白，这是很大的亏本买卖，如果人类吃肉的话，这就造成营养价值的大幅度递减！

谷物换肉行为造成食品营养价值的大幅度递减，是有充分的科学依据的。我们来介绍有关资料。6.35kg 的谷物可以换到什么呢？可以换 54 碗玉米片，也可以换 12 根法国面包。有人说不想吃素，如果您拿 6.35kg 谷物去喂牛，那您只能得到 0.45kg 牛肉，各位朋友，6.35kg 的谷物可以活多久，可以活一个星期，0.45kg牛肉可以吃多久，一天可能都撑不过去，谷物与牛肉维持 1 个人生命的时间是 7：1。这种生活模式和生产模式造成的能量耗散是很不值得人类继续维持下去了！

从营养价值链来看，动物性膳食会造成食品营养价值的大幅度递减和营养价值的巨大浪费。用谷物换肉是极为不划算的，也是很不明智的。所以，请您一定要记住 14：1 和 7：1 这两个数值。为什么要记住两个数值呢? 因为它表明，养活 14 个素食者才能养活 1 个肉食者。从生产过程来看，如果拿 6kg 植物性蛋白去换 1kg 动物性蛋白，也造成营养价值的大幅度递减，从物质和能量转换的角度来看，这也是很不值得我们去做的。

十一、动物饲料生产对人类生存环境造成巨大污染

从 20 世纪以来，粮食给动物吃得太多了，而人类则把动物吃得太多了。从 1960 年以来，全球肉类消耗增加了数倍，我们的祖父、祖母那一辈吃半年的肉量，现在让我们一餐就吃掉了。还有大量的剩肉被倒进了泔水桶，这样也带来了严重的环境污染。在肉类饲养的过程中会产生大量粪便和二氧化碳。在美国，畜牧业每年产生 9 亿 t 粪便，每一个美国人可分 3t。一头牛一年可产生 14t 粪便，而这些粪便直接污染了人类的水源。

地球上 33% 的土地用来生产动物饲料，而种植这些粮食的时候既要消耗大量的土地和水源，又必须大量使用化肥、除草剂和杀虫剂等，这也在大规模污染地下水，化肥又会造成蓝藻污染。动物吃粮食、人

类吃动物这种生产模式既浪费了大量优质自然资源，也是造成环境污染的重要根源。在当代人类与自然的关系极为紧张的状态下，这种生产模式也难以为继了，是到了应该彻底改变的时候了！

集约化饲养动物的过程会产生大量温室气体。养一头牛每年要产生 4 000kg 二氧化碳，养一头猪要产生 450kg，养一只羊产生 400kg，而一个人一年只产生 300kg，一头牛一年产生的二氧化碳是一个人的 13.3 倍，一辆排量 2.0 的汽车一年产生 3 000kg 二氧化碳，也少于一头牛。这是一个很重要的讯息，这就是说，大规模发展的畜牧业对人类的生存环境将产生巨大的影响，这一点过去我们不注意、不重视，让我们付出了不该付出的巨大代价。

据科学家估计，畜牧业一年释放的甲烷气体占全球甲烷释放的 37%，而甲烷的温室效应是二氧化碳的 23 倍。畜牧业一年释放的一氧化碳气体占全球一氧化碳释放的 65%，而一氧化碳的温室效应是二氧化碳的 296 倍。这些对环境的负面影响很多人并不清楚。全球畜牧业一年产生 9% 的二氧化碳、37% 的甲烷、65% 的一氧化碳，它们的总体温室效应居然比全球汽车所排放的温室气体还要多！这是大家没有办法想象的。

十二、大规模畜牧业加重水资源的紧缺

生产 1kg 牛肉需要 10 万升水，而生产 1kg 小麦只需要 900L 水，生产 1kg 土豆需要 500L 水。虽然地球是多水星球，但地球上 97% 是海水，只有 2.5% 是淡水，而淡水的 68.7% 在冰川里，30.1% 是地下水，地球变暖正在消耗冰川水，而农药和化肥又正在污染地下水，大规模发展畜牧业必然加重水资源的紧缺，特别是人类的淡水资源越来越紧缺。这种状况不仅使既有生产模式难以为继，而且也造成淡水资源的空前紧张，加大了人类与资源、国家与国家之间的矛盾！

水资源紧缺是全球性和长期性的。我们看看中国西部的敦煌月牙泉，2 000 多年来第一次面临干枯的危险，面积由 0.016km² 减少到 0.0052km²，水深由 10m 降到 1.1m。我们再看看美洲大陆，2006 年，巴

西亚马逊河遭遇了前所未有的大干旱，而亚马逊河流量是长江的好几倍，它可以干掉，那么我们还有哪条河永远都会有滔滔不绝的江水呢？我们哪有那么多的淡水来饲养牲畜，牲畜喝了人类的淡水资源，那我们人类自己怎么办？

十三、大规模畜牧业造成全球生态环境恶化

1. 畜牧业带来巴西热带雨林消失

巴西热带雨林消失是什么原因造成的呢？据估计，全球 93% 的森林消失与畜牧业有关。从 1975 年以来，巴西热带雨林被大规模砍伐，2000 年到 2005 年，亚马逊热带雨林被砍伐的速度加快，其中有 60% 是用来养牛，另外的 33% 用来做小规模农业。也就是说，砍掉热带雨林主要是满足人类吃肉的市场需求。畜牧业带来了大规模森林消失，这是多么严重的生态灾难，我们减少吃肉等于植树造林！

2. 过度放牧造成土地沙漠化

自然界每 500 年可以生成 6.45cm^2 表土，而现在每 16 年就流失 16.45cm^{2}表土。中国过度放牧造成 20 万 km^2 土地荒芜、水土流失和 60% 的草原退化。呼伦贝尔草原退化面积达到 2 万 km^2，占可以用草原的 21%。水土流失的速度大大高于表土生成的速度！土地退化、贫瘠、污染、缺水、盐碱化和生物链破坏已经影响全球 1/3 人的吃饭问题，而动物与人争食使人类吃饭问题更加严重。水土流失是地球造成沙漠化的主要原因，是草原生态恶化的重要指标！

3. 冰川融化的灾难后果

20 世纪 90 年代以来，冰川融化的速度加快，曾经发生了震惊科学家的冰川融化事件，5 000 亿 t 南极拉森 B 号冰架在 35 天崩溃。科学家认为，5 000 亿 t 重的冰大约需要两年时间才能融化，结果 35 天就融化掉了。为什么呢？地球太热了，地球这么热，海冰被融化之后，就是陆冰融化。如果地球南极和北极两大陆冰融化的话，全球的海平面会上升 70m，中国的安徽会变成海边，许多岛国就不复存在了！

4. 全球性极端天气频发

由于温室效应的作用，过去我们没有见过的极度干旱、极大雨量、极端温度、极度寒冷、极强飓风、极强龙卷风等极端天气在中国各地和世界各国频发。在每年的各个季节，我们都可以看到这种新闻报道。这种全球性极端天气的发生不仅给当地人民的生命和财产造成巨大损失，也给经济发展带来极其重大的影响。这是全球生态环境恶化的重要信号，这是地球生态系统向人类报警，如果人类再不改变自己的行为，后果将是不可逆转的和灾难性的！

十四、素食革命必将引起全球经济社会的深刻变革

（1）停止吃肉是解决全球生态恶化的最简单方法。我们一定要弄清楚吃肉对能源的极大消耗和对环境的极大破坏。2007 年，英国科学家艾伦·卡佛特用计算的方法得出结论：解决全球暖化的最简单方法就是人类停止吃肉！这样可以在牲畜饲养方面减少 21% 的能量消耗，这还没有包括牲畜饲料生产、机械屠宰、运输与冷藏和食品加工等环节消耗的能量。

我们停止吃肉或减少吃肉，可以大规模地减少不必要的粮食生产，以及大规模减少农药、化肥和杀虫剂等化学物质的使用，有效地改善人类吃肉对自然界造成的极大负面性，恢复丰沛的森林，重建促进人类健康的生产体系和生存环境，为能够有效改善人类自身的健康状况创造必要的条件。也就是说，停止吃肉或减少吃肉能够促进生态文明建设！

（2）停止吃肉或减少吃肉可以重新构建人类食品体系，促进可持续发展。人类停止吃肉或减少吃肉，可以削减不必要的大规模的畜牧业、渔业等过度发展的产业，可以减去不必要的动物屠宰、肉食品加工、储存、运输等环节的人力、物力和财力消耗，这样就可以重新构建人类食品体系，可以大规模地减少温室气体的排放，促进经济社会的可持续发展。

（3）停止吃肉或减少吃肉可以根本改善人体内环境，为人类的健康和长寿开辟道路。吃素的好处在前面已经讲得很多了，这里我要强

调的是吃素可以减少我们去医院的次数，减少医疗费用，减少家庭和国家的医疗支出，我们就可以少建医院，多建健康促进设施和健康优化管理机构，促进健康服务业的转型发展，推动健康服务业进入常态化发展轨道。

第五节 命福与口福

从大量的事实和以上的论述我们看到，在一个人的一生中，存在命福与口福的关系。这个关系已经被大量事实所证明，被贪吃动物性食物的悲惨后果以及低动物性膳食的巨大益处所证明，被人类现行健康模式所证明。我们在此郑重地明确地提出命福与口福的关系。事实证明，命福与口福成反比关系，即命福越大则口福越小，或口福越大则命福越小，或者再表述为，命福越厚则口福越薄，或口福越厚则命福越薄。我们要郑重地警告那些胡吃海喝或大吃大喝的人，你们是用自己的大口福来减少自己的命福，用厚口福来减薄自己的命福。

对此，我们没有既有大口福又有大命福的选项。这是人体的自然规律，是人体的自然本性和整体本性所确定的。

有资料显示，美国的科学家已经证实了上述命福与口福的反比关系。被誉为营养学爱因斯坦的世界营养学权威柯林·坎贝尔博士发自良心的建言："死亡，是食物造成的！"愈营养，愈危险？史上最完整，历时 40 余年震撼全球 66 亿人的健康大发现！

以下是柯林·坎贝尔博士阐述的您所不知道的真相。

一、死亡是食物造成的

(1) 罹患肝癌的孩子，大都来自吃得最好的家庭。

(2) 只要改变饮食习惯，不吃动物性蛋白质，肾结石复发的病患就能不药而愈。

(3) 以肉食为主的美国男性，死于心脏病的比例是以植物为主食的中国男性的 17 倍！

（4）研究统计，饮食中饱和脂肪含量较高的初期多发性硬化症病患，有80%会死亡。

（5）有的医师决定如何进行治疗的考虑要点，通常是基于金钱，而不是健康。

（6）有的医生让病人吃了许多苦，花了很多冤枉钱，甚至快要死掉，但其实只要吃燕麦片等普通食品就可以好了。

（7）医师会动手术和开药，却不懂营养，因为他们根本没受过营养学的训练。

（8）没有任何手术或药丸可以有效预防或治疗任何慢性疾病。

“死亡，是食物造成的！”柯林·坎贝尔博士揭示的事实真相，如果你想活得健康长寿，请务必立刻身体力行，改变你的饮食吧！

二、活不到九十岁的人那是您的错

长寿秘诀为：多喝白开水，饮食八分饱，日行一万步。“只要你遵守四句老话——戒烟限酒，合理膳食，有氧运动，心态平衡，就可轻轻松松活到90岁。活不过90岁那就是你的错！”

全国首席心血管病专家、北大人民医院心研所所长胡大一教授讲了这样一件事：30几年前，他接待了一个来访的美国医学代表团，住在当时非常高档的燕京饭店。代表团的一位负责人早上拉开窗帘，看到长安街上的自行车流非常壮观，感慨地说：“中国人很健康！”30年后，还是这位负责人，又一次来到北京，住在更加豪华的饭店。他早上推开窗户，只见长安街上高楼林立，富丽堂皇，车流滚滚，但这个“车”已由自行车变成了小汽车，他长叹一声：“中国人得病了！”

出门就打的，进门坐电梯；烟酒不离身，洋快餐不离口……不健康的生活方式是中国人心血管疾病发病的主因。

据统计，中国每年有300万人死于心血管疾病，平均每12~13s就有一人被心血管疾病夺去生命。三四十岁的人心肌梗塞不罕见，已占了心梗住院病人的五分之一。

大家都知道有病去看，但真正的预防却没人重视。“疾病发展几十年，致残致死一瞬间”，胡教授指出，10个心梗，9个可被预测；6个心梗，5个可以被预防。人类告别癌症，可多活3年，人类告别心血管病，可多活10年。

胡大一建议大家记住这样一个原则：总量控制八分饱，合理搭配不过分。食盐量每天不超过5g，特别是东北地区饮食偏咸，更要减盐；少吃或不吃超市里卖的熟食，吃方便面调料包只用三分之一就足够了，以免热量、盐等摄入超量；减少膳食脂肪，多吃蔬菜水果、五谷杂粮；适度吃瘦肉，或鸡鸭及鱼肉；海鲜适度；鸡蛋每天1个，如果胆固醇高或有冠心病，就每星期吃4~5个。如果到了中午或下午四五点钟，你感觉到有点饿，说明这一天的食量是合适的。

胡大一提醒，吸烟不光是嗜好，更是一种疾病。烟草中的尼古丁是毒品，其成瘾性与某类毒品相似。戒烟是降低心血管病风险最经济的方式，可降低36%的死亡率。酒倒是可以喝一点。有些报道说，适当喝酒可以保护心脏，其实这没有确切的科学依据，有人说喝酒可以升高体内的好胆固醇，其实走30分钟的路或做点运动就可实现。如果你不喜欢喝酒就不要主动去喝；更别相信“买酒保健康”的商业广告。对喜欢喝酒的人来说，男性每天1两(50g)白酒，100g葡萄酒，300ml啤酒，三选一是可以的。女性减半，孕妇不能喝酒。

人生不如意十之八九，要常想“一二”而不思“八九”。人活七十古来稀，但现在活到90岁应该是常态，我们应该有这样一个人生目标，不过99，轻易不能走，让我们向着100岁迈进，在生活中寻求真理，认识人生真缔，才能没有白活一生！

运动的好处人人皆知，关键是很多人既没有落实，也不能坚持。“我不是很闲的人。”胡大一教授说，开会时间，如果离会议楼不远，他一定会走着去；会间茶歇他会起来走动；在候机厅候机时他会不停地走；出行他尽可能乘地铁、坐公交；上楼的时候，别人乘电梯，他会走楼梯……“我带计步器锻炼11年了，每天走1万步。”胡大一认为走路是运动的最好方式，简单经济、安全有效，对老年人关节、肌肉、韧带损害很小，对心脏负担相对较小。除此之外，平时可练练小哑铃、橡皮带等。锻炼身体的灵活性可选择太极拳及瑜伽。另外，慢跑、扭秧歌、打乒乓球等都适合老年人。胡大一让大家记住有氧运动中的“1357”：每天运动1次，持续不少于30分钟，每周确保运动5天，运动时适宜心率= 170－年龄。

第六节　健康价值观

一、从实践中提炼我们的“健康价值观”

我们已经较为全面、系统地介绍了“生命和健康的威胁来自贪婪”“生命和健康模式之谜”“贪婪动物性食物的悲惨后果”以及“素食革命——低动物性膳食的巨大益处”这样四个方面的重要内容，从中提炼我们的“健康价值观”。在此，我们从更广泛的范畴和更高的层次来讲健康问题，全面系统地讲一讲“健康价值观”和“科学健康观”，为实现素食革命和健康革命奠定了知识和思想基础。

二、“健康价值观”：健康的生命是1，其余都是0

在您一生的光辉旅途中，事业、爱情、子女、财产和权力等都依附于自己的健康，都靠自己的健康来支撑和承载。因此，健康是您一生一切的承载和希望，您如果没有了健康，没有了生命，您的一切都归零。健康的生命是1，其余都是0，如果没有1，即使有再多的0（包括事业、爱情、子女、财产和权力等等），最后还是0，也就毫无意义，这就是我们倡导的科学的健康价值观。

三、再辉煌的事业换不来自己的命

众所周知，辉煌的事业可谓人生的最高价值追求，可是再辉煌的事业也不能换来您的生命。秦始皇创建了中国历史上辉煌的大秦帝国，千方百计追求长生不老，可健康出了问题，49岁就撒手人寰，真是千古遗憾。世上不知还有多少伟人，不管是政治家、科学家、思想家，还是大企业家，也是因为健康出了问题，撒手一生追求的事业，不知留下多少遗憾，多么令人痛心。这种例子在我们身边也是越来越多，各个方面的例子非常多。

四、再富有的钱财也换不来自己的命

固有“鸟为食亡，人为财死”之说，现在也有不少人信奉“有钱能使鬼推磨”，还有人说，随着医学的发达，就能花钱买命，好像有钱就有一切，金钱拜物教盛行到了极点。可是，古今中外的事实无可驳辩地证明，因为科技有限，生命不可逆转，再富有的财产也换不来自己的命。美国的乔布斯，56 岁不再书写科技财富的传奇，近年来，在中国也有不少著名的创业者和企业家，也因为健康出了问题，不能再驰骋商海，创造人生奇迹。

五、求神拜佛也留不住自己的命

在这个世界上，还有不少人把生命的希望寄托在神灵之上，一心求神拜佛留住性命。当然，求神拜佛也可以求得一时安慰，对缓解病痛也许有一点作用，可是，不知有多少人，靠迷信、拜神灵，求神弄鬼，最终还是误了自己的救命时机，不能够留住自己的宝贵性命，留下多少人间遗憾。从古至今，不知有多少人，用自己宝贵的生命向我们揭示了一条生命警示：求神拜佛也留不住自己的命。

六、健康长寿是人生价值的最大源泉

从古至今，不管是政治和经济，还是科学和文化，有多少天才和奇人，由于命短而没有时间创造伟业，创造传奇。因而，健康长寿，只有人生的长途旅行，才是人生价值的最大源泉。只要具备一定的必要条件，在人的一生中，60 年总比 50 年创造的价值更大，70 年总比 60 年创造的价值更大，80 年总比 70 年创造的价值更大。总之，健康长寿总比短命创造的价值更大。我们做到健康长寿，就能赢得最宝贵的时间，才有可能做我们想做的事。健康是干事的本钱（或资本），健康长寿这才是我们一生真正的最大价值源泉。

七、我们的健康从尊重科学开始

事业换不来命，钱财换不来命，求神拜佛留不住命，既然这样，难道我们人类的健康长寿就没有希望吗？无数的事实给我们作出了坚定不移的回答是：健康长寿必须从尊重科学开始。科学，只有科学，才能不断揭开生命的秘密，才能揭开健康的秘密，才能揭开长寿的秘密。只有我们尊重科学，从细微入手，从长处着眼，把握整体，协同天地，就能找到健康长寿之道。

第二章　现代化运动与科学健康观

近代科学的兴起是人类现代化运动兴起和发展的基础和根本动力，同时现代化运动的兴起和发展反过来促进了科学技术的发展。生命科学就是在现代化运动中获得了根本性突破和飞跃性发展。细胞学说的建立，蛋白质、遗传物质和遗传规律的发现是生命科学最重大的发现之一，奠定了生命科学和健康科学的基础和核心。现代化运动推动了生命科学和健康科学的巨大发展，在现代科学技术的基础上，出现了一系列重大的现代化医疗诊断和治疗技术，促进了人类健康科学技术的迅速发展，人类的疾病诊断和治疗技术获得了飞跃性发展，同时也推动了健康产业（或健康服务业）的大发展。

第一节　在现代化运动兴起的过程中建立了细胞学说

细胞的发现离不开显微镜。显微镜于 1590 年由荷兰的詹森父子所首创。显微镜是人类这个时期最伟大的发明物之一。在它发明出来之前，人类关于周围世界的观念局限在用肉眼，或者靠手持透镜帮助肉眼观察所看不到的东西。显微镜把一个全新的世界展现在人类的视野里。人们第一次看到了数以百计的“新的”微小动物和植物，以及从人体到植物纤维等各种东西的内部构造。显微镜还有助于科学家发现新物种，有助于医生治疗疾病。现在的光学显微镜可把物体放大 1 600 倍，分辨的最小极限达 0.1μm，国内显微镜机械筒长度一般是 160mm。

英国科学家罗伯特·胡克（Robert Hooke，1635 — 1703）于 1665 年用自制的光学显微镜观察软木塞的薄切片发现了细胞。“细胞（cell）”一词最早由罗伯特·胡克提出。罗伯特·胡克第一个观察到了死细胞。其实这些小室并不是活的结构，而是细胞壁所构成的空隙，但细胞这个名词就此被沿用下来。

列文·胡克第一个观察到了活细胞。1674年，列文·胡克(Antonie van Leeuwenhoek)以自制的镜片，由雨水、乃至于他自己的口中发现微生物，他也是历史上可找到的第一个发现细菌的业余科学家。1677年列文·胡克用自己制造的简单显微镜观察到动物的“精虫”时，并不知道这是一个细胞。

1809年，法国博物学家（博物学即20世纪后期所称的生物学、生命科学等的总称）拉马克（Jean- Baptiste de Lamarck，1744—1829）提出：“所有生物体都由细胞所组成，细胞里面都含有会流动的‘液体’。”1824年，法国植物学家杜托息(Henri Dutrochet，1776 — 1847)在论文中提出“细胞确实是生物体的基本构造”又因为植物细胞比动物细胞多了细胞壁，因此观察技术还不成熟的时候比动物细胞更容易观察，也因此这个说法先被植物学者接受。

19世纪中期，德国动物学家施旺(Theodor Schwann，1810—1882)进一步发现动物细胞里有细胞核，核的周围有液状物质，在外圈还有一层膜，却没有细胞壁，他认为细胞的主要部分是细胞核而非外圈的细胞壁。同一时期，德国植物学家施莱登(Matthias Schleiden，1804—1881)以植物为材料，研究结果获得与施旺相同的结论，他们都认为“动植物皆由细胞及细胞的衍生物所构成”，这就是细胞学说的基础。

1827年贝尔发现哺乳类动物的卵子，才开始对细胞本身进行认真的观察。

中国自然科学家李善兰1858年在其著作《植物学》中使用“细胞”作为cell的中文译名。有学者认为李善兰此时并未接触过《植学启原》，因而是独自发明。

1867年德国植物学家霍夫迈斯特和1873年的施奈德分别对植物和动物比较详细地叙述了间接分裂；德国细胞学家弗勒明1882年在发现了染色体的纵分裂之后提出了有丝分裂这一名称以代替间接分裂，霍伊泽尔描述了在间接分裂时的染色体分布；在他之后，施特拉斯布格把有丝分裂划分为直到现在还通用的前期、中期、后期、末期；他和其他学者还在植物中观察到减数分裂，经过进一步研究终于区别出单倍体和双倍体染色体数目。

与此同时，捷克动物生理学家浦肯野提出原生质的概念；德国动物学家西博尔德断定原生动物都是单细胞的。德国病理学家菲尔肖在研究结缔组织的基础上提出“一切细胞来自细胞”的名言，并且创立了细胞病理学。

从19世纪中期到20世纪初，关于细胞结构尤其是细胞核的研究，有了长足的进展。1875年德国植物学家施特拉斯布格首先叙述了植物细胞中的着色物体，而且断定同种植物各自有一定数目的着色物体；1880年巴拉涅茨基描述了着色物体的螺旋状结构，翌年普菲茨纳发现了染色粒，1888年瓦尔代尔才把核中的着色物体正式命名为染色体。1891年德国学者亨金在昆虫的精细胞中观察到X染色体，1902年史蒂文斯、威尔逊等发观了Y染色体。1900年重新发现孟德尔的研究成就后，遗传学研究有力地推动了细胞学的进展。美国遗传学家和胚胎学家摩尔根研究果蝇的遗传，发现偶尔出现的白眼个体总是雄性；结合已有的、关于性染色体的知识，解释了白眼雄性的出现，开始从细胞解释遗传现象，遗传因子可能位于染色体上。细胞学和遗传学联系起来，从遗传学得到定量的和生理的概念，从细胞学得到定性的、物质的和叙述的概念，逐步产生出细胞遗传学。

此外，发现了辐射现象、温度能够引起果蝇突变之后，因突变的频率很高更有利于染色体的实验研究。辐射之后引起的各种突变，包括基因的移位、倒位及缺失等都在染色体中找到依据。利用突变型与野生型杂交，并且对其后代进行统计处理可以推算出染色体的基因排列图。广泛开展的性染色体形态的研究，也为雌雄性别的决定找到细胞学的基础。

20世纪40年代后，电子显微镜得到广泛使用，标本的包埋、切片一套技术逐渐完善，才有了很大改变。开始逐渐开展了从生化方面研究细胞各部分的功能的工作，产生了生化细胞学。

在现代生命科学中细胞是生物体结构和功能的基本单位，细胞的特殊性决定了个体的特殊性，因此，对细胞的深入研究是揭开生命奥秘、改造生命和征服疾病的关键。20世纪50年代以来诺贝尔生理与医学奖大都授予了从事细胞生物学研究的科学家。

第二节　生物化学是现代化运动送给人类健康的神奇礼物

如果生物化学过程发生问题，人体就会生病，一旦生物化学过程停止了，人的生命也就结束了！可见生物化学对生命的重要意义。而生物化学就是研究生物体中的化学进程的一门学科，研究生命物质的化学组成、结构及生命活动过程中各种化学变化的基础，主要研究细胞内各组分，如蛋白质、糖类、脂类、核酸等生物大分子的结构和功能。生物化学（biochemistry）这一名词的出现大约在19世纪末、20世纪初，但它的起源可追溯得更远，其早期的历史是生理学和化学的早期历史的一部分。例如18世纪80年代，安托万·拉瓦锡证明呼吸与燃烧一样是氧化作用，几乎同时科学家又发现光合作用本质上是植物呼吸的逆过程。又如1828年F. 沃勒首次在实验室中合成了一种有机物——尿素，打破了有机物只能靠生物产生的观点，给“生机论”以重大打击。1860年L. 巴斯德证明发酵是由微生物引起的，但他认为必需有活的酵母才能引起发酵。1897年毕希纳兄弟发现酵母的无细胞抽提液可进行发酵，证明没有活细胞也可进行这样复杂的生命活动，终于推翻了“生机论”。

生物化学主要研究生物体的化学组成、分子结构与功能、物质代谢与调节以及遗传信息传递的分子基础与调控规律。在生物化学的发展中，许多重大的进展均得力于现代科学技术方法上的突破。例如同位素示踪技术用于代谢研究和结构分析，特别是20世纪70年代以来全面地大幅度地提高体系性能的高效液相层析以及各种电泳技术用于蛋白质和核酸的分离纯化和一级结构测定，X射线衍射技术用于蛋白质和核酸晶体结构的测定，高分辨率二维核磁共振技术用于溶液中生物大分子的构象分析，酶促等方法用于DNA序列测定，单克隆抗体和杂交瘤技术用于蛋白质的分离纯化以及蛋白质分子中抗原决定因子的研究等。20世纪70年代以来计算机技术广泛而迅速地向生物化学各个领域渗透，不仅使许多分析仪器的自动化程度和效率大大提高，而且为生物大分子的结构分析，结构预测以及结构功能关系研究提供了全新的手段。生物化学今后的继续发展无疑还要得益于技术和方法的革新。

一、发现生物体的化学组成

科学家发现，生物体是由一定的物质成分按严格的规律和方式组织而成的。人体约含水 55%～67%，蛋白质 15%～18%，脂类 10%～15%，无机盐 3%～4% 及糖类 1%～2% 等。除水及无机盐之外，人体组成主要就是核酸、蛋白质、脂类及糖类 4 类有机物质，此外还有多种有生物学活性的小分子化合物，如维生素、激素、氨基酸及其衍生物、肽、核苷酸等。若从分子种类来看，那就更复杂了。以蛋白质为例，人体内的蛋白质分子，据估计不下 100 000 种。这些蛋白质分子中，极少与其他生物体内的相同。每一类生物都各有其一套特有的蛋白质，它们都是些大而复杂的分子。其他大而复杂的分子，如核酸、糖类、脂类等，它们的种类虽然不如蛋白质多，但也是相当可观的。这些大而复杂的分子称为“生物分子”。生物体不仅由各种生物分子组成，也由各种各样有生物学活性的小分子所组成，这是生物体在组成上的多样性和复杂性表现之一。

这些大而复杂的生物分子在生物体内也可降解到非常简单的程度。当生物分子被水解时，即可发现构成它们的基本单位，如蛋白质中的氨基酸，核酸中的核苷酸，脂类中脂肪酸及糖类中的单糖等。这些小而简单的分子可以看作生物分子的构件，或称作“构件分子”。它们的种类为数不多，在每一种生物体内基本上都是一样的。生物体内的生物分子仅仅是由为数不多的几种构件分子借共价键连接而成的。由于组成一个生物分子的构件分子的数目多，它的分子就大；因为构件分子不只一种，而且其排列顺序又可以是各种各样，由此而形成的生物分子的结构就相当复杂。不仅如此，某些生物分子在不同情况下，还会具有不同的立体结构。构件分子在生物体内的新陈代谢中，按一定的组织规律，互相连接，依次逐步形成生物分子、亚细胞结构、细胞组织或器官，最后在神经及体液的沟通和联系下，形成一个有生命的整体。

在生命体内，除了水和无机盐之外，活细胞的有机物主要由碳原子与氢、氧、氮、磷、硫等结合组成，分为大分子和小分子两大类。前者包括蛋白质、核酸、多糖和以结合状态存在的脂质；后者有维生素、激素、各种代谢中间物以及合成生物大分子所需的氨基酸、核苷酸、糖、脂肪酸和甘油等。在不同的生物中，还有各种次生代谢物，如萜类、生物碱、毒素、抗生素等。

对组成生物体分子的鉴定是生物化学的基础，但直到今天，生物体内的新物质仍不断在发现。如陆续发现的干扰素、环核苷一磷酸、钙调蛋白、粘连蛋白、外源凝集素等。有的简单的分子，如作为代谢调节物的果糖- 2，6- 二磷酸是1980年才发现的。另一方面，早已熟知的化合物也会发现新的功能，20世纪初发现的肉碱，50年代才知道是一种生长因子，而到60年代又了解到是生物氧化的一种载体。过去被认为是分解产物的腐胺和尸胺，与精胺、亚精胺等多胺被发现有多种生理功能，如参与核酸和蛋白质合成的调节，对DNA超螺旋起稳定作用以及调节细胞分化等。

二、发现结构与功能的原理

组成生物体的每一部分都具有其特殊的生理功能。从生物化学构成的生命过程来看，则必须明确细胞、亚细胞结构及生物分子的功能。功能来自结构。如果欲知细胞的功能，必先了解其亚细胞结构；如果我们知道一种亚细胞结构的功能，也必先弄清构成它的生物分子。例如，细胞内许多有生物催化剂作用的蛋白质——酶，它们的催化活性由其分子的活性中心的结构决定，同时，其特异性与其作用物的结构密切相关；而一种变构酶的活性，在某种情况下，还与其所催化的代谢途径的终末产物的结构有关。又如，胞核中脱氧核糖核酸的结构与其在遗传中的作用息息相关，DNA中核苷酸排列顺序的不同，表现为遗传中的不同信息，就是不同的基因。

生物大分子的多种多样功能由它们特定的结构决定。蛋白质的主要功能有催化、运输和贮存、机械支持、运动、免疫防护、接受和传递信息、调节代谢和基因表达等。由于结构分析技术的进展，使人们能在分子水平上深入研究它们的各种功能。酶的催化原理的研究是这方面突出的例子。蛋白质分子的结构分4个层次，其中二级和三级结构间还可有超二级结构，三、四级结构之间还可有结构域。结构域是个较紧密的具有特殊功能的区域，连结各结构域之间的肽链有一定的活动余地，允许各结构域之间有某种程度的相对运动。蛋白质的侧链更是无时无刻不在快速运动之中。蛋白质分子内部的运动性是它们执行各种功能的重要基础。

20世纪80年代初出现的蛋白质工程，通过改变蛋白质的结构获得在指定部位经过改造的蛋白质分子。这一技术不仅为研究蛋白质的结构与功能的关系提供了新的途径，而且也开辟了按一定要求合成具有特定功能的、新的蛋白质的广阔前景。

核酸的结构与功能的研究为阐明基因的本质，了解生物体遗传信息的流动作出了贡献。碱基配对是核酸分子相互作用的主要形式，这是核酸作为信息分子的结构基础。脱氧核糖核酸的双螺旋结构有不同的构象，J. D. 沃森和 F. H. C. 克里克发现的是 B- 结构的右手螺旋，后来又发现了称为 Z- 结构的左手螺旋。DNA 还有超螺旋结构。这些不同的构象均有其功能上的意义。核糖核酸包括信使核糖核酸（mRNA）、转运核糖核酸（tRNA）和核糖体核糖核酸（rRNA），它们在蛋白质生物合成中起着重要作用。新近发现个别的 RNA 有酶的功能。

基因表达的调节控制是分子遗传学研究的一个中心问题，也是核酸的结构与功能研究的一个重要内容。如异染色质化与染色质活化；DNA 的构象变化与化学修饰；DNA 上调节序列如加强子和调制子的作用；RNA 加工以及转译过程中的调控等。生物体的糖类物质包括多糖、寡糖和单糖。在多糖中，纤维素和甲壳素是植物和动物的结构物质，淀粉和糖元等是贮存的营养物质。单糖是生物体能量的主要来源。寡糖在结构和功能上的重要性在20世纪70年代才开始为人们所认识。

寡糖和蛋白质或脂质可以形成糖蛋白、蛋白聚糖和糖脂。由于糖链结构的复杂性，使它们具有很大的信息容量，对于细胞专一地识别某些物质并进行相互作用而影响细胞的代谢具有重要作用。从发展趋势看，糖类将与蛋白质、核酸、酶并列而成为生物化学的4大研究对象。

生物大分子的化学结构一经测定，就可在实验室中进行人工合成。生物大分子及其类似物的人工合成有助于了解它们的结构与功能的关系。有些类似物由于具有更高的生物活性而可能具有应用价值。通过DNA化学合成而得到的人工基因可应用于基因工程而得到具有重要功能的蛋白质及其类似物。

在生物化学中，有关结构与功能关系的研究仅仅才开始，尚待研究的问题很多，其中重要的有亚细胞结构中生物分子间的结合，同类细胞的相互识别、细胞的接触抑制、细胞间的粘合、抗原性、抗原与抗体的作用、激素、神经介质及药物的受体等。

三、发现了物质代谢的原理和机理

生物体内的化学反应是按一定规律持续不断地进行着。如果其中一个反应进行过多或过少，都将表现为异常，甚至疾病。病毒除外，病毒在自然环境下无生命反应。生物体内参与各种化学反应的分子和离子，不仅有生物分子，而更多和更主要的还是小的分子及离子。没有小分子及离子的参与，不能移动或移动不便的生物分子便不能产生各种生命攸关的生物化学反应。如果没有二磷酸腺苷（ADP）及三磷酸腺苷（ATP）这样的小分子作为能量接受、储备、转运及供应的媒介，则体内分解代谢放出的能，将会散发为热而被浪费掉，以致一切生理活动及合成代谢无法进行。如果没有Mg^{2+}、Mn^{2+}、Ca^{2+}、K^{+}等离子的存在，体内许多化学反应也不会发生，凭借各种化学反应，生物体才能将环境中的物质（营养物质）及能量加以转变、吸收和利用。营养物质进入人体内后总是与体内原有的混合起来，参与化学反应。在合成反应中，作为原料使体内的各种结构能够生长、发育、修补、替换及繁殖。在分解反应中，主要作为能源物质，经生物氧化作用，放出能量，供生命活动的需要，同时产生废物，经由各种排泄途径排出体外，交回环境，这就是生物体与其外环境的物质交换过程，一般称为物质代谢或新陈代谢。据估计一个人在其一生中（按60岁计算），通过物质代谢与其体外环境交换的物质约相当于60 000kg水，10 000kg糖类，1 600kg蛋白及1 000kg脂类。

新陈代谢由合成代谢和分解代谢组成。前者是生物体从环境中取得物质，转化为体内新的物质的过程，也叫同化作用；后者是生物体内的原有物质转化为环境中的物质，也叫异化作用。同化和异化的过程都由一系列中间步骤组成。中间代谢就是研究其中的化学途径的。如糖元、脂肪和蛋白质的异化是各自通过不同的途径分解成葡糖糖、脂肪酸和氨基酸，然后再氧化生成乙酰辅酶A，进入三羧酸循环，最后生成二氧化碳。

在物质代谢的过程中还伴随有能量的变化。生物体内机械能、化学能、热能以及光、电等能量的相互转化和变化称为能量代谢，此过程中ATP起着中心的作用。

物质代谢的调节控制是生物体维持生命的一个重要方面。物质代谢中绝大部分化学反应是在细胞内由酶促成，而且具有高度自动调节控制能力。这是生物的重要特点之一。在活细胞内，几近2 000种酶，在同一时间内，催化各种不同代谢中各自特有的化学反应。这些化学反应互不妨碍，互不干扰，各自有条不紊地以惊人的速度进行着，而且还互相配合。不论是合成代谢还是分解代谢，总是同时进行到恰到好处。以蛋白质为例，用人工合成，即使有众多造诣高深的化学家，在设备完善的实验室里，也需要数月以至数年，或能合成一种蛋白质。然而在一个活细胞里，在37℃及近于中性的环境中，一个蛋白质分子只需几秒钟，即能合成，而且有成百上千个不相同的蛋白质分子，几乎像在同一个反应瓶中那样，同时在进行合成，而且合成的速度和量，都正好合乎生物体的需要。这表明，生物体内的物质代谢必定有尽善尽美的安排和一个调节控制系统。

生物体内几乎所有的化学反应都是酶催化的。酶的作用具有催化效率高、专一性强等特点。这些特点取决于酶的结构。酶的结构与功能的关系、反应动力学及作用机制、酶活性的调节控制等是酶学研究的基本内容。通过 X 射线晶体学分析、化学修饰和动力学等多种途径的研究，一些具有代表性的酶的作用原理已经比较清楚。20 世纪 70 年代发展起来的亲和标记试剂和自杀底物等专一性的不可逆抑制剂已成为探讨酶的活性部位的有效工具。多酶系统中各种酶的协同作用，酶与蛋白质、核酸等生物大分子的相互作用以及应用蛋白质工程研究酶的结构与功能是酶学研究的几个新的方向。

现有的知识体系预示，酶的严格特异性、多酶体系及酶分布的区域化等的存在，可能是各种不同代谢能同时在一个细胞内有秩序地进行的一个解释。在调节控制方面，动物体内，除神经体液发挥着重要作用之外，作用物的供应及输送、产物的需要及反馈抑制，基因对酶合成的调控，酶活性受酶结构的改变及辅助因子的丰富与缺乏的影响等因素，亦不可忽视。酶与人类生活和生产活动关系十分密切，因此酶在工农业生产、国防和医学上的应用一直受到广泛的重视。

新陈代谢是在生物体的调节控制之下有条不紊地进行的。这种调控有 3 种途径：①通过代谢物的诱导或阻遏作用控制酶的合成。这是在转录水平的调控，如乳糖诱导乳糖操纵子合成有关的酶。②通过激素与靶细胞的作用，引发一系列生化过程，如环腺苷酸激活的蛋白激酶通过磷酰化反应对糖代谢的调控。③效应物通过别构效应直接影响酶的活性，如终点产物对代谢途径第一个酶的反馈抑制。生物体内绝大多数调节过程是通过别构效应实现的。

维生素对代谢也有重要影响，可分水溶性与脂溶性两大类。它们大多是酶的辅基或辅酶，与生物体的健康有密切关系。

四、发现遗传与繁殖的规律

生物体的另一突出特点是具有繁殖能力及遗传特性。一切生物体都能自身复制，而且复制品与原样几无差别，且能代代相传，这就是生物体的遗传特性。1953 年，沃森（Watson）和克里克（Crick）确定 DNA 双螺旋结构，获 1962 年诺贝尔生理学或医学奖。发现 DNA 双螺旋结构、近代实验技术和研究方法奠定了现代分子生物学的基础，从此，核酸成了生物化学研究的热点和重心。

遗传的特点是忠实性和稳定性，随着生物化学的发展，科学已经证实，基因只不过是DNA分子中核苷酸残基的种种排列顺序而已。现在DNA分子的结构已不难测得，遗传信息也可以知晓，传递遗传信息过程中的各种核糖核酸也已基本弄清，不但能在分子水平上研究遗传，而且还有可能改变遗传，从而派生出遗传工程学。如果能将所需要的基因提出或合成，再将其转移到适当的生物体内去，以改变遗传、控制遗传，这不但能解除人们一些疾患，而且还可以改良动、植物的品种，甚至还可能使一些生物，尤其是微生物，更好为人类服务，可以预见在不远的将来，这一发展将为人类的幸福作出巨大的贡献。

五、发现了生物膜的结构与功能

生物膜主要由脂质和蛋白质组成，一般也含有糖类，其基本结构可用流动镶嵌模型来表示，即脂质分子形成双层膜，膜蛋白以不同程度与脂质相互作用并可侧向移动。生物膜与能量转换、物质与信息的传送、细胞的分化与分裂、神经传导、免疫反应等都有密切关系。

以能量转换为例，在生物氧化中，代谢物通过呼吸链的电子传递而被氧化，产生的能量通过氧化磷酸化作用而贮存于高能化合物ATP中，以供应肌肉收缩及其他耗能反应的需要。线粒体内膜就是呼吸链氧化磷酸化酶系的所在部位，在细胞内发挥着发电站作用。在光合作用中通过光合磷酸化而生成ATP则是在叶绿体膜中进行的。

六、发现激素的特殊作用

激素是新陈代谢的重要调节因子。激素系统和神经系统构成生物体两种主要通讯系统，二者之间又有密切的联系。20世纪70年代以来，激素的研究范围日益扩大。如发现胃肠道和神经系统的细胞也能分泌激素，一些生长因子、神经递质等也纳入了激素类物质中。许多激素的化学结构已经测定，它们主要是多肽和甾体化合物。一些激素的作用原理也有所了解，有些是改变膜的通透性，有些是激活细胞的酶系，还有些是影响基因的表达。

七、生物化学揭示了生命起源与进化的部分秘密

生物进化学说认为地球上数百万种生物具有相同的起源并在大约40亿年的进化过程中逐渐形成。生物化学的发展为这一学说在分子水平上提供了有力的证据。例如所有种属的DNA中含有相同种类的核苷酸。许多酶和其他蛋白质在各种微生物、植物和动物中都存在并具有相近的氨基酸序列和类似的立体结构，而且类似的程度与种属之间的亲缘关系相一致。DNA复制中的差错可以说明作为进化基础的变异是如何发生的。生物由低级向高级进化时，需要更多的酶和其他蛋白质，基因的重排和突变为适应这种需要提供了可能性。由此可见，有关进化的生物化学研究将为阐明进化的机制提供更加本质的和定量的信息。

八、生物化学在健康服务业的应用

生物化学对其他各门生物学科的深刻影响首先反映在与其关系比较密切的细胞学、微生物学、遗传学、生理学等领域。通过对生物高分子结构与功能进行的深入研究，揭示了生物体物质代谢、能量转换、遗传信息传递、光合作用、神经传导、肌肉收缩、激素作用、免疫和细胞间通讯等许多奥秘，使人们对生命本质的认识跃进到一个崭新的阶段。

对一些常见病和严重危害人类健康的疾病的生化问题进行研究，有助于进行预防、诊断和治疗。如血清中肌酸激酶、同工酶的电泳图谱用于诊断冠心病，转氨酶用于肝病诊断，淀粉酶用于胰腺炎诊断等。在治疗方面，磺胺药物的发现开辟了利用抗代谢物作为化疗药物的新领域，如5-氟尿嘧啶用于治疗肿瘤。青霉素的发现开创了抗生素化疗药物的新时代，再加上各种疫苗的普遍应用，使很多严重危害人类健康的传染病得到控制或基本被消灭。生物化学的理论和方法与临床实践的结合，产生了医学生化的许多领域，如研究生理功能失调与代

谢紊乱的病理生物化学，以酶的活性、激素的作用与代谢途径为中心的生化药理学，与器官移植和疫苗研制有关的免疫生化等。

第三节 现代化推动了生命科学的巨大发展

一、人类基因组计划是揭开生命秘密的伟大科学工程

20世纪50年代，DNA双螺旋结构模型的发现、遗传信息传递“中心法则”的确立与DNA重组技术的建立使生命科学的面貌起了根本性的变化。

1543年，比利时解剖学家A. 维萨里（1514—1564）发表了划时代的著作《人体的构造》，开创了人体解剖学，使人们从宏观上了解了自己。“人类基因组计划”建立的人类基因组图，被誉为“人体的第二张解剖图”，它将从微观上或者说从根本上使人类了解自己。

罗纳德·杜尔贝科（Renato Dulbecco；主要研究基因与肿瘤的关系）是最早提出人类基因组定序的科学家之一。他认为如果能够知道所有人类基因的序列，对于癌症的研究将会很有帮助。不过以1986年的技术而言，若要将所有人类的DNA都定序完成，需要花上1 500年。美国能源部（DOE）与美国国家卫生研究院（NIH），分别在1986年与1987年加入人类基因组计划。除了美国之外，日本在1981年就已经开始研究相关问题，但是并没有美国那样积极。到了1988年，詹姆士·华生（James D. Watson；DNA双螺旋结构发现者之一）成为NIH的基因组部门主管。1990年开始国际合作。1996年，多个国家召开百慕大会议，以2005年完成定序为目标，分配了各国负责的工作，并且宣布研究结果将会即时公布，并完全免费。1998年，克莱格·凡特的（Craig Venter）塞雷拉基因组公司成立，而且宣布将在2001年完成定序工作。随后国际团队也将完成工作的期限提前。

人类基因组计划是生物实验结果和信息学的完美结合，人类基因库将为人类健康、疾病诊断、药物开发、生态平衡和生物学研究作出

不可估量的贡献。许多科学家认为，在人类基因组计划之后应该是人类蛋白质组计划和人类脑计划。

人类基因组计划（Human Genome Project，HGP）是由美国科学家于1985年率先提出，1990年10月，国际人类基因组计划启动。美国、英国、法兰西共和国、德意志联邦共和国、日本和中国科学家共同参与了这一价值达30亿美元的人类基因组计划。人类基因组计划的核心内容是构建DNA序列图，即分析人类基因组DNA分子的基本成分——碱基——的排列顺序，并绘制成序列图，旨在为30多亿个碱基对构成的人类基因组精确测序，发现所有人类基因并搞清其在染色体上的位置，破译人类全部遗传信息，使人类第一次在分子水平上全面地认识自我。计划于1990年正式启动，这一计划的目标是，为30亿个碱基对构成的人类基因组精确测序，从而最终弄清楚每种基因制造的蛋白质及其作用。打个比方，这一过程就好像以步行的方式画出从北京到上海的路线图，并标明沿途的每一座山峰与山谷。虽然很慢，但非常精确。与曼哈顿计划和阿波罗计划并称为三大科学计划。

1999年7月7日，中国科学院遗传研究所人类基因组中心注册参与国际人类基因组计划；同年9月，国际协作组接受了申请，并为中国划定了所承担的工作区域——位于人类第3号染色体短臂上。中国所负责区域的测序任务由中国科学院基因组信息学中心、国家人类基因组南方中心、国家人类基因组北方中心共同承担，测定了3.84亿个碱基，所有指标均达到国际人类基因组计划协作组对“完成图”的要求。2000年4月底，中国科学家完成1%人类基因组的工作框架图。2001年8月26日，中国提前两年完成1%人类基因组测序任务。1%人类基因组测序是我国基因组学研究的新起点。此后，中国科学家承担了国际“人类单体型图计划”10%的任务。2007年10月11日，深圳华大基因研究院又完成了全球第一个中国人的基因组测序，绘制了第一张亚洲人的基因组图，成为用新一代测序技术独立完成的中国人全基因组图谱，实现了跨越发展。

2000年6月26日，参加人类基因组工程项目的美国、英国、法兰西共和国、德意志联邦共和国、日本国和中国的6国科学家共同宣布，人类基因组草图的绘制工作已经完成。最终完成图要求测序所用的克隆能忠实地代表常染色体的基因组结构，序列错误率低于万分之一。95%常染色质区域被测序，每个Gap小于150kb。完成图将于2003年完成，比预计提前2年。同日，美国总统克林顿和英国首相布莱尔联合宣布：人类有史以来的第一个基因组草图已经完成。

2001年2月12日，中、美、日、德、法、英等6国科学家和美国塞莱拉公司联合公布人类基因组图谱及初步分析结果。人类基因组计划中最实质的内容，就是人类基因组的DNA序列图，人类基因组计划起始、争论焦点、主要分歧、竞争主战场等都是围绕序列图展开的。在序列图完成之前，其他各图都是序列图的铺垫。也就是说，只有序列图的诞生才标志着整个人类基因组计划工作的完成。2001年2月，国际团队与塞莱拉公司，分别将研究成果发表于《自然》（Nature）与《科学》（Science）两份期刊。在基因组计划的研究过程中，塞莱拉基因组使用的是霰弹枪定序法（shotgun sequencing），这种方法较为迅速，但是仍需以传统定序来分析细节。

2003年4月15日，美、英、日、法、德、中6国领导人联名发表《六国政府首脑关于完成人类基因组序列图的联合声明》，宣告人类基因组计划圆满完成。中国高质量完成人类基因组计划中所承担的测序任务，表明中国在基因组学研究领域已达到国际先进水平。

2003年4月15日，在DNA双螺旋结构模型发表50周年前夕，中、美、日、英、法、德6国元首或政府首脑签署文件，6国科学家联合宣布：人类基因组序列图完成。人类基因组图谱的绘就，是人类探索自身奥秘史上的一个重要里程碑。

美国和英国科学家2006年5月18日在英国《自然》杂志网络版上发表了人类最后一个染色体——1号染色体——的基因测序。在人体全部22对常染色体中，1号染色体包含基因数量最多，达3 141个，是平均水平的两倍，共有超过2.23亿个碱基对，破译难度也最大。一个由150名英国和美国科学家组成的团队历时10年，才完成了1号染色体的测序工作。科学家不止一次宣布人类基因组计划完工，但推出的均不是全本，这一次杀青的“生命之书”更为精确，覆盖了人类基因组的99. 99%。解读人体基因密码的"生命之书"宣告完成，历时16年的人类基因组计划书写完了最后一个章节。

全世界的生物学与医学界在人类基因组计划中，调查人类基因组中的真染色质基因序列，发现人类的基因数量比原先预期的少得多，其中的外显子，也就是能够制造蛋白质的编码序列，只占总长度的1.5%。

人类基因组（Humangenome）又译人类基因体，是人类（Homosapiens）的基因组。共组成23对染色体，分别是22对体染色体和性染色体（X染色体与Y染色体）。含有约31.6亿个DNA碱基对。碱基对是以氢键相结合的两个含氮碱基，以胸腺嘧啶（T）、腺嘌呤（A）、胞嘧啶（C）和鸟嘧啶（G）四种碱基排列成碱基序列，其中A与T之间由两个氢键连接，G与C之间由三个氢键连接，碱基对的排列在DNA中也只能是A对T，G对C。其中一部分的碱基对组成了大约20 000到25 000个基因。

随着人类基因组逐渐被破译，一张生命之图将被绘就，人们的生活也将发生巨大变化。今后将要继续发现与阐明大量新的重要基因，诸如控制记忆与行为的基因，控制细胞衰老与程序性死亡的基因，新的癌基因与抑癌基因，以及与大量疾病有关的基因。将利用这些成果去为人类健康服务。基因药物已经走进人们的生活，利用基因治疗更多的疾病不再是一个奢望。因为随着对人类本身的了解迈上新的台阶，很多疾病的病因将被揭开，药物就会设计得更好些，治疗方案就能"对因下药"，生活起居、饮食习惯有可能根据基因情况进行调整，人类的整体健康状况将会提高，21世纪的医学基础将由此奠定。利用基因人们可以改良果蔬品种，提高农作物的品质，更多的转基因植物和动物、食品将问世，人类可能在新世纪里培育出超级物作。通过控制人体的生化特性，人类将能够恢复或修复人体细胞和器官的功能，甚至改变人类进化过程。

发育生物学将要快速地兴起，它将要回答无数科学家100多年来孜孜以求而未解决的重大课题，一个受精卵通过细胞分裂与分化如何发育成为结构与功能无比复杂的个体，阐明在个体发育中时空上有条不紊的程序控制机理，从而为人类彻底控制动植物生长、发育创造条件。RNA 分子既有遗传信息功能又有酶功能的发现，为数十年踏步不前的难题“生命如何起源”的解决提供了新的契机。在 21 世纪，人们还要试图在实验室人工合成生命体。人们已有可能利用生物技术将保存在特殊环境中的古生物或冻干的尸体的 DNA 扩增，揭示其遗传密码，建立已绝灭生物的基因库，研究生物的进化与分类问题。神经科学的崛起，预示着生命科学又一个高峰的来临。

二、人类脑计划是揭开智慧秘密的伟大科学工程

生命是什么？“人活着”是怎么一回事？大脑如何思维？数不清的疑问浮现在人类的脑海中。人之所以成为万物之灵，有别于其它物种，是因为人类有极其复杂的大脑，它是千百万年进化的结晶。人类大脑有 1 000 亿个神经元和 100 万亿个神经连接。大脑是生物体内结构和功能最复杂的组织，是接受外界信号、产生感觉、形成意识、进行逻辑思维、发出指令产生行为的指挥部，它掌管着人类每天的语言、思维、感觉、情绪、运动等高级活动。人脑也是极为精巧和完善的信息处理系统，是人体内外环境信息获得、存储、处理、加工和整合的中枢。

目前，“人类脑计划”是世界生物医学的重大课题之一。曼哈顿计划、阿波罗登月计划和人类基因组计划是划时代的三大科学工程，它们给整个人类社会带来了深远的影响。“脑计划”是继人类基因组计划之后另一个宏伟的科学研究计划。揭示大脑的奥秘是新世纪人类面临的最大挑战。

在过去的 6 亿年中，生物体通过进化产生出由大量神经元相互联结而形成的神经网络，解决了在不断变化的复杂环境中人脑如何处理各种复杂信息的问题。尤其是人的高级认知功能的高度发展，使得人类成为万物之首，具备了主宰世界的能力。科学研究发现，一个成人大脑重约 3.3kg，体积 1.5L，脑内有上千亿个神经细胞，还有超过 10^{14} 个神经突触。

科学界对大脑工作机制的认知几乎是空白。美国加州理工学院脑

成像中心负责人、神经科学教授拉尔夫·阿道夫说："我们不了解任何一个单个机体的大脑工作机制，就连只有302个神经元的小虫，我们目前也没法了解它的神经体系。"阿道夫说，"脑计划"的核心内容是新技术的发展、应用和实现，这让人们可以同时记录来自大量大脑细胞的数据，这些是了解大脑工作机制的基本信息。

在大脑研究领域，人们仍处在"最最开始"的阶段，关于大脑工作机制知道得太少了。未来，科学家们会从分子、细胞到神经网络、大脑的不同层面进行研究。科学家设想，综合运用功能性核磁共振、电子或光学探针、功能性纳米粒子、合成生物学等一系列新技术，去探测、记录人类大脑的活动，他们更希望由此带动一批新的技术进步。

当人们从分子到脑结构的不同层面都"解码"了大脑奥秘，或许会有助于治疗帕金森氏症、老年痴呆症等与脑神经相关的疾病。但是科学家强调，这个前景还非常遥远，"脑计划"必须从最基础开始。

1996年，以美国为首的神经信息学工作组建立，其目的是组织和协调全世界神经科学和信息学家共同研究脑、开发脑、保护脑和创造脑。根据规定，成员国之间可利用电子网络寻求研究协作伙伴，进行数据交换和科研协作，可以免费使用通用神经信息学数据库和信息工具，承担科研任务，同享科研成果和脑研究资源。

1997年人类脑计划在美国正式启动，美国20多家著名的大学和研究所参加了这个研究计划。50多位神经信息学的课题负责人得到该项目的基金资助。他们充分利用神经科学和信息科学的优势条件进行研究，相互间建立合作关系，利用电子网络互通信息，运用数据库进行资源共享。美国的几个著名大学，如哈佛大学、耶鲁大学、加州大学、康乃尔大学等都承担了人类脑计划的研究课题。他们将共同推进对人类大脑近千亿神经细胞的理解，加深对感知、行为以及意识的研究。这一计划也有助于加深阿尔茨海默氏症、帕金森氏症等疾病的理解，找到一系列神经性疾病的新疗法，并有望为人工智能领域的进展铺平道路。

2005年来分子神经生物学研究从基因水平来揭示人脑的奥秘，先进的基因芯片技术在每秒钟就可以得到大量的实验数据。脑功能成像

（f MRI、PET 等）的应用使我们能够从活体和整体水平来研究脑，好比窥探脑的窗口，可以在无创伤条件下了解到人的思维、行为活动时脑的功能活动。这些新方法、新技术极大增强了我们从微观与宏观两个水平上进行脑研究的能力，同时也产生了海量的实验数据。没有哪个科学家、实验室能够掌握所有的信息并独立地进行脑的全面研究

1990 年，美国发起了对人类“遗传密码”测序的人类基因组项目。20 多年后的今天，“解码”人类大脑的奥秘成为一个大科学项目的终极目标。这显然是一个更大的挑战。人类脑计划比基因组计划更大，囊括了更加广泛的内容，是一项更加伟大的工程。

2013 年 4 月初，美国白宫公布了“推进创新神经技术脑研究计划”（简称“脑计划”）。美国国会批准 2014 财政年为脑计划拨款 1.1 亿美元，美国国立卫生研究院发布了一个指南，计划用 3 年时间主要集中研究 6 类领域，以利于研发观察大脑神经元的新技术和新方法。在美国人类脑计划的资助下，美国各相关科研机构已初步汇集和建立了各种神经信息数据库和信息处理工具，并正与超级计算机中心、欧洲联盟等联网合作，建立全球神经信息工作平台，该系统有数据质量控制的标准和规定，也有一系列数据检索、分析、整合、建模等工具。当前人类脑计划开展的国际大合作，使用通用数据库，统一格式、统一标准，将脑的结构和功能、微观和宏观的研究结果联系起来，绘制出健康和疾病状态下脑的功能、结构、神经网络、细胞和分子生物学的“图谱”。成员国的科学家们可以在数据库中进行搜索、比较、分析和整合，并进行数学模拟和仿真计算，这将十分有利于理论假设的形成和研究者之间的电子合作，也可以避免不必要的重复性研究。

人类脑计划的目标是利用现代化信息工具，使神经科学家和信息学家能够将脑的结构和功能研究结果联系起来，其将不同层次有关脑的研究数据进行检索、比较、分析、整合、建模和仿真，绘制出脑功能、结构和神经网络图谱，从而解决当前神经科学所面临的海量数据问题，从基因到行为各个水平加深人类对大脑的理解，达到“认识脑、保护脑和创造脑”的目标。

人脑的复杂性远远超出了我们当前的认识能力，传统的细胞生物

学等的实验室研究对于解决人脑对复杂信息的获取、处理与加工及高级认知功能的机制，犹如只见树木不见森林。神经信息学工具和数据库的应用，使得我们可能从有限的实验数据中找出神经信息获取、处理和整合的规律和法则，提出在各种刺激条件下，脑内信息加工的数学模型的实验假设和用计算机模拟脑内神经信息网络。可以说，人类脑计划近20年的发展历程处处与神经信息学紧密相连。

由于人脑的结构和功能极其复杂，需要从分子、细胞、系统、全脑和行为等不同层次进行研究和整合，才有可能揭示其奥秘。为此，世界各国投入了大量的人力和财力进行专门研究，美国把20世纪90年代最后10年定为“脑的十年”，欧洲确定了“脑的二十年研究计划”，日本将21世纪视为“脑科学世纪”，脑科学的研究热潮遍布全球。科学家们提出了“认识脑、保护脑、创造脑”三大目标，人们相信脑科学的研究成果将为人类更好地了解自己、保护自己、防治脑疾病和开发大脑潜能等方面做出重要的贡献，“了解大脑、认识自身”是21世纪的科学面临的最大挑战。

没有一个国家能独立完成“人类脑计划”这项巨大的工程，它需要像人类基因组计划那样开展国际间的大规模协作。当前，国际性的神经信息合作组织已在全球召开了4次工作会议，共同策划“全球性人类脑计划和神经信息学”。1996年在巴黎的政府间实体——经济合作发展组织（OECD）——的科学论坛批准建立以美国为领头国家的神经信息学工作组，参与国包括美国、英国、德国、法国、瑞典、挪威、瑞士、澳大利亚、日本等19个国家，欧洲委员会也作为正式成员参加。

脑科学是当前国际科技前沿的热点领域，不仅蕴含着诸多重大科学问题，而且对人类社会发展有巨大推动作用，各发达国家对此都高度重视，2013年美国总统奥巴马向全球公布了“推进创新神经技术脑研究计划”，欧洲推出了超过15个欧盟国家参与、为期10年的“人类脑计划”。欧盟委员会已宣布“人脑工程”成为欧盟未来10年的“新兴旗舰技术项目”。阿道夫说，欧盟项目与“脑计划”有很大不同，前者提出在巨型计算机上对人脑建模，而建模所需的数据可以来自“脑计划”，两者可以互为补充。欧盟将投入10亿欧元实施“未来新兴旗舰技术项目”之一的人脑工程项目。与美国奥巴马政府的“脑计划”不同，欧盟的人脑工程更强调实用性，重点包括对脑结构、功能和机理的研究；对与脑有关疾病的研究，并加大力度研发新的诊断和治疗方法；利用信息技术建立大脑的工作模型，欧盟人脑计划还打算继续开发它自己的大脑全面运作的计算机模型。这个模型将需要“百亿亿次”的计算机，是当今超级计算机能力的1 000倍，但预计要到2019年才能使用

2001年10月4—5日，我国科学家赴瑞典参加了人类脑计划的第四次工作会议，成为参加此计划的第20个成员国。中国科学家表示，要积极配合国际神经信息网络及数据库，建立中国独特的神经信息平台、电子网络和信息数据库，才能在合作中不受制于人，更好地和国外科学家协作，共享科研成果和国际资源。我国在2006年至2020年的国家中长期科学和技术发展规划纲要中，把“脑科学与认知”列入基础研究8个科学前沿问题之一。我国脑计划的战略选择，应当在认真分析国际脑科学前沿新成果的基础上，统筹安排脑科学的基础研究、转化引用和产业发展，凝练基础研究的重点突破方向，强调按重大需求对脑科学研究重大成果的转化应用和学科交叉，以脑健康为目标，认识脑、保护脑、发展脑，探索科研体制机制创新，实现中国脑科学的跨越式发展。近年来，我国在脑科学研究方面已经聚集、培养了一批有水平、有能力的科学家群体，并取得了丰厚研究成果。

无论是活体大脑还是死亡的大脑，里面都有脂质，当用显微镜观察大脑时，光线透过脂质就像阳光照射在油面上一样会产生七色光彩，导致难以观察到大脑内部的细微结构。同时，脂质也排斥很多物质，需要对大脑进行切片才能标记一些特殊类型的细胞，这也让“脑计划”中的重要研究——统计大脑细胞类型——变得十分困难。

美国斯坦福大学卡尔·迪赛诺思团队最近研发出一种清晰技术，可将小鼠大脑中的脂质分离和冲洗出来，获得完整透明的3D大脑，大脑中的神经元、轴突、树突、突触、蛋白、核酸等都完好地保持在原位。然后，研究人员再用荧光抗体处理小鼠大脑，能清楚看到大脑中

的各类物质和分子。研究人员还可通过电子显微镜揭示大脑内部的精细结构，例如神经元相结合的部位——突触。

在清晰技术发明之前，也可以用数字技术来制作大脑的3D成像，但非常耗时和繁复。首先需要将大脑的组织切成数百个甚至数千个薄片，然后详细扫描每个薄片的影像并输入计算机，再精心调整各部分的位置。遇到精微的部分，如神经细胞的接触点——轴突，则更加费时，因为一个轴突大约相当于人的头发直径的1/100。在制作时不仅耗费大量的计算机操作时间，还容易产生明显误差。现在，利用清晰技术制作和还原3D透明大脑不仅时间快，而且准确，能让人们清晰地看见大脑中的结构和分子。迪赛诺思团队目前不仅能制作小鼠的透明3D大脑，还把一名已死亡的自闭症患者的大脑部分区域制作成透明3D大脑。

清晰技术是一个巨大的进步，但比较昂贵，也可能存在危险，因为该技术需要使用的丙烯酰胺有剧毒和致癌性，只能用以观察死亡的大脑，不能观察活体大脑。要观察活体大脑，可能需要找到新的不致癌的物质和易于应用的技术。随着清晰技术的进一步改进和完善，当大脑能被清楚地看见时，研究大脑就会变得更为容易，解开大脑的秘密也会水到渠成。

三、现代医学科学技术取得的重大成就

现代化发展史证明，人类健康事业随着科学技术的发展而不断进步。现代医疗技术有效地救治了病人，极大地改善了患者的健康状况，为人类征服疾病、延长寿命、提高生活质量做出了巨大贡献，推动了人类健康事业的良性发展，取得了一系列重大成就。21世纪以来，随着电子计算机、激光技术、超声技术、原子核技术和现代电子显微镜技术等众多科学技术成果在医疗上的不断应用和推广，现代医学科学技术向基础、临床和预防等领域不断得到拓展，已发展成为精密、定量、高度分化与综合的庞大科学知识和技术体系，呈现融合化、扩散化、实用化、信息化和人文化等多重特点，给当代医学和健康科学带

来了翻天覆地的变化。

1. 分子医学与基因工程

当代对人类社会影响最深远的重大医学科学技术成果主要有分子医学与基因工程。人类基因组计划和基因工程的研究和应用促成了一场生物技术的革命，改变着人类的生产、生活乃至生存观念和方式，对诊断病症和研究治疗提供了巨大帮助，从而把健康科学推向了一个崭新的发展阶段。它主要包括基因诊断技术、基因治疗技术、基因克隆技术、基因制药技术等。

2. 再生医学

再生医学从设想变为现实，实现了医学史上的又一个重大突破。生殖医学与辅助生育技术使世界上第一个试管婴儿在英国诞生，标志了体外受精技术的划时代突破，带来辅助生育技术领域的一系列进展。当代辅助生育技术已经打破了人类自然繁殖的连续过程，超越了这一自然的垄断方式，给生殖医学领域带来了一次重大革命。它主要包含人工授精、试管婴儿或体外受精、显微操作助孕技术等实验医学与诊疗辅助技术。

3. 器官移植技术

器官移植技术打破了传统医学对人的个体局限，从自体和异体的细胞、胚胎等角度进行了尝试，正在解决人类重要生命组织损坏和器官功能衰竭的难题，其应用价值已经得到公众、商界和法律界的一致关注。它主要包含器官移植技术、干细胞移植技术、治疗性克隆技术等。

4. 医疗技术的自动化和信息化

随着电子技术及计算机技术的发展，使医疗电子技术步入了高科技发展的新阶段，它打破了传统医学技术在视觉和听觉、时间和空间上的界限，推动了整个医学向自动化、信息化和微创化发展，使对疾病及发生机制的认识从器官、细胞水平向分子、基因水平深入，为早期发现、早期治疗疾病提供更多的机会和途径。它主要包含影像技术、超声技术、检验技术、内窥镜微创技术、介入技术等。

近年来通信科学技术进步和软件工程的发展，为医疗电子化的广泛实现开辟道路。现代信息技术在临床上得到广泛推广，它囊括了远程医学、电子病历、人事管理、无纸化办公、获取管理统计信息、财务审计及后勤管理等多方面，使医疗服务具备了自动化、信息化和快速化的特点，大大提高了工作效率，保证了医疗质量。在临床诊疗过程中，医疗信息技术通过宽带高速通信网络确保顺利传输达到诊断标准的高清晰度医疗图像，帮助医务人员迅速了解病人病史，减少在病房和门诊查询时间。同时借助于现代网络信息技术，医务人员可以不与病人直接接触，在计算机终端获得病人的有关数据以此作为诊断、治疗和护理的依据。在此基础上，网络医院逐渐兴起，通过多媒体计算机、通讯网络电视会议系统等高新技术和多媒体远程诊疗系统使患者的资源共享，使现代医学实现了异地专家协同共诊。

5. 高新诊疗设备和方法

现代科学技术的发展促进了一系列高新诊疗设备和方法并迅速在临床得以普及。据卫生部统计信息中心统计，在“十五”期间，彩超、核磁共振仪、心电监护仪、全自动生化分析仪等高新设备在我国医院拥有率普遍提高，随着这些新型医疗设备日益普及和应用，使过去许多难以确诊的疾病，如心脑血管疾病、器官病变、肿瘤等能迅速而准确地得以诊断和及时治疗，一些先进方法和特殊检查仪器的使用使对疾病的认识越来越明确，如应用彩超、胃镜、肠镜、腹腔镜等先进检查技术，能很准确地判断人体器官病变的部位、大小、性质和表面形态，为临床诊疗提供可靠依据，一些高度自动化的电子医疗仪器把诊断技术引向微量化、自动化，仅用较少量标本即可获取多项可靠数据，既有效减轻了患者的痛苦，又使临床医务人员可以连续动态检测患者多项指标。

6. 现代医学科学技术取得了举世瞩目的成就

现代医学科学技术的迅速发展攻克了一系列的技术难关，取得了举世瞩目的成就，临床疗效获得显著改善。进入 21 世纪以来，微创技术的顺利开展、器官移植成功、试管婴儿出生的喜悦、人类基因组计划的提前完成……无不宣告医学科学技术时代的来临，整个医学领域出现了革命性的变化。

随着这些前沿医学科学技术在临床上的应用和推广，打破了传统医学限制，使很多医学难题迎刃而解。器官移植技术改变了传统药物治疗方式，改变了外科只切不建的习惯定势，为解决人类重要生命组织损伤和器官功能衰竭难题提供了切实可行的技术方案。生育技术的应用摆脱了千古以来自然生育方式的束缚，带来了生殖方式的创新。核磁共振的临床普及使疾病病变部位和程度得以更直观的了解，确保诊疗的及时、高效。微创技术的应用极大地减轻了疾病的损伤度，有效促进了患者的康复……

医学科学实验的开展为医学的发展提供了可靠的数据和关键的技术，而医学的发展反过来促进实验手段的改进和试验的顺利开展，加速医学科研发展。两者互动形成良性循环，有效推动了医学诊疗水平的进步和医药制品的研发，为医学科学技术的发展和临床诊治能力的提高提供了重要条件。目前一些新的实验技术，如分子生物学、放射免疫、酶联免疫等技术等，可通过体内及微量的变化得出定量分析，及时确定体内各种致病的病原微生物，为动物试验和人体试验的开展提供了技术保障。而随着动物和人体试验的顺利开展，为临床应用提供了科学的依据，从而使科研论证和设想得以检验，促进科研的持续发展和成果转化，推动医学的快速发展。

我国的卫生事业属于社会主义现代化建设事业的一个组成部分，它关系到经济发展和社会全局稳定，在国民经济和社会发展中具有独特的地位，发挥着不可缺少、不可替代的作用。国家富强和民族进步包含着健康素质的提高。“人人享有卫生保健，全民族健康素质的不断提高，是社会主义现代化建设的重要目标，是人民生活质量改善的重要标志，是社会主义精神文明建设的重要内容，是经济和社会可持续发展的重要保障。”医疗卫生事业是知识密集和科技密集型行业，防治各种疾病，提高医疗卫生服务的质量，都离不开医学人才的培养和医学科技的发展，必须牢固树立依靠医学人才和科技进步发展卫生事业的思想，在医学科技领域要针对严重危害我国人民健康的疾病，在关键性应用研究、高科技研究、医学基础性研究等方面，突出重点，集中力量攻关，力求有新的突破，使我国卫生领域的主要学科和关键技术逐步接近或达到国际先进水平。

第四节　现代医学科学技术对人类健康事业的负面影响

现代医学科学技术的不断发展在总体上稳步推动着人类健康事业的前进步伐。一系列当代医学新技术、新仪器及新药品相继诞生并在临床上得以推广应用，使人类能更加迅速有效地诊断和治疗疾病，极大地促进了医疗服务的发展和社会稳定。但随着现代医学科学技术在各领域向广度和深度的渗透，也给人类健康事业和社会各个方面带来了深远影响，其负面效应日益暴露出来，在医疗、经济、思维等各方面受到诸多质疑，使医疗活动和医患关系日趋复杂多变。这方面的负面影响主要表现在以下几个方面。

1. 医疗风险增加和医源性疾病日益增多

现代医学科学技术的高速发展，使疾病的诊断和治疗比以往任何时候更加精确、有效，但也随之出现了一些新的并发症等医疗风险。例如，随着微创技术的开展，开胸、剖腹探查手术明显减少，但微创手术也存在易误伤周围脏器的危险，器官移植治疗明显提高了患者生存质量、延长了生命，但抗排异反应的药物又造成患者免疫力降低。同时医学活动充满了太多不确定因素，任何高新医学技术都无法包治百病，而医疗服务对象又存在显著的个体差异性，更有复杂的生理、心理活动，同一药物、同一疗法对不同患者甚至同一病人都可能有不同的结果，增加了出现一些新的并发症等医疗风险。

与此同时，医源性疾病（即医学进步的疾病）日益增多。例如当代辅助生育技术、新生儿助产技术、护理技术和治疗技术的进步，使新生儿存活率明显上升，然而这些先进技术虽然挽救了新生儿生命，却很可能影响其生命质量，各类先进检查技术与器械在使用过程中，也会发生新的伤害，放射诊断中的射线透视、造影等可能会伤害病人的生殖细胞、引起胎儿畸形，肠镜、支气管镜等光学内窥镜会对管壁造成机械性损伤，甚至引起穿孔。抗生素能显著提高抗感染效果，但也会常常出现过敏性反应，增加二重感染的机会，在发生治病效用的历程中也可能培养出许多耐药菌株，出现细菌耐药性。激素类药物在产生迅速临床效应的同时会破坏人体内环境、损坏人体的正常组织和功能。

2. 高新诊疗和保健仪器层出不穷，导致卫生资源浪费和医疗保健费用的急剧增长

随着人们健康观念的改变和防病、治病的需要促进了对高新医疗、诊断、保健设备需求大幅度增长，致使医疗保健费用呈指数曲线急剧上升。尤其伴随生物医学工程技术的高速发展，相应诊疗、保健设施的品种和数量日趋繁多，致使医疗保健费用增长明显。据报道，20世纪90年代以来，我国各级财政负担的人均公费医疗费用增长迅速，医药卫生、药品的支出分别占城乡家庭消费支出总额的比重上升，医疗保健费用的过度增长，超过了个人和社会的承受能力，医疗保障制度不堪重负，带来沉重的社会负担，已成为严重的社会问题，医疗保健体制受到强大冲击。

高技术医疗设备超前配置和盲目引进，卫生资源严重浪费。目前，大量物理、化学科学手段和诊疗设备应用于医学临床，使疾病的诊断和治疗越来越精确、有效，已成为不可或缺的临床诊疗基本条件。为增强综合实力和市场竞争力，各医疗机构争相引进先进的高科技诊疗设备，超前或盲目引进大型仪器，其比例大大超过了发达国家。这些高新医疗设备的引进，造成了卫生资源的严重浪费，带来使用率低下问题。这种卫生资源浪费和闲置并存，不必要地加重了社会和患者经济负担。

3. 现代医疗技术改变了医生、技术与患者的一致关系

现代医疗技术的广泛使用，强制性地改变了医生、技术与患者的一致关系，产生了一系列矛盾和冲突。

第一，现代医疗技术和现行医学模式把“病”与“人”这个密不可分的整体强制地裂解开来。现代科学技术无疑促进了社会的巨大进步和经济的快速发展，并给人们的生活带来了翻天覆地的巨大变化，给人们的生活提供了便捷和舒适。但如果用自然科学的标准来解决人

世间一切问题甚至以此为标准来达到全人类的整齐划一就显得十分荒谬。即使先进的科学技术让我们把人体从结构上看得越来越“清楚”，我们也不能漠视病人对情感和尊重的需求。但是，当人们把关于人的生命、身体、健康和精神的综合性、整体性医学简单地划归为“科学”时，就会把“病”与“人”这个密不可分的整体强制地裂解开来。

一般地说，医学模式主要由三个方面内容构成，第一是医学观，就是对人体、生命、健康、疾病、诊断、治疗、预防和医学教育的基本观点，是医学模式的核心内容；第二是医学思维方式，也就是如何认识疾病和治疗疾病的过程；第三是医学的发展水平和医疗卫生体制。医学模式与当时的经济、科学发展的总体状况及哲学思想紧密联系。

现行医学模式把“人”与“病”这个密不可分的整体蛮横地裂解了，并在“科学主义”的帮助下，这种裂隙越来越大了。1543年，哥白尼的《天体运行》和维萨里的《人体构造》出版，标志着近代自然科学革命的开始，从此，科学技术的快车就以飞驰的速度疾驶着，向前发展着。现代医学在添加了科学技术的“乘数效应”后迅速发展、扩张和膨胀，逐渐战胜了其他医学流派并巩固和神话了自己的地位。现代医学借助于科学技术的雄风，以彪炳千秋的成就为人类社会的发展做出了重要贡献。现代医学甚至成为了部分人的“宗教信仰”，误认为当代医学是解决人类疾病和痛苦的唯一良方，对征服慢性疾病和长寿抱有不切实际的幻想，忽视疾病的预防和社区服务及初级卫生保健。更有甚者居然有人以为医学的触角可以伸及日常生活的任何层面，对健康和疾病理解过于片面以及科学成果的滥用，导致了医学科学的非人性化和医疗危机的产生。

但通过深刻的反思，我们发现必须探寻使医学真正成为“人”的医学之路。生物医学模式为当代流行的医学主流模式，其医学观、医学思维方式和医疗体制都是围绕着人体的生物学属性而开展的，它的特点是采用分析–还原的思维方式，主要应用物理学、化学、生物学的原理说明人体生命和疾病的现象，突出强调疾病的局部定位和特异性病因。生物医学模式来源于古代医学，建立在更加科学的基础上，并且在人类防治传染病、寄生虫病、营养缺乏病及其他地方病等方面获得了显著效果，取得了第一次卫生革命的胜利。虽然生物医学模式的弊端人皆尽知，但“科学主义”的现代医学拥有根深蒂固的地位，比如在医院建设方面重“电脑”轻“人脑”，重科研轻临床；在医学教育方面重“科学”轻“人学”；在技术职称评定方面重文章、学历和知识，轻医德、学识和智慧；在医疗质量评定方面重效率轻公正；在医疗实践判定方面重结果轻过程；在医学科普方面重科学成果的宣传，轻科学精神的培育；在宏观政策方面重治疗轻预防；在健康促进方面重“正规军（大医院）”，轻“地方军（社区医院）”，等等，人们感觉医学离“人”越来越远了。“医生们就似乎觉得躺在床上的不是有生命的人，而不过是称作肉体的‘物质’”。

生物医学模式虽然以科学主义为核心，但缺乏科学精神。科学精神是一种对于科学事实和客观规律的崇尚精神，是求实、求是、理性、怀疑、批判和创新精神。科学精神是一种理性的质疑，如苏格拉底穷追不舍地提问；一种论证精神，如胡适的大胆假设和小心求证；一种探索精神，如达尔文对人类进化过程的拷问；一种创新精神，如爱因斯坦脱巢于牛顿所创建的相对论。时下某些医生与患者在疾病诊治方面均缺乏科学精神，比如“价高药必好”“补药总有益”“新药总比旧药强”“中西药合用治病快”“复杂治疗胜于简单治疗”“高新技术优于临床思维”等等不胜枚举。科学精神的缺乏使不同利益群体之间在思维方式和行为方法上，在处理问题的原则上产生了很多矛盾，也给伪科学的滋生创造了良好的温床。

第二，医生过度依赖医疗技术手段，医疗思维僵化。先进的精密仪器和检查手段为临床医生提供了大量数据和资料，使临床医务人员得以洞察人体的微观结构，直到亚分子水平的变化。但同时也使医务人员习惯性地依赖于高新医疗设备而不愿相信自己的思维判断，医疗思维僵化。在临床诊疗过程中，医务人员为获得某个“精确”数据，往往过度迷信辅助检查结果的权威性，甚至以技术性辅助诊断代替必要的直接检查，疏忽了对其他有价值信息的选择，影响了主观能动性的发挥。即使有些疾病凭主观思维能把握，医务人员也往往因为没有相关科学技术数据支持而放弃正确的思维判断，甚至因过于依赖科学技术性医学手段而贻误最佳治疗时机。临床思维被模式化，极大地影响了医疗活动的顺利开展，抹杀了医务工作者的创新精神。

第三，人道主义观念和行为严重淡化。医学科学技术迅速发展，尤其是器官移植、试管婴儿以及超声波、核磁共振、内窥镜等不断更新的医疗技术应用日益推广，促进了疾病诊疗设施、技术的完善和医学科学思维的创新，在总体上推动了医疗效果的提高和健康事业的进步。然而，随着医学科学技术带来的美好前景的同时，也出现了人道主义观念和行为严重淡化的现象，医疗活动太科学化而忽视人格，太技术化而缺乏人情，太市场化而缺乏人道，一系列现实或潜在的矛盾逐渐产生，对医疗活动带来了诸多不利影响。

第四，现代医学科学技术使固有医患模式受到强烈冲击，强制性地改变了医生、技术与患者的一致关系。以生物医药技术、医学影像技术、微创技术、计算机信息技术等为代表的现代诊疗技术给医疗本身带来了历史性的变革，对重大疾病的诊疗水平和医疗效果得到很大提高。现代医学科技进步为人类征服疾病，延长寿命，提高生活质量作出了巨大的贡献，器官移植、试管婴儿、人类基因组计划以及超声波、CT、核磁共振、内窥镜等医疗技术不断更新，然而，由于错误的健康观的影响，人们却将自己的健康完全寄托于医学科学技术的发展，尤其伴随现代大量先进医学成果的推广和应用，使人们将自己的健康都寄托于医学科技的发展，患者对此往往寄予很高的期望值。再加上媒体宣传中经常使用“重大突破”“突出成就”等概念，广告中更是随便使用“克星”“福音”等夸大失实之词，弱化了医学本身的诚信度，误导患者产生不切实际的愿望。但是，再先进的现代医学科学技术都无法确保肯定的疗效，疾病治疗过程始终存在成功和失败两种可能。各种现代器械设备导致医源性疾病的增加，在对付SARS、艾滋病等传染性疾病以及癌症、心脑血管病、精神分裂症、老年性痴呆等许多慢性非传染性疾病方面的力不从心，又使人们对用现代科技武装到牙齿的医学比任何时候都不满、失望和怀疑，一旦未取得预期的疗效，医患之间就容易失去信任，患者及其家属的失望或心理落差极易引发医患矛盾和纠纷，激化了社会对健康需求的无限性与医学责任有限性之间的矛盾，在一定程度上形成医学越发展，医疗纠纷越多的怪圈。

为什么现代医学技术的进步并未成为医患之间的缓冲剂，它们究竟如何影响并制约医患关系发展的呢？现代医学科技正负效应充分表明，医学科技发展的速度和方向虽然由社会需要所决定，但并不是由社会需要单方面所能完全决定的，关键是医学科技内在地具有能满足社会需要的某种特定的属性和成分，当这种属性和成分还没有被人们发现和利用的时候，它的价值便不为人们所重视，而一旦被人们发现并能被利用的时候，它的价值便会迅速增长。在一些案例中，患者的死亡引发了医患双方的激烈冲突，而医疗手术的技术问题和相应的并发症是造成患者死亡的直接原因。如果这样一些案例发生在20世纪80年代或更早，当时的医疗技术尚无力解决和治疗此类疾病，患者及家属只能在无奈中接受最终的死亡结果，并不会引起医患之间的纠纷。而随着现代医学科学技术的迅速发展，一些先进的医疗技术日益广泛地用于应对各种肿瘤等恶性病，且取得了显著疗效，使疾病治疗的可行性得到进一步提高，相应也给患者及家属带来了很大希望。然而，由于这些前沿的高新医疗技术目前仍处于发展的初期阶段，医疗效果有待临床实践的反复探索和验证，这种高效诊疗技术存在很大的风险，术后并发症也难以防范，可控性难以把握。当美好的愿望与残酷的现实形成绝然反差时，病人家属难以接受人财两空的悲惨结局，这时失去亲人的悲痛和对技术的失望全都转化为对医务人员和院方的强烈不满，往往会在对医方的敌对情绪中采取过激行为，由此引发激烈的争执和冲突。在不完善的医疗模式环境中，在医、患、社会等多方利益的驱动下，这些现代医学科学技术与经济、伦理、法律、医患心理等人文社会方面的冲突越演越烈，使现代医疗服务置身于一个困惑与摩擦渐增的氛围，医患之间的社会性问题日益暴露出来，强制性地改变了医生、技术与患者的关系。

第五，现代医学科技进步对医患关系产生了正负“双刃剑”效应。随着科学技术的高速发展和在医学各领域的普遍推广，使基础、临床和预防等各医学研究领域不断得到拓展，在科研设备、医疗保健和现代医学科研思维的创新等多方面都获得了重大的进展，极大地改善了患者的健康状况，为人类征服病痛、延长寿命、提高生活质量做出了巨大贡献，推动了社会总体前进的步伐。但是，伴随现代医学科学技术在各领域向广度和深度上的渗透，也给医学技术发展和社会文明进步带来了一定负面效应，给传统的医疗、伦理道德、法律法规等提出了诸多难题。医学科学技术进步形成的正反两方面的影响作用直接或间接地改变了医患之间的相处模式和发展态势，使医患关系呈现复杂多变的形势。

从20世纪70年代以来，国际上对于医学科技进步的影响先后存在两种极端的观点。由于先进的医学技术在临床上的广泛应用与随之带来的良好效果和收益，一些专家学者和社会人士认为医学科学技术的进展能解决所有医学发展过程中的问题，对推动医患关系的良性发展起到了绝对的肯定作用。到了90年代，一些前沿的尖端医学技术逐渐成熟起来，尤其是基因技术、移植技术、生育技术及现代的高新辅助诊断技术在临床上得到了推广，但却带来经济、伦理、法律及一些社会问题也越来越突出，一些专家学者和社会人士却反过来认为，医学科学技术进步造成了社会的后退，将极大地阻碍医患之间的沟通与和谐，人们又开始谴责现代医疗太科学化而忽视人格，太技术化而缺乏人道，再加上医源性疾病的增加、医疗事故屡屡造成的灾难，在对付癌症、心脑血管病、精神分裂症、老年性痴呆以及许多慢性病、传染病方面的预期失效，给医患之间带来的人文、伦理、法律等难题，给传统的医患模式造成了前所未有的冲击和挑战，又使人们对用现代科学技术武装起来的医学比任何时候都不满、失望和怀疑，医患之间的隔阂有加深的趋势。但是如何有效控制医学科学技术进步带来的不利影响，如何化弊为利，寻求建立信任和谐的医患关系的有效途径，是整个社会与医疗卫生界的重大历史性任务。

循证医学作为一门当代新型医学科学，是对建立信任和谐的医患关系的积极探索。循证医学指“慎重、准确和明智地应用所能获得的最好研究依据，同时结合医生的个人专业技能和多年临床经验，考虑患者的价值观和愿望，将三者完美地结合制定出病人的治疗措施”。传统医学是以经验医学为主，即根据非实验性的临床经验、临床资料和对疾病基础知识的理解来诊治病人。循证医学并非要取代临床技能、临床经验、临床资料和医学专业知识，它只是强调任何医疗决策应建立在最佳科学研究证据的基础上，极大推动了医学在方法论、思维创新等软科学技术领域的进步，被国际公认为当代医学科学技术发展的一项重大成果。近年来，循证医学发展迅速并给医学诊疗提供了规范和参考，开创了现代医学实践的新模式，打破了经验医学的框架，给传统“辨证论治”思想赋予了新内涵，为医学科研和临床诊断提供新方法和新思路。在疾病的诊断、治疗、危险度评价、干预措施、预防对策等方面起着独特的作用，进一步推动了医学科学技术的发展。伴随临床应用的不断深入，循证医学在帮助提高医疗质量、优化卫生资源配置、控制医疗费用的过度增长方面发挥了重要作用，促进了疾病防治、医学教育和科研计划的合理确定，使患者选择最真实、可靠、具有临床应用价值的治疗方案，包括潜在危险和副作用等，使其不论在何时、何地均能获得最新、最佳的治疗，维护病人的安全和尊严，充分实现医学人文关怀，有效缓解了医患之间矛盾，为患者获得公平医疗提供了有效的途径。

第六，作为“第三者媒介”的现代医疗设备引发了人道主义医务道德危机。对现代医学科技能满足人类健康需求的正确认识是形成人道主义医务道德的基础。人道主义医务道德观不能建立在对客体的错误的、虚幻的认识基础上，而应该建立在尽可能正确、深刻、全面地认识的基础上。现代医学科技本身是复杂的、多样的，现代社会对医学科技的需求也是复杂的、多样的，当我们利用现代医学科技的某种属性满足人的某种需要时，同时也要考虑到它所具有的另一种属性，可能同时会给人类带来物质的、精神的不利甚至是有害的结果。医学科技工作者对自身正确的认识也是形成人道主义医务道德的必要条件。医学科技人员对医学科技资源的实际需求，本质上应该有利于医学科技发展，但又不是仅凭情感和直觉所能把握的。医学科技人员的主观情感当然会偏爱自己研究的对象，认为它对自己具有较大的价值并希望从中能享受到成功的喜悦，甚至往往会以暂时的满足损害或牺牲了自身长远的利益。例如，高新技术在医学领域应用以后，现代化的诊治设备已经在临床上得到普及，但是由于大量使用物理、化学的诊断设备，医院里出现了唯技术主义倾向，医生在诊断时在很大程度上依赖于这些设备所提供的检测资料，医患之间出现了“第三者媒介”，拉近了人与仪器的关系，却疏远了人与人之间的关系，使得原本以“人-人“对话为主的医疗过程逐渐被“人-机”对话方式所取代。高科技的诊断设施使医疗活动中出现病人与疾病分离的趋势，在试管、显微镜和各种现代化的检测设备的影像里，医生的眼中往往只看到了血液、尿液、细胞和细胞形态，机械地用此作为疾病判断的标准，忽视了病人是一个完整的个体，人为地割裂患者生理性、心理性、社会性的关联。在医疗活动中过分强调仪器设备的使用，使医患关系呈现物化趋势，影响了医患双方情感与思想的交流。而缺乏了必要的情感基础，医患之间在日常的医疗中易发生摩擦，甚至引起激烈的冲突。另外，一些人违反人道主义医学原则，急功近利，在开发性研究中不按医学科技规律办事，实验缺乏科学性，宣传言过其实，随意推销自制药品，扩大临床使用对象，对病人不负责任。在立项评审和成果鉴定中，少数专家在个人利益的诱惑下，也违反人道主义医学原则，违心地将不成熟的成果说成是成熟的，将低水平的成果说成是高水平的，“处于国内领先地位”“填补国内空白”“达到国际先进水平”等评语成了评审鉴定中的普遍结论，出现了医务道德观的货币拜物教倾向和种种误区。虽然现代医学科技也是医学科技人员衡量自身价值的尺度和实现自身价值的重要手段，但决不是用一个“钱”字便可概括无遗的，决不能以自己拥有的医学科学技术无条件地向病人和社会索取。随着我国医疗体制改革的深入推进，在医学科技领域引进竞争机制，是为了适应社会主义市场经济发展的需要，是为了调动医学科技人员的积极性，促使医学科技资源得到合理配置，给医学科技发展注入新的生机和活力。虽然现代医学科技与市场经济有联系，但这种联系只能是间接的、曲折的和潜在的，应当遵循人道主义的原则。利用市场竞争的手段，可以加快医学科技发展的速度，却改变不了医学科技发展的本质和趋势。医学科技人员要形成自己科学的价值观，就必须在认识对象的同时，把自己也作为客体，正确理解和认识自身的实际需要，以服务人类健康和促进医学科技发展作为自身需要的最高尺度，把那些既符合人类社会生存和发展的长远利益，同时对自己有重大意义的问题研究作为主攻方向，从而作出正确的价值选择。在医学科技现代化的进程中，首先应该体现追求美好未来的进步人类的学术道德，否则，就有违医学科技发展的客观规律，阻碍甚至破坏整个人类社会的发展，以至于危害人类社会长远的根本的利益。

第五节　在现代化发展过程中人类健康面临的严峻挑战

未来10年，中国将出现癌症井喷，中国很多家庭将耗尽所有的积蓄，我们把所有的空闲时间用来休息，却总是感觉疲劳；医院的楼盖的一年比一年高，可是病人却越来越住不下了，医院的设备一年比一年先进了，可是很多病却查不出来了，药品的种类一年比一年全了，可是吃了却不管用了……到底是谁偷走了我们的健康？

第一，水污染，以前河水可以淘米，现在衣服也不敢洗，超过1/4的人喝不上合格的饮用水。

第二，空气污染，我们的空气污染远远超出我们所知道的，就不说臭氧层，就说PM2.5，很多的城市都不合格！世界上污染最严重的城市有一半以上在中国。某年1月份的北京有一半时间都是重度污染！中国患肺癌死亡的人数已经上升到所有癌症的首位，这和抽一手烟、二手烟、汽车尾气、室内装修等前关。

第三，土地污染，我们的土地重金属污染极其严重。多年农药和化肥的使用，使土地的肥力下降，农药残留还严重威胁到我们的健康，首先遭殃的就是我们的肝脏，肝脏具备解毒功能，最先被危害！

第四，更重要的是我们吃的东西存在很多问题，目前蔬菜冷藏技术发展，让我们随时都可以吃到鲜菜，大棚蔬菜、反季节蔬菜等多不胜数，农药，除草剂，化肥等等数不胜数。以前猪是10个月出栏，现在5个月就出栏了；鸡以前3~ 5个月长成，现在通过激素和抗生素的喂养，只需40天就可长到2.5kg重，激素催熟成了不辩的实事，抗生素危害到我们的肝、肾。

为什么一个世纪以来，人类健康出现前所未有的危机和苦难，心脏病、癌症、糖尿病等发病率、死亡率大幅度上升，医疗健康专家进行了系统研究，他们发现，这是因为医疗技术进步和医疗费用增加的速度赶不上人类食物结构变革的速度，赶不上环境污染的速度，这就是现代人类健康模式的根本缺陷，人类贪吃动物性食物，食物结构改变的速度太快了，人类的身体机能和结构都无法适应这一根本性改变，当然就出现大危机和大灾难了。

我们还要追寻问题的根源，我们的医疗方向是不是出现了错误？我们分析发现，医疗的进步并不等于或者没有跟上医治的进步。医疗的进步是指医疗技巧的进步，包括什么疗法、什么手术方法、什么新的药物等，极少提倡治疗观念的提升。其实，在中国古代的医书里已经把这个问题讲得很清楚了，医疗的进步是讲症状的解除，而治疗则是病因的根本化解。因此，我们的医疗模式也出现了根本性的问题。

第六节 树立科学健康观是现代化发展的迫切要求

为了中华民族伟大复兴的中国梦，为了民族昌盛和中华民族的永续发展，为了实现全中国人民的幸福安康，我们必须正本清源，坚决摈弃一个时期以来流行的忽视预防、机械的狭隘健康观，在全社会大力倡导和全面树立“科学的大健康观”或者叫做“科学健康观”。我们倡导和树立科学健康观，就是要恢复被“狭隘健康观”放弃的人类自然本性和整体本性，恢复被经济利益扭曲的健康服务业的本来面貌和发展目的。

随着我国经济社会发展和民众生活水平的普遍提高以及民众生活方式的阶段性改变，我国健康服务业的现状已经不能适应社会发展的新需求和人民群众的新期待，不适应、不平衡、不协调问题十分突出，全体民众受到心血管疾病、癌症、糖尿病等各种慢性病的威胁日益增加，同时也受到各种医疗失误的严重威胁，大型医院成为民众的“百病集中营”，到医院的人群往往超过大型超市和百货大厦，这种现象的发生是十分悲惨和极为凄凉的。这种现象的背后集中表现为整个民族的身体素质下降，亚健康状态人群占总人口的 70% 以上，与各种社会行为因素有关的疾病的人越来越多，各种疾病特别是生活方式疾病等慢性病的发病率不断上升，心血管疾病、癌症、糖尿病等各种慢性病的防控形势十分严峻，已经成为影响中国人健康的第一位的原因，其死亡人数已占到总死亡率 85%，高出世界水平 20%，已经严重损害人民群众的身体健康和生命安全。在我国，基本医疗资源供应十分紧张，全社会医疗费用支出过快上涨，民众维护健康成本过大，耗费了大量社会经济资源和人力资源。进入 21 世纪，树立科学健康观，加快健康文化和健康产业发展，实现健康服务业改革创新，促进人民健康服务事业进入新常态，已经成为现代化发展的迫切要求。

现在我们来看看一个呼吁科学健康观的案例吧。一位著名肿瘤专家，一生切除肿瘤无数，直到自己和老婆也成为癌症患者，在经历了痛苦治疗后的临终感悟。他就是著名医学专家、北京军区总医院主任医师华益慰。

华大夫是新中国第一批 8 年制医学毕业生。周围人对他的回忆：天亮为病人查体前，他总是先搓热双手，焐热听诊器，尽可能地少暴露病人的身体；手术前，他总是在电梯口等候病人，让患者在麻醉前看到医生。退休后每年还要做 100 多台手术的老医生，最后一台手术是为 63 岁的杨华老人做的甲状腺肿物切除手术。手术当天，他本来已经约好做胃镜检查，可为了不影响病人的情绪，他平静地走进了手术室。手术后第二天，华益慰就住进了病房。8 天后，他全胃切除。医生如何面对死亡？医生面对死亡时，他们也是病人，但出于职业习惯，他们可能仍然在思考关于疾病的问题。

作为一位从事癌症防治工作的医生，华益慰一生曾经给无数病人做过手术，但是当他自己成胃癌患者，做了全胃切除手术，并接受了腹腔热化疗后，临终前，他留下了无比沉痛的话语：“我从前做了那么多手术，但对术后病人的痛苦体会不深。没想到情况这么严重，没想到病人会这么痛苦……”他在生命最后阶段感悟到：我们当医生的，不能单纯治病，而是要治疗患了病的病人啊！

2006年，华益慰医生去世，《健康时报》刊发这样一篇文章《名医华益慰最后的日子：没想到手术会这么痛苦》，除了怀念这位名医，也意在引发人们对传统治癌模式的思考，让更多癌症病人在治疗的晚期平静而安详地走过人生最后历程。以下为文章部分内容。

2005年7月，华益慰的饭量突然减少，消化也不大好，就去进行检查。经开腹探查后，发现已是胃癌晚期，华益慰只好接受常规处理，做了全胃切除。

全胃切除手术，就是把胃全部拿掉，将小肠直接与食道连接起来，由于没有贲门了，碱性的肠液和胆汁就直往上返，病人会出现返流、烧心等症状。术后，华益慰返流特别严重，食道总是烧得疼，嗓子经常被呛得发炎，连耳咽管也被刺激得很疼。人只能是半卧着，根本不能平躺。

全胃切除的痛苦还没有结束，下一个痛苦接踵而来，为了控制癌细胞的扩散，华益慰接受了腹腔热化疗。对腹腔热化疗的痛苦，华益慰生前说"都不敢想象我是如何支持下来的"，90分钟躺在那里不能动，腹腔加温到41℃，人不停地出汗，大汗淋漓，以至于热疗结束后他得连续换两套衣服。每次治疗后，腹部阵阵绞痛，疼得他在病床上翻来覆去，需要用药来止疼。华益慰一周化疗两次，1个月内共做8次。期间，人根本没有喘息的机会，刚缓和一点，马上就进行下一次。

"他原来身体的基础很好，第一次手术后体重还维持不错。如果不做化疗，慢慢恢复饮食，也许能恢复得好一些。是化疗把他彻底搞垮了。"老伴张燕容说。

化疗期间，华益慰呕吐得厉害，无法进食，只能靠鼻饲营养液。他和家人都认为这是化疗的反应，扛过去就可以恢复进食了。谁都没想到、更大的痛苦更悄然走近华益慰。

通常情况下，化疗结束后，副反应也会慢慢减轻，病人可以恢复进食。但是，化疗结束两三周后，华益慰仍旧恶心、呕吐，不能进食。胃肠造影发现，已发生了回肠末段肠梗阻！

随着肠梗阻日渐加重，后来连一点大便都没有了。腹胀，呕吐严重，不仅没能恢复饮食，连鼻饲营养液都进不去了。在疾病折磨下，华益慰更加衰弱，出现了心功能不全，全身水肿，肝、肾功能均不正常。

在这种情况下，只好进行以解除肠梗阻为目的的第二次手术。然而手术后，肠吻合口漏了，肠液、粪便、血液流入腹腔，造成严重感染，肠道已不可能恢复了。这时即便没有癌症，人都很难活下去。

第二次手术失败后，华益慰的身体彻底衰竭。医院为他安排了特护组，华益慰由ICU病房转回到肝胆外科。他对战友们说"我的病已无力回天了，不要再使用那些昂贵的药品，做昂贵的检查了，只要能让我稍稍减轻痛楚就好，为国家省一点吧。"这是一生没有给组织提过任何个人要求的华益慰提出的最后请求。

"我还没有护理过这样的病人。"ICU病房特护组护士闫寒说。当时，经过三次手术的华益慰浑身上下插满了管子：有静脉输液的管子——由于他不能吃任何食物，因而全靠各种营养液支持着；气管切开导管，用以帮助呼吸；从鼻子进入的是肠胃减压管，管子很细，要随时看着防止被堵塞；腹腔有两条管子，用于引流腹腔内的血液、粪便以及肠道其他分泌物，每根管子都由两根管子套在一起，要防止发生错位使管内液体外流时引起感染；还有导尿管……此外，由于手术后肛门有分泌物，因而尿垫需两小时换一次。而护理中最为关键的还是随时吸痰。由于此时华益慰已无力咳嗽，需要外力帮助将气管中痰液及时吸出，几分钟就要吸一次，否则一旦被痰液窒息立刻就有生命危险。今年2月底气管被切开后，吸痰的工作就更重了，有时睡觉时痰液也会不停地往外涌，需要不停地用纸巾擦试。生命的最后几天，华益慰曾不止一次地对给他输液、输血浆的医生说："别输了，别再浪费了。"也不止一次地对老伴张燕容说："我不想再撑下去了，我受不了了！"

8月12日下午6点，华益慰与世长辞。

从前给别的胃癌病人治疗时，华益慰也采用全胃切除手术，但是自从他自己接受了全胃切除手术，承受了巨大的痛苦之时，开始了对胃癌治疗的方法进行深刻反思。

当时，病房里住着一位胃病患者，华益慰对他的病情十分关注，有一天特意找到战友于聪慧说："聪慧，对这个病人的治疗要好好斟酌一下，全胃切除带来的不光是吃饭的问题，还有术后返流的问题……做全胃切除，病人遭受的痛苦太大，以后做胃切除时，能不全切就不要全切。"

于聪慧清楚地记得，华益慰特意用两手比划着说："哪怕留一点点胃，就比全切强，病人就没有那么痛苦。"通常，医生首要考虑的是将肿瘤切除干净。比如，肿瘤有 3cm，手术时常要将肿瘤以外 3~ 5cm 的组织全部切掉，这样才不易复发。医生只关心手术做得是否成功，有无并发症，并不知道病人的感受。而病人通常不懂医学，甚至认为反应是正常的，就应该这样。

而华益慰由一名医生转化为病人，使他从病人的角度对这一医学问题有了全新的理解：作为一名医生，在生活质量和疾病之间进行取舍时，主要看哪一方给病人的益处更大。如果胃全切除后活一年半，但病人要在痛苦中度过；胃不全切除能活一年，但病人可以活得快乐和充实，那么这时他宁可选择后者。

于聪慧说："那时，华主任常常语气沉重地对我说，我们当医生的，不能单纯治病，而是要治疗患了病的病人啊！"

"后来，我们接受了华主任的建议，在为以后的胃癌病人治疗时，改进了手术的方法：能不全切的尽量不全切；必须全切除的，也改进了术式，想办法将胆汁和肠液引流掉，使其减少向上返流，并想办法用肠子成形后代胃，使食物仍可以像在胃中一样停留一下，这样病人就舒服多了。"他的临终感悟，也让我们更加认识到现代医学有限性的事实。如果能治愈，那就努力去治愈我的患者；如果治愈不了，那就尽力缓解病情、减轻他们的痛苦；如果什么都不能做，那也要让他们感觉到，我们已经怀着对生命的敬畏尽力帮助他们了！比如华大夫，他让人肃然起敬。

我们再看看身边那些身患疾病的人：高血压、心脑血管疾病、糖尿病、痛风、乙肝、脂肪肝、甲亢、关节炎、胃炎、严重失眠、癌症等，面对这一大堆常见慢性病，通过药物可以将疾病治愈？其实药物顶多就是将慢性病症控制在一定范围内，能做到这一点已经算不错了。而真正能让自己康复的绝对不是药物，因为药物的成分不是细胞修复所需要的成分。而一旦给足时间，给足营养物质，如蛋白质、维生素、矿物质、脂肪等这些人体构成所需要的材料，人体就会启动自我修复的过程。因为所有人身上的细胞在经过 6 个月左右的时间，大部分细胞组织都会被更新 90%，产生新的组织。胃细胞 7 天更新一次；皮肤细胞 28 天左右更新一次；肝脏细胞在 180 天更换一次；红血球细胞 120 天更新一次…… 在一年左右的时间，身体 98% 的细胞都会被重新更新一遍。只要营养充足，受损的器官通过细胞的不断“新陈代谢”和“自我修复”，经过一段时间，受损的组织和器官就会被“软性置换”，产生出“新”的组织与器官。很多很多的疾病，都有机会彻底康复。许多人最大的失误是身体坏了，不用原材料来修理，不用营养素来修理，而只要靠药物来修理。可是我们身体不是用药物做成的，而是由营养素构成的；这样修不合理，效果不好，是不可能成功的。现代医学违背这个基本规律，导致很多病治不好，现代医学对慢性病束手无策!

第七节　树立科学健康观

毛泽东强调“发展体育运动，增强人民体质。”明确指出“改善人民健康状况，增强人民体质，是党的一项重要政治任务。”胡锦涛在党的十八大报告中强调“健康是促进人的全面发展的必然要求。”党的十八大以后，习近平强调指出:“人民身体健康是全面建成小康社会的重要内涵，是每一个人成长和实现幸福生活的重要基础。”他还明确宣示“中国政府高度重视卫生事业发展，强调把保护人民健康和生命安全放在重要位置。”毛泽东、习近平等同志关于人民健康问题的重要论述为我们研究科学健康观提供了思想基础和理论来源，也为我们系统、全面地研究科学健康观指明了方向。根据毛泽东、习近平的重要论述、人民健康的根本要求以及健康服务业的本质特征，我们认为，科学健康观的主要内容是:

第一，必须坚持为人民服务的宗旨，把维护人民生命安全作为健康服务的终极目标。生命安全是指符合生命法则的个体生命的常态化延续。人作为生命个体，其生命安全的威胁来自内部和外部两种力量。外部威胁是主要身体外部强力（即人为强力和自然力）对人的生命造成的伤害（外部强力对生命造成伤害的基本方式有机械、化学、水火、战争和生物等，外部伤害的两种基本形式是受伤和死亡。内部威胁主要是以生活方式疾病为主的心血管疾病、癌症、糖尿病等各种慢性病和遗传方式疾病。在和平年代，身体内部威胁是生命安全的主要威胁。健康服务必须以人的生命的存在为前提，如果人的生命已不复续存，那么健康服务就失去了意义。因此，我们必须坚持健康服务业为人民服务的宗旨，坚持以人为本，把生命安全作为健康服务的终极目标，积极努力预防各种力量对生命安全的威胁，不断提高维护生命安全的能力和水平。

第二，必须坚持健康服务的社会公益属性，把实现全民公共服务功能作为最高目标。人民健康是民族永续发展的根本、国家兴旺的基础和社会和谐的保障，关系到民族昌盛和国家未来，是社会发展和人类进步的重要标志，是综合国力和社会文明程度的重要体现，是国家治理现代化的重要体现，是人民群众的根本利益所在。我们必须坚持健康服务的社会公益属性，把提升全民族健康素质和整体水平作为健康服务的根本出发点、落脚点和最高目标，切实维护和实现人民群众的健康权益和健康水平。坚持健康服务的社会公益属性，就是为了增强人民体质，改善人民健康，促进人的全面发展，为每一个人健康成长和实现幸福生活奠定基础，为提升全民族健康素质和整体水平、实现中华民族永续发展服务。坚持健康服务的社会公益性，必须坚持为人民服务的宗旨，把预防为主作为根本指导方针，坚持转变传统医疗服务模式，确立和倡导“四个减少一个增加”的健康服务理念：即减少整个社会到医院就诊的人数，减少一个人一生到医院就诊的次数，减少整个社会的医疗费用支出，减少家庭医疗费用支出，增加社会、家庭和个人的幸福指数，从单一救治模式转变为以预防为主的“防-治-养”一体化和社会化健康服务模式，不断满足人民群众对健康服务的新期待和新要求。

第三，坚持健康服务的文化属性，坚持用健康文化引导健康生活方式和健康产业发展。文化是人的精神价值和生活方式，像旅游、体育等属于大文化一样，健康服务业也属于大文化范畴。健康服务业由健康文化和健康产业两个部分共同构成，健康文化是健康服务业的灵魂，为健康服务业提供方向指引、理论基础和思想保证，而健康产业则是健康服务业的物质保障和技术支撑，规定健康服务的具体内容和技术标准、提供基础设施支撑和技术设备保障。总之，健康服务业属于大文化范畴，既具有文化的根本性质，也具有文化产业的本质特征。健康服务业不仅同旅游、体育一样属于大文化和大文化产业，而且是整体性、战略性、综合性的新型文化产业。

第四，必须坚持健康服务的生态属性，把维护生态环境的安全作为根本任务，为实现中华民族永续发展提供可靠保障。在远古时代，人类和自然环境融为一体，不存在今天人类面临的生态安全问题。随着工业文明的兴起和发展，特别是能源工业和化学工业的发展，环境污染越来越严重，人类的生态安全问题也越来越突出，目前已经成为威胁人类健康必须解决的一项重大而急迫的问题，强迫着我们建设生态文明，维护人类生态环境的安全。建设生态文明、维护环境安全已经成为关系人民福祉、关乎中华民族永续发展的根本问题。党的十八大报告深刻阐释了生态文明和民族永续发展的关系，强调指出："建设生态文明，是关系人民福祉、关乎民族未来的长远大计。""努力建设美丽中国，实现中华民族永续发展"。在新的历史时期，发展健康服务业既要解决人类自身生态问题，也要解决人类生存环境的安全问题，我们必须把维护人类自身生态安全和生态环境安全作为健康服务的一项根本任务，为实现中华民族永续发展提供可靠保障。

第五，健康服务业具有经济属性，也是一个地区或国家经济发展的重要力量。从经济活动方面来看，健康服务业在人类经济活动中具有重要战略地位，在国民经济中的比例不断上升，已经成为 21 世纪引导全球经济发展和社会进步的极为重要的现代服务产业和低碳产业。中等以上发达国家的健康服务消费总量约为 GDP 的 5%～10%，加拿大、日本等国健康服务业增加值占 GDP 比例也超过 10%。，美国超过 17%。美国著名经济学家保罗皮尔泽在其著作《财富第五波》中将健康服务业称为继 IT 产业之后的全球“财富第五波”。在我国，健康服务业仅占国民生产总值的 4%～5%，低于许多发展中国家。近年来，一方面我国在生命科学、医疗、卫生、保健领域取得了重大成就，另一方面我国健康服务业市场容量不断扩大，2013 年，我国健康服务业规模接近 2 万亿元，如果包括医疗卫生开支已接近 4 万亿元。随着我国社会人口老龄化进程的加快，65 岁以上人口比例呈不断上升趋势，我国已进入老龄化国家行列，老年人口的健康问题日益突出，老年健康服务业已经成为我国未来健康服务业发展的重要内容。主要是由于不健康生活方式的影响，中青年人群的健康素质也显现出不少突出问题，特别是生活方式疾病等慢性病的年轻化趋势。在新的历史条件下，我国健康服务业已经进入了一个新阶段，成为服务人民健康和推动经济社会发展的又一重要动力。

第六，必须把全面坚持生命法则作为根本遵循，为实现健康服务的公益属性、文化属性、生态属性和经济属性提供根本保证。生命法则是一个自然法则系统，核心法则是人类的自然本性和整体本性，根本法则是遗传、代谢和自愈三大原理，基本法则是系统与环境、结构与功能、整体与部分、宏观与微观四大关系和机制，还存在于生命过程中的物理、化学和生物等一系列机理，在服务于人的生老病死和衣食住行的整个过程中，我们全部必须遵循各种生命法则，既不可违背，也不可偏废。全面遵守生命法则，既要全过程、全要素维护、促进、管理和保障人的生理、身体健康，又要追求和保障人的心理、精神健康，以及在此基础上的社会、环境、家庭、人群等各方面健康。

违背生命法则会带来什么问题呢？具体说有以下 9 个方面的表现：一是患者成了器官，失去了生命整体；二是疾病成了症状，不管病根在哪里，你可能有 8 个症状，有的医生把所有症状都开了药，把所有症状都消失了，最后病人病却没治好；三是临床成了检验，不管你是什么病，统统都要先进行各个环节的检验；四是医师成了药师，凡是能开的药尽量给你开上，不管你的经济负担和药品对身体的损害；五是身心分离，虽然心理很重要，但医生只会做手术或开药，那还管你什么心理状态如何；六是医疗护理配合不佳，三分治疗七分护理，同样一个手术不同的护士，结果不一样；七是西医中医相互抵触，西医说中医不科学，中医说西医不治本，相互之间斗争；八是重治疗、轻预防，医院业绩用收入来衡量，病人越多医院越收入越多，医生也就越高兴；九是城乡医疗水平差距拉大，现在有一个问题很难解决，农村的医生水平低，看不好病，农村病人到城市来看，城市的医生看不了病，城市医生只能看一个病，在城市看不好再回去，同时农民到城里也看不起，负担不起高昂的医药费。总之，为了一时的经济利益，置生命法则于不顾，没良心、伤天害理地算计病人的事时有发生。由于追求经济利益，在社会上医院和医务人员损害健康服务的公益性和公共服务功能，最后与健康服务的宗旨和终极目标背道而驰的现象较为普遍。

总之，在加快发展健康服务业的过程中，我们必须树立科学健康观，全面地坚持和贯彻科学健康观，首先必须坚持以为人民服务为宗旨，坚持以人为本，在实现健康服务公益属性、文化属性、生态属性和经济属性的过程中，必须坚持把生命法则作为根本遵循，必须把维护生态环境的安全作为根本任务，这样我们才能实现健康服务业的科学发展、协调发展和可持续发展，真正实现健康服务的本质和目的，实现健康服务事业的常态化发展。

第八节　贯彻科学健康观的重点任务

随着我国经济社会的高速发展，人民生活水平的迅速提高，以及老龄化社会的到来，我国健康服务业存在的突出问题也显现出来，社会和民众对健康服务也提出了新的更高要求。在新的历史条件下，我们必须树立和贯彻科学健康观，加快发展健康服务业，不断满足人民群众对健康服务的新期待和新要求。

第一，把加快健康服务业发展作为主题。党的十八大以来，健康服务业越来越受到党和国家的高度重视，越来越受到民众的普遍关注和积极参与。为加快发展健康服务业，2013年9月国务院印发《关于促进健康服务业发展的若干意见》（以下简称《意见》），这是我国首个加快发展健康服务业的指导性文件，明确了今后一个时期我国发展健康服务业的主要任务，强调要充分调动社会力量的积极性和创造性，着力扩大供给、创新发展模式、提高消费能力，促进基本和非基本健康服务协调发展，力争到2020年，基本建立覆盖全生命周期、内涵丰富、结构合理的健康服务业体系，健康服务业总规模达到8万亿元以上，打造一批知名品牌和良性循环的健康服务产业集群。2014年12月国务院印发《关于进一步加强新时期爱国卫生工作的意见》(国发〔2014〕66号)，指出做好新时期的爱国卫生工作，坚持以人为本、解决当前影响人民群众健康突出问题，落实预防为主，促进卫生服务模式从疾病管理向健康管理转变，建设健康中国。这将促进我国健康服务业的巨大变革和创新发展，对于满足人民群众多层次、多样化的健康服务需求，促进人的全面发展，提升全民族健康素质，实现中华民族永续发展和中华民族伟大复兴的中国梦具有重大的现实意义和历史意义。

第二，坚持全面深化健康服务业改革。我国健康服务业突显出来问题迫切要求坚持全面深化健康服务业改革。核心问题是树立科学健康观，确立健康文化新理念，建立健康服务新模式，构建健康服务新业态，拓宽健康服务新领域。根据民族昌盛和国家发展的总体要求，在总结经验教训的基础上，对健康服务业的发展进行顶层设计，确定健康服务发展的总体战略和政策措施。一是要进一步明确全面深化健康服务业改革总体思路，除了继续推进医疗体制改革外，必须加快健康服务业总体改革，尤其是要加快常态化健康服务（即非基本医疗服务）的改革进程，实现健康服务业的常态化发展；二是要科学把握健康服务改革的基本原则，保基本、拓领域、全覆盖和上台阶，除了加快公立医院体制改革外，加快国有企业和社会资本投资健康服务业的步伐，建立大型健康服务投资集团，加快健康服务业的集约化、规模化、现代化和国际化进程；三是要明确健康服务发展的总体目标，建立以预防为主，融健康文化、健康管理、健康保险为一体的新型健康服务模式，建立健康服务、技术产品和支持保障等三个体系，形成一批健康服务的知名品牌和中国健康服务产业的集群，探索建立政府引导、市场主导、多方参与体制机制；四要制定加快健康服务发展的政策措施，加强国家引导和政策支持。建立健全政策和法规体系，完善法律法规和服务规范，形成更加科学完善的行业规范，更加有效的行业管理和监督。不断优化健康服务业发展环境，提高人民群众的健康意识和知识素养，构建全社会参与、支持健康服务业发展的良好环境，为健康服务业常态化发展提供强大动力。

第三，把全面遵循生命法则作为行动准则。在促进健康服务业发展、满足人民群众日益增长的健康服务根本要求的过程中，必须把遵循生命法则作为行动准则，既遵循人类的自然本性和整体本性，遵循遗传、代谢和自愈三大原理和一系列的机制和机理，将生命法则贯彻到健康服务的全过程和各个方面的工作中去。对我国传统医学的态度，已经成为我们能否遵循生命法则的一个重大问题，在这里必须着重强调说明，我国健康服务业既具有优秀的中医文化资源和重要的生态资源，又具有中医服务的原创科技优势，中医与西药相互补充、协调发展、共同补充和增进人民的健康，成为中国健康服务体系的重要显著特征。面对当前全球的医疗难题，必须特别注重中国传统医学的重要地位和作用。中医注重从人体功能上维护健康，注重预防保健养生治未病这一健康服务的根本目的，注重社会心理和环境对健康的影响。在转变人类健康服务和医学模式的过程中，中医显示了独特的优势，越来越受到现代生理科学和健康医学科学的关注和重视，也越来越受到越来越多的国家地区民众的欢迎，显示出广阔的发展空间和前景。加快发展中医和形成中医在医疗保健、教育、科研、产业、文化以及对外交流全面协调发展的新格局，积极探索健康服务新模式，成为我国构建健康服务体系的一项重大任务。

第四，积极探索健康服务新模式是我国构建健康服务体系的一项重大任务。为了解决我国健康服务业不能适应社会发展迫切需求和人民群众新期待的问题，集中解决民族身体素质下降、发病率上升、维护健康成本过大、耗费资源过多等主要问题，必须倡导和树立科学健康观，必须转变健康服务模式，必须回归健康服务的文化本质和文化意义，坚持用健康文化引导健康生活方式和健康产业发展。必须从单一救治模式转变到以预防为主的“防-治-养”一体化和社会化健康服务模式，围绕人的生老病死和衣食住行对生命实施全过程、全方面、全要素的维护、促进、管理和保障，既追求个体生理和身体健康，也追求心理和精神健康，以及在此基础上实现整个社会、环境、家庭、人群等各方面健康，努力实现健康中国的伟大目标。

第三章 自愈能力与人类健康

纵观人类几千年来解决健康问题的伟大历程和经验教训，要从根本上解决人类健康面临的基本问题，必须从两个方面进行伟大的创造性工作：一方面，我们必须不断提高人类自身抵抗疾病的能力，这就是自愈能力，这是一个最根本的问题，如果失去了自愈能力，生命就难以为继，任何医疗手段都不能解决问题。所以，维护和提高自愈能力是人类解决自身健康问题的最根本途径。另一个方面，我们必须不断提高人类医治疾病的能力，加快发展生命科学和医学，努力提高医疗技术能力和水平，推动城乡基本公共服务均等化，为群众提供“安全有效方便价廉”的公共卫生和基本医疗服务，真正解决好基层群众看病难、看病贵问题，不断巩固和加强生命安全的最后一道保障线。这也是人类解决自身健康问题的根本途径。本书在分析我国医治疾病方面存在重大问题的同时，重点论述不断提高人类自身抵抗疾病的能力的问题，分析维护和提供自愈能力的途径和手段。

第一节 建设健康中国迫切需要不断提高人体自愈能力

从20世纪末以来，我国健康服务业的现状不能适应社会发展需求和人民群众的期待，不适应、不平衡、不协调问题十分突出；医疗服务和药品价格以及全社会卫生总投入迅速攀升，大大超过了GDP和居民收入增长幅度。有关研究机构的专家指出，从1991年到2013年，我国人均医疗费用的年均增长率为17.49%，2015年我国人均医疗费用的年度增长率为14.33%～18.24%，明显高于2013年我国人均GDP8.97%的粗增长率。预计到2020年，我国医疗费用将依然保持12.08%～18.16%的年均增速，其增速将明显高于社会经济发展速度，且会加重目前存在的社会问题。近 30 年来医疗费用过快增长，已远超同期 GDP 增长。在现有医疗卫生政策下，2015 年人均医疗费用比 1991 年增长 45.57～52.7 倍，而 2020 年人均医疗费用增长将在 2015 年的基础上再增长 1.83～2.3 倍。

有关研究机构的专家指出，我们以“卫生总费用占 GDP 比例”指标表达卫生总费用对社会经济的承受能力。我国卫生总费用占 GDP 比重，1991 年为4.10%，2013 年达到了 5.57%，已达到了世界卫生组织推荐的 5% 左右的适宜标准。而在医疗费用快速增长下，预计 2020 年达到 6.19%。“可能演化成严重的社会负担”，以“卫生总费用中个人现金支出比例”作为百姓医疗费用负担的相关指标，该指标从 1991 年的 37.5%，飙升到 2001 年的近 60%，2013 年该指标下降为 33.9%，略超过 30% 的世界公认水平。在不改变现有各类政策的情况下，2020 年，该水平将达到 32.36%。以“医疗机构不合理业务收入”作为医疗机构相关指标，剔除经济增长、物价变动、人口数据和结构变化、健康状况等合理性因素影响外，其他非合理性因素影响带来的医疗费用的变化，反映的是医疗机构医的疗行为是否存在浪费或者过度医疗。研究表明，假设 1991 年非合理性业务收入为 0，2020 年为 6 909 亿元，即医疗机构“多开药、多做检查”的浪费行为存在，且日益严重。以“家庭灾难性卫生支出发生率”(家庭卫生保健支出超过家庭年可支配支出一半以上）指标反映医疗保障承担医疗费用风险分担能力的变化，可以看出，1991 年该指标为 10.73%，2020 年将为 14.27%。即在既定保障水平下，随着医疗费用的过快增长，挑战了医保的费用风险分担水平，百姓就医公平性日益恶化。“卫生总费用中政府卫生支出比例”用于反映政府财政支持程度的相关指标，1991 年该指标为22.8%，2013 年达到 30.1%。如果财政仍然保持如此高速的增长趋势，2020 年预计达到 34.07%，略低于 40% 的国际公认标准。

虽然全社会卫生投入水平大幅度提高，全社会医疗费用支出过快上涨，民众维护健康成本加大，但居民综合健康指标却没有明显的改善，表现为整个民族的身体素质下降，亚健康状态人群占总人口的 70%，各种疾病特别是生活方式疾病等慢性病的发病率不断上升，慢性病防控形势十分严峻，是影响中国人健康的第一位的原因，其死亡人数已占到总死亡率 85%，高出世界水平 20%，严重损害人民群众的身体健康和生命安全。在公共卫生领域一些卫生、健康指标甚至恶化，过去已被控制的部分传染病、地方病开始死灰复燃 ，新的卫生、健康问题也不断出现，全社会卫生投入宏观效率低。这样，导致了消极的社会与经济后果，它不仅影响到国民健康，也带来了诸如贫困、公众不满情绪增加、群体间关系失衡等一系列社会问题，多数居民在医疗问题上的消极预期，已经成为导致宏观经济需求不足的一个重要因素。

党的十八大以来，针对我国卫生和健康工作存在的突出问题，党中央作出建设健康中国的战略决策，确立了努力建设健康中国的伟大目标。党的十八届三中全会通过的《中共中央关于全面深化改革若干重大问题的决定》要求"统筹推进医疗保障、医疗服务、公共卫生、药品供应、监管体制综合改革"。为了加快发展健康服务业，国务院在《关于促进健康服务业发展的若干意见》中，明确了今后一个时期我国发展健康服务业的主要任务和方针政策，强调要充分调动社会力量的积极性和创造性，着力扩大供给、创新发展模式、提高消费能力，促进基本和非基本健康服务协调发展，力争到 2020 年，基本建立覆盖全生命周期、内涵丰富、结构合理的健康服务业体系，健康服务业总规模达到 8 万亿元以上，打造一批知名品牌和良性循环的健康服务产业集群。2014 年 10月国务院印发《关于加快发展体育产业促进体育消费的若干意见》（国发〔2014〕46 号）将全民健身上升为国家战略，把增强人民体质、提高健康水平作为根本目标，明确了今后一个时期我国体育产业发展的根本方向、主要任务和方针政策。2014 年 12 月国务院印发《关于进一步加强新时期爱国卫生工作的意见》(国发〔2014〕66号)，指出做好新时期的爱国卫生工作，坚持以人为本、解决当前影响人民群众健康突出问题，落实预防为主，促进卫生服务模式从疾病管理向健康管理转变，建设健康中国。党的十八届五中全会通过的《中共中央关于制定国民经济和社会发展第十三个五年规划的建议》提出推进建设健康中国的新目标。2016 年 7 月 25 日，习近平会见世界卫生组织总干事陈冯富珍时指出："我们作出了推进健康中国建设的决策部署，正在抓紧制定健康发展中长期规划。”这是从落实“四个全面”战略布局，促进经济社会发展全局出发，对未来一个时期发展卫生计生事业，更好地维护国民健康作出的重大战略决策，意义重大，内涵深刻，任务艰巨，必将为实现中华民族伟大复兴中国梦提供有力的健康支撑。党中央、国务院关于建设健康中国的战略决策，明确了今后一个时期建设健康中国的主要目标任务和方针政策，为我国卫生事业的发展提供了难得历史机遇。我们必须充分认识这一历史机遇的重要意义和基本内涵，提高抓住这一历史机遇的自觉性和主动性，通过提高人体自愈能力为建设健康中国奠定坚实基础。

第二节　对人类自愈能力的理解

世界卫生组织 2009 年的一项报告揭示：全球每年有 6 000 万人死亡，其中 65%死于慢性疾病。美国的一项调查发现，美国用于治疗慢性疾病的费用占美国全国总医疗费用的 75%，然而慢性病的死亡率却节节攀升。尽管现有医疗手段在疾病治疗与疑难杂症上相比过去有了更加长足的进步，然而慢性病带来的各种并发症却令现代医学束手无策。糖尿病并发症带来的眼部问题、脚部溃烂，因降血压而增加的老年痴呆、降血脂却会导致血管硬化、治疗癌症却逐步增加肝肾负担……诸多并发症并没有使疾病在治愈的过程中增加人类的幸福指数，却在治疗的过程中同时伤害了人体的其他器官和加快了衰老过程。如今普遍存在重疾病而轻预防的思想，现在的医疗手段无助慢性疾病并发症，而过度的医疗和用药却伤害着人们的身体健康。在慢性病的肆虐面前，现代医疗手段显得束手无策，在这样的背景下“自愈医学”重新得到科学界的重视。人们头疼脑热时，自然想到上医院、跑药店，以便“药到病除”。可事实上，人体其实具有你想象不到的强大的自愈能力，在没有外力帮助的情况下，也能让很多疾病低下头来。卫生部健康教育首席专家洪昭光教授说，“这种自愈力是一种生命的本能。”从某种程度上来说，治病最根本的是激发和扶持人类机体的自愈能力，最终治好疾病的不是药，而是人们自己。

一、人类对生命自愈能力的认识过程

生命科学的发展不断深刻地揭示了人体的奥秘，即在生命存在的条件下，人类具有强大的全面的自我修复能力，即自愈能力，人类就是靠这种自愈能力，才在千变万化的自然界得以生存和繁衍。当这种自然自愈能力下降时，人体就会出现受伤不愈、疾病和衰老。增强人体自愈能力是修复疾病和维护健康的根本和基石，人体自愈能力如同大树之根，根壮枝叶才能茂盛，随着自愈能力的增强，人体的所有疾病都会得到治愈。

但是，随着现代医学和医疗技术发展，人们却越来越依赖于药物“替代”人体自身的抗病能力，自愈能力也受到了严重削弱，人类逐步丧失了本应属于自己的健康，疾病的发病率不断上升。预防医学专家指出，现代医学理念的“疾病治疗”主要是依靠各类药物的作用，而各类药物在发挥治疗疾病作用的同时，也是以损害患者部分身体机能并加速其老化过程为代价来寻求患者病灶的暂时解除，即使是非常先进的现代医学和医疗技术，也不能从根本上和真正的意义上治好疾病，其结果往往是药物副作用加速了生命体细胞的老化，损害了人体的整体健康能力。世界卫生组织（WHO）呼吁，要摆脱“对药物的依赖”，拥有真正的健康就应当从增强人体自身的自愈能力出发，修缮人体各个器官的功能，维持和恢复自主健康能力。这是人类命运的呼唤，也是未来医学和健康服务的发展趋势。

全人类数千年的繁衍历史证明，人体本身具有可以对付一切疾病的自我救治和自我修复能力，把人体本身的潜能激发出来是可以对付一切疾病的，人体天然防卫修复系统就是万能的对付疾病和伤痛的最高力量。人类治疗疾病经验证明，现代医学的杀菌消炎、手术、器官移植、关节置换等手段只能部分地解决疾病的病灶问题，并不能真正从根本上解决疾病问题，只有通过顺应自然，合理饮食起居，正确锻炼身体，内外结合，打通经络，活血化瘀，调节脏腑功能平衡，激发人体潜能，提高人体自愈能力，才能从根本解决人类治愈疾病和促进健康问题。

我国《黄帝内经》等中医经典创立了调动自身力量抗病，体现激发人体潜能，提高自愈能力的理论，提倡顺应自然，合理饮食起居，正确锻炼身体。最早的治病方法是在日常生活中发现的，用泥土树叶等涂抹伤口，用尖利的石头给人体表部位以刺激，通过人体所产生的反应达到防治疾病的目的，继而演化出推拿、药浴、针灸和导引等多种的治疗手段，其治病机理皆源于激发人体自我修复和自愈潜能。例如，中医的导引推拿的治疗方法，既不是给人体补充某种不可或缺的物质，也不能对病源物等致病因子产生直接的杀灭作用，它为什么能医治疾病呢？这就是属于调动人体自身力量抗病的方法，通过各种外因和内因等巧妙的刺激手段，调动和激发人体自身的修复潜能而达到防病治病和延年益寿之效。

早期西医也是注重依靠自身力量抵抗疾病，希波克拉底与盖伦就是这方面的杰出代表人物。人体对一切异物的侵犯都具有抵抗性，因而人体和病原物都会产生抗药性。随着磺胺、抗生素等化学药物相继问世以后，现代医学过于忽视人体自身修复力量，过于相信药物的作用，而对人体内存在着而在实验室无法得到验证的现象完全不予承认，把动态系统的人体完全等同于僵死的机械，把治病当成了修机器，医院成了治病的流水线。抗药性随着药物的不断使用而逐渐增强，这就给药物研制和临床医学带来无法克服的困难。随着抗生素等化学药物的功能饱和与超量使用，西方医学的弊端与缺陷越来越突出地暴露出来了，疾病越治越多，出现了医学危机。这种医学危机的根源是医学方法论问题。完全依靠药物力量抗病的医学方法，是一种错误的方法，也是一条越往前走困难越多的道路。

二、自愈

自愈指疾病的全过程或某一阶段不经任何治疗而在人体的自然修复能力的作用下得到痊愈，是生命体的一种稳定和平衡的自我恢复机制，是人体和其他生命体在遭遇外来侵害或出现内在变异等危害生命情况下，维持个体存活的一种生命现象，自愈具有自发性、非依赖性和作用持续性等显著特点，自愈过程基于其内在的自愈系统来排除外在或内在对人体和其他生命体的侵害，修复已经造成的损害，实现生命体的生命延续。

人体在长期进化中形成的自愈功能是客观存在的，这是人体战胜疾病的内在能力，也是中医学治病养生的内在依据。疾病能否自愈取决于人体内部的正气与病邪的消长盛衰情况，正气旺盛，具有充足的抗御病邪的能力，就能逐渐战胜病邪而使疾病不治自愈。如果正气虚弱，无力抗御病邪，或正气未能来复，病邪日益滋长，疾病就难以自愈，就需要借助治疗，扶助正气，以祛除病邪。现代医学研究证实，人体皮肤、粘膜的屏障作用，口腔粘膜中溶菌酶的溶解作用，呼吸道纤毛、粘膜对灰尘、异物的排除与吸附作用，血脑屏障的防御作用，肝脏的解毒作用，肾脏的排泄作用，免疫系统对入侵病原的中和、沉淀、凝集、溶解作用以及淋巴细胞、白细胞、巨噬细胞的吞噬作用，人体对损伤的代偿、修复作用等等，共同组成一条防病抗病的阵线，形成了人体的自愈能力。有些疾病之所以能不治自愈，就是依靠了机体的这一自愈能力。

《黄帝内经》认为："正气存内，邪不可干"，"邪之所凑，其气必虚"。伤寒病为外来之邪损伤了人体的正气，正气被邪气郁遏，表现为正气不足的病理状态。人体正气集中体现在阳气的固密、阴液的濡润和胃气的充沛，因此，张仲景在《伤寒论》中非常重视扶阳气、存津液和保胃气，认为此三者有助于正气来复、有助于疾病自愈。

张仲景在《伤寒论》中记载了许多关于疾病自愈的条文，其相关文字表述有"愈""欲愈""必自愈""必愈""解""欲解""自止"等。六经病各篇、霍乱病篇、阴阳易差后劳复篇均有此类条文若干条。这些条文虽然表述不同，但均表明伤寒病（外感病）到了某一特定的阶段，正气来复，出现了自动向愈的趋势，医者要审察病机，勿失其宜，要因势利导，促其阴阳自合，帮助患者恢复人体自身的健康状态。一方面，张仲景在《伤寒论》中强调阳气回复是其病自愈的征兆。另一方面，胃气和津液的存亡是决定自愈与否的关键。人以胃气、津血为本，有胃气、津液则生，无胃气、津液则死，所以张仲景非常重视保胃气、存津液，并以胃气、津液的存亡来作为判断预后的重要指标。

三、自愈系统

包括人体在内的诸多生命体，都存在一个与生俱来、自发作用的自愈系统，使其生命体得以维持健康状态，免予在来自外界的物理、化学、微生物等侵害的过程中丧失生命力。自愈系统是生命体的整体系统，是生命体储存、补充和调动自愈能力以维持人体健康的协同性动态系统。这个整体系统也可划分一系列子系统，对于包括人类在内的高等级生物，自愈系统包含免疫系统、应激系统、修复系统（愈合和再生系统）、内分泌系统等若干个子系统，当其中任何一个子系统产生功能性、协调性障碍或者遭遇外来因素破坏，其他子系统的代偿能力都不足以完全弥补，自愈系统所产生的自愈能力就必然会降低，从而在生物体征上显现为病态或者亚健康状态。

四、自愈能力

自愈能力是一种生命体依靠遗传获得的通过自身的内在生命力修复肢体缺损和摆脱疾病及亚健康状态维持生命体健康的能力。自愈能力包含三个核心属性：遗传性、非依赖性、可变性。遗传性是指一切生命体的自愈能力都包含在遗传信息中，通过遗传来获得；非依赖性是指生命体自愈能力发生作用的时候，除维持生命体的起码要素外，生命体可以不依赖其他任何外在的条件；可变性是指自愈能力的强弱受生命体自身生命指征强弱的直接影响，同时受到外在环境的影响以及生命体与环境物质交换状况的影响，可以向正反两个方向变化。

人体具有强大的自我愈合能力，如果人体没有自我愈合的能力，任何药物都无法发挥作用。抗药性是病毒在抗生素的轮番攻击中存活下来的能力，是最低水平自愈能力的典型表现。人类通过显著增强干细胞功能，依靠来自自身的杀灭肿瘤细胞能力实现自我康复，是高水平自愈能力的典型表现。对于人类而言，自愈能力来自于人体的自愈系统，它包括对致病微生物的免疫能力、排异能力、修复能力（愈合和再生能力）、内分泌调节能力、应激能力，具体包含了断裂骨骼的接续、粘膜的自行修复或再生、皮肤和肌肉以及软组织愈合、通过免疫系统杀灭肿瘤和侵入人体的微生物、通过减食和停止进食的方式恢复消化道机能、通过发热的物理方式辅助杀灭致病微生物等多种与生俱来的能力，呕吐、腹泻和咳嗽等也是自愈能力发挥作用的表现形式。在后天条件下，人类可以通过调节生存环境、实现饮食生理平衡、适当运动以及接受低于致病量的微生物刺激获得免疫力、激活骨髓造血干细胞等办法来巩固和提高自愈能力。20世纪中期以来，大多数人经常处于亚健康状态，患病几率越来越高，罹患恶性疾病的人数节节攀升，巩固和提高自愈能力已经成为迫在眉睫的重大问题，应当引起全人类和科学家的高度重视，并采取一切积极的措施来应对目前已经出现的重大危机。

五、影响自愈能力自然发挥作用的五个微观因素

科学研究发现了影响自愈能力自然发挥作用的五个微观因素，从另一个侧面揭示自愈的机理，也是明确了我们提供自愈能力的五个基本途径。

1.细胞营养不均

美国著名营养学家、两次诺贝尔奖得主 Linus Pauling 研究发现，当正常细胞经常缺乏一定的营养素时，就容易患上各种疾病。如蛋白质经常摄入不足导致免疫力下降，缺乏多不饱和脂肪酸容易产生心血管疾病，缺乏维生素 A 会产生干眼病，缺钙会得骨质疏松等。所以 Linus Pauling 创立了正分子医学（也称为细胞分子矫正学），该理论认为当病变的细胞能获取到各种均衡的营养素时，病变的细胞便可逐步恢复正常。而现代营养学的原理也说明，组织细胞的正常新陈代谢除了需要充分的氧气以外，还需要均衡的人体八大营养素，即蛋白质、核酸、脂肪、碳水化合物、维生素、矿物质、纤维素和水。现实情况是很多人不懂得科学饮食和合理营养补充，现在慢性病的发生和发展

50%与饮食结构和饮食方式的不合理有关。因此，人类需要进行一场饮食革命。

2. 微循环不畅通

现代医学研究发现，微循环不畅通导致局部组织细胞缺氧、缺水、缺营养，代谢产物和毒素不能及时排除，使组织细胞病变而产生各种慢性病。微循环不畅通的原因主要有高血糖、高血脂等引起血粘度高、心脏功能下降、微血管病变。另外缺乏运动、饮水量不足等，如糖尿病引起肾小球微血管病变而导致肾小球病变产生蛋白尿，最后是肾功能衰竭。中医所谓“通则不痛，不通则痛”也表述了微循环原理。因此，体育运动是保持和促进微循环功能的重要途径。

3. 组织细胞缺水

水是生命之源，没有水就没有生命。组织细胞的一切新陈代谢都离不开水，组织细胞经常缺水，就会使组织细胞不能获得充分的营养和及时排出细胞代谢废物和毒素，从而导致组织细胞病出现各种疾病。中国伟大的医学家和药理学家李时珍在《本草纲目》中说：“药补不如食补，食补不如水补，水是百药之王。”正常人体每天需要 2 000mL 的饮水量，而现在许多人一天的饮水量不足 1 000mL，甚至更少。所以养成好的饮水习惯是人体健康的重要保证。

4. 组织细胞缺氧

由于空气污染，特别是室内空气污染和不畅通，诸如居室、办公室、商场、地铁等环境，空气中的氧含量低于正常 21%，而多数人一天有 90% 的时间是在室内度过的，加之现代人的心肺功能都较弱，使人体的组织细胞经常缺氧。德国著名医学家、1931 年诺贝尔医学奖获得者 Otto Heinrich Warburg 教授发现，当人体组织细胞中的氧含量低于正常值的 65% 时，缺氧的组织细胞就容易癌变，从而创立了缺氧致病（癌）学。人体所需要能量的 70% 左右是由糖提供的。在氧供应不充足的情况下，葡萄糖经无氧糖酵解，分解为乳酸和 ATP（即三磷酸腺苷），ATP 是人体贮存和释放能量的物质。葡萄糖在有氧氧化条件下产生的能量是无氧糖酵解生成能量的 19 倍，因为在无氧条件下，葡萄糖没有得到彻底的氧化分解，其碳氢键尚未完全打开，所蕴藏的能量仅释放出 1/19。因而细胞缺氧就会降低自愈能力。

因此，只有进行糖的有氧氧化，才能为人体提供大量的能量，以满足肌肉的收缩、神经兴奋的传导、各种腺体的分泌、体温的维持和细胞的生长、分裂等生命活动所需要的能量。如果葡萄糖（或者其他营养物质，如脂肪、蛋白质等）有氧氧化过程中供氧不足，上述生理活动得不到足够的能量，必然会出现人体各系统和器官功能障碍，导致各种疾病的发生。例如，当人体内葡萄糖的氧化分解发生故障时，血糖浓度升高，血糖、尿糖浓度超过正常值，就会发生糖尿病等各种慢性疾病。

5. 组织细胞中毒

20 世纪初俄国著名免疫学家、1908 年诺贝尔医学奖获得者 Ilya Ilyich Mechnikovl 教授经过长期研究发现，人体许多传染性疾病不单是细菌和病毒入侵的结果，更重要的是由于人体内的毒素破坏了人的免疫系统，使得人体免疫力下降而导致人体感染生病，所以 Mechnikovl 认为健康第一要务就是及时排出人体肠道、血液、淋巴、皮肤等系统中的毒素，这样才能提高人体自身免疫力和各系统脏器的功能，防止各种疾病的发生和发展。

人体主要的排毒通道有肠道、尿道、气道、皮肤汗腺等。大多数人的问题是大便不畅通，宿便没清掉，皮肤不出汗，饮水少小便少，加上不良生活方式和严重的饮食污染、环境污染，使得人体肠道、血液、淋巴、皮肤等各系统各脏器中的毒素远高于人体能够承受和清除的能力和范围，这就是为什么现在各种癌症、糖尿病、痛风、皮肤病、类风湿关节炎等发病率越来越高的主要原因。所以对现代人来说，掌握和运用有效的人体排毒方法对保证身体健康是非常重要的。

第三节　唤醒自愈能力的方法

为什么人体总是容易生病？为什么大多数人活不到本应该享受到的百岁寿命？那是因为人的自愈系统睡着了。由美国夏威夷医学大学医学部临床医学助理教授亚瑟·布朗斯坦博士所著医学新书《唤醒沉睡的自愈力》着重阐释了这一国际最新医学观点。人体都有守护神——自愈系统，当不适或疾病出现时，自愈系统就会努力恢复秩序和平衡来帮助你恢复到自然的健康状态。

一、自愈系统和免疫系统

自愈系统和免疫系统最根本的差异是：免疫系统是防御人的身体以免受感染，而自愈系统是负责从伤病中修复受损的组织，让人体恢复到自然的健康状态。自愈系统让人体从每天遇到的各种问题中得以迅速修护和痊愈，这不仅包括擦伤、割伤和皮肤淤青这类皮肤表面的快速修补过程，还包含对身体内部环境中重要的生理过程的管理、监控和持续的调整。自愈系统和免疫系统一起工作，互相支持，以维持人体的健康。

二、唤醒"沉睡"的自愈系统

顽疾存在的真正原因是自愈系统睡着了。"睡着"的原因是日常不良生活行为和习惯在不知不觉间给自愈系统添加了障碍，制造额外负担，阻碍自愈系统的工作并损害其有效性。只有通过了解这些阻碍并去除它们，自愈系统才能获得唤醒，从而完成复原任务，使你拥有自然的健康状态。

三、为你的自愈系统"加油"

如何证明人体自然地保持健康的能力，并且证实人体自愈系统确实存在的话，那应该是百岁老人。根据最近的人口调查，美国人口增长最快的部分是超过 100 岁以上的人群。据报道，20 年前，美国有 6 200 名百岁老人，而现在这一数字已经超过了 6 4000。相比 20 年前，人们更具健康意识，百岁老人更善于和自愈系统协作并强化它，懂得如何与身体的自愈系统协作，最大限度地去获得和享受人生时光。他们直到很老的时候依然保持积极的心态，精心维持健康。去看看他们的生活方式而不是他们的基因，我们能够学到很多关于如何与身体自愈系统合作的生活方式和工作方式。百岁老人都拥有各自独一无二的人生故事，但是他们都有一个共同点，即他们的生活方式相同。他们饮食适度，充满活力，拥有良好的睡眠，在必要的时候休息，和家人朋友在一起，并且很享受生活。尽管他们的饮食、生活方式和基因各不相同，在他们活着的这么长的时间里多数人都饱受艰难，备尝痛苦，包括失去挚爱和家人，但他们都展现出“洒脱的态度”。年轻和健康似乎和我们的心态连接得更紧密，它们反映的是我们的态度而不是单纯的时间表，对生活报以积极和热情，对于增强我们的自愈系统是至关重要的。

德国《生机》杂志 2006 年刊登的一篇文章指出，研究人员发现，只要注意调养和改善生活习惯，60%～70% 的疾病都能够自愈。这是因为，人体内其实蕴含着一个大“药铺”——其中包含着各种各样的激素，这些激素就是“药铺”的药材，将其排列组合，可以配出 30 多种药方来。

不仅如此，人体内还配备了一位高度负责的贴身“医生”——自愈系统。当人有不适或生病时，这位“医生”可以敏感地捕捉到人体一切异常信号，马上调整人体的各种功能，并及时调动“药铺”中的各种激素，进行“配药”“用药”，从而达到治疗的目的。

相反，如果人体的这种能力遭到彻底破坏，即使华佗再世，也不可能挽救性命，艾滋病之所以成为“不治之症”，最主要的问题是免疫系统遭到了灭顶之灾，这才是最根本的原因。

那么，如何才能让我们体内的“药箱”储备充足“药物”，以供不时之需呢？国内外专家教了几招，帮你唤醒身体的自愈能力。别滥用药物，千万不要一看到“炎”，就想到消炎药、抗生素，否则即使能缓解一时的症状，也可能产生耐药性和伤害自身的自愈能力，给身体带来长久的伤害。而且，往往药效越强的药物，毒副作用就越强。

美国布莱根妇女医院医生、哈佛大学医学院副教授罗莎琳德·怀特表示，具有积极乐观精神的人身心更健康，死于心血管疾病的几率更低，肺部功能也更健全。睡眠不佳与免疫系统功能降低，以及抵抗病菌的杀手细胞减少有关。芝加哥大学研究人员发现，每天只睡 4 个小时的人，血液中抵御流感的抗体比睡了 7.5~ 8.5h 的人减少一半。每年交两个新朋友。研究表明，社交生活越少，大脑里会有越多焦虑引起的化学物质，我们就越可能生病。一个对 276 个 18~ 55 岁的成人研究表明，有 6 个以上朋友的人比更少朋友的人抗击感冒的能力强 4 倍。多步行，少开车。开车的人在 4 个月内比步行的人患病几率高一倍。而 30min 的有氧运动可以让你的免疫系统运行得更好。与独生子女相比，那些家中有兄弟姐妹、接触小动物、在农村生活的孩子，患过敏或哮喘的几率要少，适当地接触一些如灰尘、泥巴等，有助于增强孩子的免疫力。

第四章　维护与增强自愈能力的方法

人类的身体经过一百多万年的进化，已经接近完美的程度，拥有不可思议和不可战胜的自愈能力，而我们要做的神圣工作就是爱护它，并更好地提升它。从某种程度上来说，医生治病，只是激发和扶持人类机体的自愈力而已，最终治好疾病的，不是药，而是人们自己。在此，我们对维护和增强自愈能力的方法进行分类总结，主要是以下几个方面。

第一节　中国传统健康饮食路线奠定了维护与增强自愈能力的物质和能量基础

20世纪初以来，特别是第二次世界大战以来，发达国家在医疗技术进步和医疗费用增加的过程中，疾病发病率也在不断上升，在美国，从1907年到1936年，心脏病的死亡率上升了60%，癌症的发病率上升了90%，糖尿病、脑梗等发病率也在上升，在这短短的30年里，人类健康出现前所未有的危机和苦难，这是人类发展过程中的大事件，也是人类在现代化发展过程中的大事件，向我们敲响了贪婪动物性食物悲惨后果的警钟，揭示了一个世纪以来人类健康模式的根本缺陷 。为什么一个世纪以来，人类健康出现前所未有的危机和苦难，医疗健康专家进行了系统研究，他们发现，这是因为医疗技术进步和医疗费用增加的速度赶不上人类食物结构变革的速度，即贪婪动物性食物，人类食物结构改变的速度太快了，人类的身体机能和结构都无法适应这一根本性改变，当然就出现人类生命健康的大危机了。

过去认为，人类需要四大营养来源：肉类、五谷类、蔬菜类和蛋奶类，而这四大类有50%来自动物。这是从20世纪以来积累下来的饮食观念。今天这么庞大的畜牧业在人类的历史上从来没有发生过，因为它是经过科技改良之后形成的新的饲养形态。从人类学、历史学、社会学和流行病学的角度来看，分析这种畜牧业状态就会发现过去不存在的东西现在都有了，从此人类的健康出了问题。

相反，在20世纪80年代，中国人的健康状况是处于较好的一个状态，这是一个正常状态，是常态化的健康状态，也是可遇不可求的一个状态。有关20世纪80年代《中国健康调查报告》的结论是：在中国饮食中肉吃得越少，吃得越素的地方，血液中雌激素、胆固醇水平也就越低，癌症、心脏病、骨质疏松症、肥胖症、糖尿病等疾病的发病率也越低。"中国人吃蛋白质食物里，由动物方面摄取的，占总量的10%，而一般美国人所占比例是70%。"这就是低动物性营养对健康的极大益处。这个报告指明了中国人健康的方向和道路，也指明了人类健康的方向和道路。

几千年来，中国人的健康饮食有一条基本路线，核心是以植物性膳食为主，以四个基本点为支撑：杂、粗、淡、动。所谓杂就是各种各样的素食都要吃，不能单吃一类食物，即多渠道的营养；粗就是以粗粮为主，吃更多品种的粗粮；淡就是油的清淡和口味的淡；动就是开展体育运动，进行各种各样的体育锻炼。这条中国传统健康饮食路线的主线是以植物性膳食为主体的多样化搭配，关键是把握好各种膳食品质的数量，既不能少，更不能多。大家一定要记住这条中国人传统的健康饮食路线。中国传统健康饮食路线，奠定了维护和增强自愈能力的物质和能量的基础。

第二节　体育活动能够增强人体自愈能力

一、关于体育概念与体育功能

体育概念有狭义和广义之分。体育具有自然和社会两重属性。自然属性如体育方法、手段等；社会属性如体育思想、制度等。体育以增强人民体质、促进人民健康为目的。随着经济和社会的发展，文明的进步，体育以人为本的功能得到了进一步强化。体育康复就是运用体育的各种手段使病、伤、残者已经丧失的功能尽快地、尽最大可能地得到恢复。体育康复是以体育运动作为发挥治疗作用的核心手段，遵循医学治疗和处理疾病的模式，解决各种原因造成的身心功能障碍，以达到减轻患者病痛，促进功能康复和归复社会的目的。因此，参加体育活动能够增强人体自愈能力，而体育疗法则是增强人体自愈能力的有效方式。

体育历史悠久，但是“体育”一词却出现较晚。在“体育”一词出现前，世界各国对体育这一活动的称谓都不相同。体育是锻炼身体增强体质的各种活动，包括田径、体操、球类、游泳、武术、登山、射击、滑冰、滑雪、举重、摔跤、击剑、自行车等各种项目。这是狭义的体育概念。目前体育范畴早已超出了身体锻炼，体育是包含身体锻炼、游戏、竞争要素的身体运动的总称。这是广义的体育概念。

体育活动起源于人类的生产和生活的实践过程中，体育一词则源于教育，在古希腊，游戏、角力、体操等被列为教育内容，在17—18世纪，西方教育中也加进了打猎、游泳、爬山、赛跑、跳跃等项活动。1762年，卢梭在法国出版了《爱弥尔》一书。他使用“体育”一词来描述对爱弥尔进行身体的养护、培养和训练等身体教育过程。因此“体育”一词也开始在世界各国流传开来。从这里我们可以清楚地看到，“体育”一词的最初产生是起自于“教育”，它最早的含意是指教育体系中的一个专门领域。18世纪末，德国的J. C. F. 古茨穆茨曾把这些活动分类、综合，统称为“体操”。进入19世纪，一方面是德国形成了新的体操体系，并广泛传播于欧美各国；另一方面是相继出现了多种新的运动项目，在学校也逐渐开展了超出原来体操范围的更多运动项目，建立起“体育是以身体活动为手段的教育”这一新概念。于是，在相当的一段时间里，“体操”和“体育”两个词并存，直到20世纪初世界上教育发达国家都普遍使用了“体育”一词。

我国体育历史悠久，但“体育”却是一个外来词。我国由于闭关自守，直到19世纪中叶，德国和瑞典的体操传入我国，随后清政府在兴办的“洋学堂”中设置了“体操课”。体育一词最早见于20世纪初，当时，我国有大批留学生东渡去日本求学，仅1901年—1906年间，就有13 000多人，其中，学体育的就有很多。他们回国后将“体育”一词引进到中国。在我国，“体育”这个词最早见于1904年，在湖北幼稚园开办章程中提到对幼儿进行全面教育时说：“保全身体之健旺，体育发达基地。”在1905年《湖南蒙养院教课说略》上也提到：“体育功夫，体操发达其表，乐歌发达其里。”随着西方文化不断涌入我国，学校体育的内容也从单一的体操向多元化发展，课堂上出现了篮球、田径、足球等。许多有识之士提出不能把学校体育课称体操课了，必须理清概念层次。在我国，最早创办的体育团体是1906年上海的“沪西士商体育会”。1907年我国著名女革命家秋瑾在绍兴也创办了体育会。同年，清皇朝学部的奏折中也开始有“体育”这个词。辛亥革命以后，“体育”一词就逐渐运用开来。1923年，在《中小学课程纲要草案》中，正式把“体操课”改为“体育课”，从此“体育”一词成了标记学校中身体教育的专门术语。

体育关乎每一个人的身心健康和生活质量，关系全体民众的健康和整个民族的延续发展，体育的发展进步也是社会文明的重要内容和标志。随着社会的发展人们对于体育的认识不断得到深化和提高，在马克思主义尚未传入中国的条件下，毛泽东于1917年4月在《新青年》杂志上发表了《体育之研究》，他用朴素的唯物主义和科学的辩证法来研究体育问题，就体育的价值、功能诸问题进行了开创性的探讨和研究，是我们的体育理论的奠基之作。建国后，毛泽东对体育作出了一系列精辟论述。毛泽东的体育思想今天仍然是体育发展的理论指南。

二、体育是促进人体健康的根本之道

毛泽东强调体育的本质属性为强身健体，它的发展过程首先应是满足人的生存、健康、发展的需要。青年毛泽东肯定体育的强体功能时说：“体育之效则强筋骨也。勤体育则强筋骨，强筋骨则体质可变，弱可转强，身心可以并完。”毛泽东精辟地指出“体育”的内涵，“体育者，人类自养其生之道，使身体平均发达，而有规则次序之可言者也。”他指出身体强弱在人的一生都在改变，“体育”犹有改易官骸之效。他告诫世人：“故生而强者不必自喜也，生而弱者不必自悲也。”只要勤于体育锻炼，身体弱者也可以变强，身体强与弱“全乎人力”，这一论段强调了后天的努力是身体健康的关键，科学地阐释了“体育”与人的身心的强弱关系，开创性地提出了人体始终处于一种强弱互换的动态平衡之中，弱与强在一定条件下可以相互转化的观点。毛泽东提出的身体可以强弱互换的科学论断激励着无数人们善待人生，以积极的科学的态度对待人生，使强者更强，弱者而转化为强者。毛泽东的这一体育思想将永远激励着人们提高生活的勇气，创造有价值的健康而和谐的人生。

三、完备身心是“体育之大效”

毛泽东著名的“野蛮其体魄，文明其精神”的论断，科学地阐述了体魄与精神的辩证关系，身体是知识的载体，强健的体魄、旺盛的精神面貌以增进知识，促其精神文明。毛泽东的《体育之研究》提出了“身心可以并完”的思想，对体育的功能做了全面的概括。毛泽东在论述身心关系时谈到：“今世百科之学……，总须力能胜任。力能胜任者，体之强者也；不能胜任者，其弱者也。”这里充分体现了“健康的精神寓于健康的身体之中”的观点，而体育锻炼是增进身心健康最有效的手段。“体育之效，至于强筋骨，因而增知识，因而调感情，因而强意志。筋骨者，吾人之身；知识、感情、意志者，吾人之心。身心皆适，是谓俱泰。”他指出了体育强健身心的关系，认为完备身心是“体育之大效”。毛泽东认为体育不只是锻炼体格，同时也增强体能以及适应能力和培养顽强精神。

四、“全民健身”的理论指南

毛泽东分析了体育与民族生死存亡之关系，一个民族之所以能屹立于世界民族之林，其关键在于是否为“富国强兵”，即富裕的经济和强大的军队。而“富国强兵”的核心是必须有一个强健的民族体魄。

青年毛泽东独具慧眼，研究体育的真正价值，即体育的社会效应，即体育的社会、政治、军事的价值。毛泽东清楚地看到当时的中国文弱者多，无法与敌相竞。他曾指出：富国强兵，首先军队要把强健的体魄与文化科学相统一。《体育之研究》中更是明确地指出：“动以卫国，此大言也。”毛泽东早年便视体育为拯救国民力弱的有效工具，指出了体育之根本价值所在，视体育的最高目标是“改造中国与世界”，这便将儒家的“修身、齐家、治国、平天下”的人生宗旨与体育的最高目标有机地结合起来。

1952年6月20—24日，中华全国体育总会在北京举行成立大会，毛泽东为大会题词：“发展体育运动、增强人民体质”。1953年，毛泽东在中共中央讨论体育工作时的指示：“体育是关系六亿人民健康的大事。”（见1967年9月23日《人民日报》）1960年4月，毛泽东在新拟的《中共中央卫生工作的指示》中指出“凡能做到的都要提倡做体操、打球类、跑跑步、爬山、游水、打太极拳及各种各色的体育运动，把卫生工作看作孤立的一项工作是不对的”。近一个世纪以来，毛泽东的理论观点演进为“全民健身”理论，并指导着我国的体育实践和发展过程。

五、体育优先、三育并重的教育观，做到身体好，学习好，工作好

毛泽东指出：“体育一道，配德育与智育，而德智皆寄于体，无体是无德智也。……体者，载知识之车而寓道德之舍也。”“体育于吾人实占第一之位置，体强壮而后学问道德之进修勇而收效远。”在这里，毛泽东对德智体三者的辩证关系进行了透彻的阐述，指出体育必须与德育、智育相配合，强调三者是相互渗透，不可分割，相辅相成，共同提高，缺一不可的。同时论证了身体的好坏严重影响着德育、智育的发展，他形象地把身体比作寄托德、智的车与舍。开创性地提出：

“体育于吾人实占第一之位置。”关于德、智、体三育谁主于谁的问题，我国传统教育的重德、重智、轻体的教育理念几乎为几千年颠扑不破的定式，他以宏大的气魄，把体育从“三育之末”一下提到首位，他坚决反对那种认为知识和道德可以离开身体而独立存在的说教，特别提出儿童教育中的德、智、体三者的关系。他说：“小学之时，宜专注重于身体之发育，而知识之增进、道德之养成次之。”这明确指出儿童时代，应把体育放在首位。他说：“故有颜子而短命，有贾生而早夭，王勃、卢照邻，或幼伤，或坐废。”这段话用了最简明的道理，阐明了身体和德、智应是互动的关系，是互相支撑，相互促进的，从事物的相互关系和历史经验中找出了体育与身体相互间的本质联系。建国后，毛泽东将他的这种体育优先、三育并重思想贯彻到我国教育和各项工作中，1950 年 6 月 19 日，毛主席写信给教育部长马叙伦，提出了“此事宜速解决，要各校注意健康第一，学习第二”的指示。1953 年 6 月 30 日，毛泽东在论《青年团的工作要照顾青年的特点》一文中指出：“现在要保证大家身体好，保证工人、农民、战士、学生、干部都要身体好。当然身体好，并不一定学习好，学习要有一些办法。”“要使青年身体好，学习好，工作好。”

六、体育是民族延续发展和提高身体素质的根本问题

体育是人体机能的重要体现，是促进人体健康的根本途径，也是社会文明进步的重要标志。党的十八大以后，习近平总书记非常重视体育工作，作出了一系列重要指示。

2013 年 3 月 19 日，习近平接受金砖国家媒体联合访问时曾说：“我也是体育爱好者，喜欢游泳、爬山等运动，年轻时喜欢足球和排球。”2013 年 8 月 31 日，习近平在会见参加全国群众体育先进单位和先进个人表彰会、全国体育系统先进集体和先进工作者表彰会的代表时指出，“体育是社会发展和人类进步的重要标志，是综合国力和社会文明程度的重要体现。体育在提高人民身体素质和健康水平、促进人的全面发展、丰富人民精神文化生活、推动经济社会发展、激励全国

各族人民弘扬追求卓越、突破自我的精神方面，都有着不可替代的重要作用。以 2008 年北京奥运会、残奥会的成功举办为标志，我国体育事业同其他各项社会事业一起，为实现全面建成小康社会、建成富强民主文明和谐的社会主义现代化国家的奋斗目标增添了动力、凝聚了力量。”

2013 年 11 月 19 日，习近平在人民大会堂会见国际奥委会主席巴赫时说，体育不仅可以提高人民健康水平，还可以促进各国人民相互了解和友谊。团结、友谊、和平的奥林匹克精神在中国深入人心。“中国政府从全面建成小康社会、实现中华民族伟大复兴的战略高度重视发展体育事业，重视奥林匹克运动在社会发展中的重要作用。”2014 年 2 月 7 日他在俄罗斯索契接受俄罗斯电视台专访时说，“说到体育活动，我喜欢游泳、爬山等运动，游泳我四五岁就学会了。我还喜欢足球、排球、篮球、网球、武术等运动。冰雪项目中，我爱看冰球、速滑、花样滑冰、雪地技巧。”

2014 年 10 月国务院印发《关于加快发展体育产业促进体育消费的若干意见》（国发〔2014〕46 号）将全民健身上升为国家战略，把增强人民体质、提高健康水平作为根本目标。

七、以健康管理为中心发挥好中医的独特作用

过去卫生工作以疾病为中心的服务模式已经完全过时，不适应新的社会发展阶段和卫生工作的新形势。2014 年 12 月国务院印发《关于进一步加强新时期爱国卫生工作的意见》(国发〔2014〕66 号)，指出做好新时期的爱国卫生工作，坚持以人为本、解决当前影响人民群众健康突出问题，落实预防为主，促进卫生服务模式从疾病管理向健康管理转变，建设健康中国。2015 年 10 月，党的十八届五中全会通过的《中共中央关于制定国民经济和社会发展第十三个五年规划的建议》提出推进建设健康中国的新目标。可以说，方向已明，目标已立，关键是抓落实，把中央的战略决策贯彻落实到有关健康工作的各个方面和环节，并从自我做起，落实到我们自己的日常行动中，实现从以疾病

为中心的模式向以健康管理为中心的模式的根本转变。

2015年5月7日，国务院办公厅印发《中医药健康服务发展规划（2015—2020年）》（以下简称《规划》）。《规划》提出大力发展中医养生保健服务，推广太极拳、健身气功、导引等中医传统运动，开展药膳食疗。

《规划》明确支持中医养生保健机构发展，支持社会力量举办规范的中医养生保健机构，培育一批技术成熟、信誉良好的知名中医养生保健服务集团或连锁机构。鼓励中医医疗机构发挥自身技术人才等资源优势，为中医养生保健机构规范发展提供支持。

《规划》要求规范中医养生保健服务，指导健康体检机构规范开展中医特色健康管理业务。加快制定中医养生保健服务类规范和标准，推进各类机构根据规范和标准提供服务，形成针对不同健康状态人群的中医健康干预方案或指南（服务包）。建立中医健康状态评估方法，丰富中医健康体检服务。推广太极拳、健身气功、导引等中医传统运动，开展药膳食疗。运用云计算、移动互联网、物联网等信息技术开发智能化中医健康服务产品，为居民提供融中医健康监测、咨询评估、养生调理、跟踪管理于一体，高水平、个性化、便捷化的中医养生保健服务。

《规划》强调开展中医特色健康管理。将中医药优势与健康管理结合，以慢性病管理为重点，以治未病理念为核心，探索融健康文化、健康管理、健康保险为一体的中医健康保障模式。加强中医养生保健宣传引导，积极利用新媒体传播中医药养生保健知识，引导人民群众更全面地认识健康，自觉培养健康生活习惯和精神追求。加快制定信息共享和交换的相关规范及标准。

《规划》还要求鼓励保险公司开发中医药养生保健、治未病保险以及各类医疗保险、疾病保险、护理保险和失能收入损失保险等商业健康保险产品，通过中医健康风险评估、风险干预等方式，提供与商业健康保险产品相结合的疾病预防、健康维护、慢性病管理等中医特色健康管理服务。

八、体育疗法

在体育运动的基础上，发展起来了体育疗法，这是一种通过体育手段治疗某些疾病与创伤，恢复和改善机体功能的一种医疗方法。与其他治疗方法相比，其特点有下述几点。

(1) 体育疗法是一种主动疗法，要求患者主动参加治疗过程，通过锻炼治疗疾病。

(2) 体育疗法是一种全身治疗，通过神经、神经反射机制改善全身机能，达到增强体质，提高抵抗力的目的。

(3) 体育疗法是一种自然疗法，利用人类固有的自然功能（运动）作为治疗手段，一般不受时间、地点、设备条件的限制。通常采用医疗体操、慢跑、散步、自行车、气功、太极拳和特制的运动器械（如拉力器、自动跑台等），以及日光浴、空气浴、水浴等为治疗手段。宜因人而异、持之以恒、循序渐进，并配合药物或手术治疗和心理疏导。二千多年前已用“导引”“养生”作为防治疾病的手段，后又不断发展与提高，成为中国运动医学的重要组成部分。

九、选择体育锻炼方式的原则

如何选择体育锻炼方式是一个很重要的问题，一般来说应当根据以下基本原则以及个人的工作性质、身体状况和兴趣爱好来选择，这里将非运动员如何选择体育锻炼方式的基本原则介绍如下。

(1) 必须坚持长期原则，这是最重要的一个原则。体育锻炼最忌讳不能够长期坚持，我们选择的体育锻炼方式必须能够长期坚持下去，如果不能够长期坚持，这就难以发挥体育锻炼对增强体质和增强自愈能力的作用。

(2) 必须坚持方便原则。能够根据个人的工作性质、身体状况和兴趣爱好很方面的选择锻炼方式、地点和时间，以此来保障体育锻炼有充足而必要的时间，以此来保证长期性原则的落实，发挥体育锻炼的作用。

（3）必须坚持多样化原则。体育锻炼是一种全身性综合性运动，它的作用也是全身性和综合性的，能够选择三种以上体育锻炼方式交替进行比较好，这样就更能发挥体育锻炼的全身性和综合性功能。

（4）必须坚持以提高身体素质为基本目标。不能像专业运动员那样去追求竞技水平的等级，决不能为了提高体育竞技水平使用过度锻炼的方式，以致自己受伤，影响以后参加体育锻炼。在实际体育锻炼活动中，这种情况经常发生，要时常提高警惕，做好防范工作。

（5）坚持受外界因素影响较小原则。从事体育锻炼，会受到场地、时间、人员和其他因素的影响，选择体育锻炼方式，应当尽量排除外界因素的影响，保障体育锻炼能够经常地坚持下去。

总之，我们应当根据以上五项基本原则来选择体育锻炼方式，能够坚持下去，经常性地参与体育锻炼，更好地发挥体育锻炼对提高身体素质和增强自愈能力的应用作用。在此，我们根据日常工作和生活的实际情况作一些分析。

现在人们越来越多地增大了自己的健康投资，包括购买健身器材，选购各种营养品（人参、各种健康口服液等）。然而，人体健康，最重要的还是坚持体育锻炼。正如俗语说的“生命在于运动”，只有动起来，才有健康的可能。选择自己适合的体育锻炼项目是很重要的。人们熟悉的体育锻炼项目，如跑步、太极拳、气功、爬山、游泳（包括有些人的冬泳）、步行、网球、乒乓球、篮球，等等。我们要根据非运动员选择体育锻炼的原则以及自己的身体状况、场地可能的条件来确定。年轻人可选较大运动量的项目，年龄大的人可选轻松一点、运动量小一点的项目；还要看是否有不合适较激烈运动的慢性病，如心血管病，要慎重安排。另外，应多选择公园、绿化地，而少选择马路上跑步一类的项目，在污染严重的情况下，在马路跑步可能适得其反。选择项目还应该把视野放大一些，可以作多项选择，如爬楼健身法，现在高层日益增多，住宅和办公楼群都有高层，有些人将爬楼作为负担，其实登楼是健身的好途径。据专家测定，一个人每爬高 1m 所消耗的热量，相当于散步走 26m。骑车健身法，这是自行车王国的有利之处，不少人选择助动车实际上是一种体育锻炼项目的放弃。室内健身运动、原地跑、跳绳、跳舞（这是近年兴起的)、倒立健身法、倒走、爬行健身、甩手操、健身球、冷水浴，等等。每一种健身方法还有许多具体的规定，可根据自身的特点作选择，这些项目不少还有医疗的作用。

中老年人如何选择体育锻炼项目呢？随着年龄的增长，35～40岁以后人体新陈代谢水平、心输出量、肺活量明显降低，肌肉中能量物质储存下降，参与代谢的酶的活性降低，各种生理机能都有逐渐下降趋势。研究证明适当的体育锻炼对增强心肺功能有良好影响，可以促进中老年人生理机能改善，预防疾病，延缓衰老，提高对外界环境的适应能力和工作能力。但不合理的体育运动不仅达不到预期的效果，还有可能影响身体健康。那么，中老年人应该怎样进行体育锻炼呢？

(1) 因人而宜。中老年人在选择锻炼方法和安排运动负荷时，应根据性别、年龄、职业、健康状况，对锻炼的爱好和原有基础、生活条件等情况来确定。锻炼项目应使全身都得到活动，动作缓慢柔和，如慢跑、散步、太极拳（剑）、门球等。在安排运动负荷时要量力而行，切忌过大，以策安全。从主观感觉来说，合适的运动负荷应该是锻炼后睡眠正常、食欲良好、精神振奋、情绪愉快。

(2) 持之以恒。日本科学家曾观察到，让受试者每周3次进行步行锻炼，15周后最大摄氧量增大到12%，然后中止运动6个月，最大摄氧量恢复至和锻炼前相似。人的组织器官生命活动是一个“用进废退”的过程，坚持经常锻炼，可以促进新陈代谢，使肺活量加大，心血管功能加强。如果长期不锻炼，各器官系统的机能就会慢慢消退，体质也会逐渐衰弱下去。因此，坚持经常锻炼是收到良好效果的重要条件，在时间安排上可每天进行，也可每周不少于3～4次。

(3) 循序渐进。人体机能的提高有一个逐步适应与发展的规律。中老年人新陈代谢功能相对较弱，各器官系统机能的适应能力相对较差，锻炼者对活动方法和运动负荷等，应逐步合理提高要求，以获得更好的效果。一个没有锻炼基础的人，开始时应选择散步、短距离慢跑或走跑交替等活动，然后再从时间、距离、强度上逐渐提高。已有锻炼基础的人也要注意合理的运动负荷，逐渐加大运动量和强度，不断提高运动能力。

(4) 娱乐健身。中老年人在选择适合自己的运动项目时，要考虑既调节精神，又丰富文化生活的体育活动。不要长时间只参加某一项目，或只锻炼身体某一个部位。要选择一些适合中老年人参加、娱乐性较强的项目，提高自己参加活动的兴趣，在高高兴兴中得到锻炼。

(5) 合理安排。中老年人在进行体育锻炼中，要经常检查身体(最好建立健康档案)，防止潜藏着一些平时未曾发现的因素，对自身造成不必要的伤害。平时要经常检查血压、脉搏、体重等变化，定期到医院查体；要有良好的生活制度，作息时间要规律化，不吸烟，不酗酒，根据需要合理安排营养等。以确保体育锻炼更好地促进身体健康和身心愉快。

在盛夏酷暑时锻炼，需要注意以下几点。

一忌在强光下锻炼，中午前后，烈日当空，气温最高。除游泳外，忌在此时锻炼，谨防中暑。夏季阳光中紫外线特别强烈，人体皮肤长时间照射，可发生I°～II°灼伤。紫外线还可以透过皮肤、骨头，辐射到脑膜、视网膜，使大脑和眼球受损伤。

二忌锻炼时间过长，一次锻炼时间不宜过长，一般 20～30min 为宜，以免出汗过多，体温上升过高而引起中暑。如果一次锻炼时间较长，可在中间安排 1～2 次休息。

三忌锻炼后大量饮水，夏季锻炼出汗多，如这时大量饮水，会给血液循环系统、消化系统，特别是心脏增加负担。同时，饮水会使出汗更多，盐分则进一步丢失，从而引起痉挛、抽筋等症状。

四忌锻炼后立即洗冷水澡，因为夏季锻炼体内产热量增加快，皮肤的毛细血管也大量扩张以利于身体散热。突然过冷刺激会使体表已开放的毛孔突然关闭，造成身体内脏器官紊乱，大脑体温调节失常，以致生病。

五忌锻炼后大量吃冷饮，体育锻炼可使大量血液涌向肌肉和体表，而消化系统则处于相对贫血状态。大量的冷饮不仅降低了胃的温度，而且也冲淡了胃液，轻则可引起消化不良，重则会导致急性胃炎。

六忌锻炼后以体温烘衣，夏季运动汗液分泌较多，衣服几乎全部湿透，有些年轻人自恃体格健壮常懒于更换汗衣，极易引起风湿病或关节炎。

第三节 气功与武术活动能够增强人体自愈能力

气功与武术是体育的一个极为特殊的组成部分，具有重要的强身健体功能，参加气功与武术活动对增强人体自愈能力的体质基础具有极为重要的作用。

气功是中华民族优秀的文化遗产，具有几千年的悠久历史。它对祛病强身、陶冶性情具有积极的重要作用。因此，武术和气功不仅风靡中国，而且还广泛传播到世界各地。气功（炁功）是透过以呼吸的调整、身体活动的调整和意识的调整（调息，调形，调心）为锻炼方法，达到强身健体、健康身心、抗病延年、开发潜能等目的。气功的种类繁多，主要可分为动功和静功。动功是指以身体的活动为主的气功，如导引派以动功为主，特点是强调与意气相结合的肢体操作。而静功是指身体不动，只靠意识、呼吸的自我控制来进行的气功。大多气功方法是动静相间的。宗教中，道教的道士常会练习导引、内丹术气功，佛教里的禅定、静坐也包含气功。气功常配合武术或静坐一起练习。

气功发源地是中国。气功在中国有悠久的历史，有关气功的内容在古代通常分为吐呐、行气、布气、服气、导引、炼丹、修道、坐禅等。中国古典的气功理论是建立在中医的养身健身理论上的，自上古时代即在流传。原始的气功一部分称为“舞”，如《吕氏春秋》所说的“筋骨瑟缩不达，故作为舞以宣导之”。中医专著《黄帝内经》记载“提挈天地，把握阴阳，呼吸精气，独立守神，肌肉若一”“积精全神”“精神不散”等修炼方法。《老子》中提到“或嘘或吹”的吐纳功法。《庄子》也有“吹嘘呼吸，吐故呐新，熊经鸟伸，为寿而已矣。此导引之士，养形之人，彭祖寿考者之所好也”的记载。湖南长沙马王堆汉墓出土的文物中有帛书《却谷食气篇》和彩色帛画《导引图》。《却谷食气篇》是介绍呼吸吐呐方法为主的著作。《导引图》堪称最早的气功图谱，其中绘有44幅图像，是古代人们用气功防治疾病的写照。

武术是以拳术、器械、套路和实战形式为主的体育项目，既能防身自卫，又可养生健体。武术一词源于古人类之间自然搏击打斗方法及其演变过程。古人类在争夺人类生存区域空间的争夺战争中形成了空手的搏击方法（拳术）和器械搏击（武术器械）的技术。武术又称国术或武艺，其内容是把踢、打、摔、拿、跌、击、劈、刺等动作按照一定规律组成徒手的和器械的各种攻防格斗功夫、套路和单势练习。武术是中国人民在长期的社会实践中不断积累和丰富起来的一项宝贵的文化遗产，具有极其广泛的群众基础，是中华民族的优秀文化遗产之一。

几千年来，武术为我国人民锻炼身体或自卫御敌的一种方法，如长拳、太极拳、南拳、剑术、刀术、枪术、棍术等兵器的搏击技术。武术最初作为军事训练手段，与古代军事斗争紧密相连，其技击的特性是显而易见的。在实用中，其目的在于杀伤、制限对方，它常常以最有效的技击方法，迫使对方失去反抗能力。这些技击术至今仍在军队、公安中被采用。

武术既讲究形体规范，又求精神传意。内外合一的整体观，是中国武术的一大特色。所谓内，指心、神意等心志活动和气总的运行；所谓外，即手眼身步等形体活动。内与外、形与神是相互联系统一的整体。武术“内外合一，形神兼备”的特点主要通过武术功法和投法来体现。“内练精气神，外练筋骨皮”是各家各派练功的准则，如极拳主张身心合修，要求“以心行气，以气运身”。太极拳是中国武术众多拳种之一，已有三四百年的历史。它融合古代道家养生修炼术，结合阴阳与经络学说创编而成。太极拳源于河南温县陈家沟，有陈式、杨式、武式、孙式、吴式等多种流派，动作舒缓连贯，要求以意导体，意、气、体三者协调配合，以静制动，以柔克刚。形意拳讲究“内三合，外三合”，大洪拳、少林拳也要求精、力、气、骨、神内外兼修。此外武术套路在技术上往往要求把内在精气神与外部形体动作紧密相合，完整一气，做到“心动形随”“形断意连”“势断气连”。以“手眼身法步，精神气力功”八法的变化来锻炼心身。这一特点反映了中国武术作为一种文化形式在长期的历史演进中倍受中国古代哲学、医学、美学等方面的渗透和影响，形成了独具民族风格的练功方法和运动形式。

武术的练习形式、内容丰富多样，有竞技对抗性的散手、推手、短兵，有适合演练的各种拳术、器械的对练，还有与其适应的各种练功方法。不同的拳种和器械有不同的动作结构、技术要求、运动风格和运动量，分别适应人们不同年龄、性别、体质的需求，人们可以根据自己的条件和兴趣爱好进行选择练习，同时它对场池、器材的要求较低，俗称“拳打卧牛之地”，练习者可以根据场地的大小变化练习内容和方式，即使一时没有器械也可以徒手练功。一般来说，受时间、季节限制也很小，具有更为广泛的适应性，武术能在广大民间历久不衰，与这一特点不无关系，利用这一特点可为现代群众性体育活动提供方便，使武术进一步社会化。

中国武术对提高素质、强身健体具有特殊的重要作用。武术套路运动其动作包含着屈伸、回环、平衡、跳跃、翻腾、跌扑等，人体各部位几乎都要参与运动。系统地进行武术训练，对人体速度、力量、灵巧、耐力、柔韧等身体素质要求较高，人体各部位“一动无有不动”，几乎都参加运动，使人的身心都得到全面锻炼。对外能利关节，强筋骨，壮体魄；对内能理脏腑，通经脉，调精神。武术运动讲究调息行气和意念活动，对调节内环境的平衡，调养气血，改善人体机能，健体强身十分有益。经常坚持武术锻炼能有效地增强体质，武术中的各种拳法、腿法对爆发力及柔韧性要求较高，特别是各关节活动范围较大，对肌肉韧带都有很好的锻炼作用。武术包含多种拧转、俯仰、收放、摺叠等身法动作，要求“手到眼到”“手眼相随”“步随身行、身到步到”“手眼身法步，步眼身法合”对协调性有较高的要求，整套动作往往由几十个动作组成，并在一定时间内完成，所以能使身体各个器官系统得到全面发展。练习柔和、缓慢、轻灵的拳术，如太极拳，强调以意引导动作，配合均匀深沉的呼吸，可使周身血脉流通，适合于慢性病患者作为医疗手段坚持锻炼，有较明显的疗效。对抗性的散手、推手、武术短兵、武术长兵等竞技项目，具有运动激烈的特点，除能增强体质外，还能培养勇敢、机智、敏捷等优良性格。

悠久历史的中华养生术集中国传统文化、武术、宗教、医学、哲学等于一身，内容博大，理论精深。自古以来，长寿之道究竟是“运动”还是“静止”一直是人们一个争论不休的话题。从《黄帝内经》的养生观来看：“法于阴阳，和于术数，饮食有节，起居有常，不妄作劳。”因此，生命在于运动，也有人说“生命在于静止”，但运动和静止都要适度。“体育”“健身”“养生”虽然三者概念有所区别，然而它们的本质一致，就是提高生命质量，延长人之寿元。主“动”派与主“静”派以及“动静结合”派，这三种健身养生方式一起构成了武术健身和养生的主要方法。华佗作为一代名医被公认为中国古代养生术的创始人，他运用古代道教的阴阳、五行学说及医学气血理论，仿用生命力较强的虎、鹿、熊、猿、鸟等禽兽动物的动态创编了著名的养生功法“五禽戏”，就是一种模仿虎、鹿、熊、猿、鸟五种动物的的奇妙功夫，其精髓就是“外动内静、动中求静、动静兼备、有刚有柔、刚柔并济、练内练外、内外兼练”。人如果时常操练，可强身除病，身体若有不适，做一禽之戏，汗出，即感轻松。今天的“五禽戏”成为武术养生学中最具代表性的功法项目之一，其他功法如“培元固本养肾功”“易筋经”“八段锦”等，则是强调形体运动、呼吸吐纳、心理调节三者相结合的，是一种突出动静适宜原则的健身养生方法作。

气功是宗教、武术与中医理论相结合的产物，安定心智、调理气血、舒缓经络、增强体质是气功的主要功效。社会上流行的瑜伽、太极拳、八翻手就是其“安定心智”功效典型表现形式。另外，各种武术健身活动，代表项目如拳术类、器械类、搏斗类等，也是强身健体的主要形式之一，锻炼筋骨肌肉，协调四肢关节。这就是“生命在于运动”的修身之道。

“动静适宜养生观”一直是中国养生文化的重要思想之一。太极拳的魅力源于中国传统的《易经》理论：“易有太极，是生两仪”。阴阳与五行理论构成了太极拳外动筋骨，内调阴阳的养生理论。太极拳讲究意念引导动作，气沉丹田，心静体松，重在内壮，把肢体的协调配合与心理导引、呼吸有机地结合起来。太极拳表现形式博大，源于上百种拳种、器械，比如太极拳剑、八翻手、一百零八势长拳、八卦掌、易筋经、八段锦、五禽戏等均是“动静结合”的健身养生运动项目。备受社会欢迎的木兰拳、太极扇等是武术与音乐、舞蹈结合的产物，它们属于武术范畴，却是“动静结合”养生派的典范运动形式。民间众多的民族传统体育娱乐项目也具有健身养生价值，另一些表演性强的武术活动项目，例如武术健身操类，各种武术拳种、器械配合音乐创编的健身操等，人们在追求“美”体的同时，也调养了身心健康。

参加适度的运动是解决健康问题的最好办法。年轻人可选择主“动”型，如武术拳术类、器械类、搏击术类等；中老年人士可以选择“动静结合”型的武术运动项目如习练健身养生术“培元固本养生功”“五禽戏”“易筋经”“八段锦”“太极拳”“八翻手”等项目。主要以运动为主的人群或长期处在高音频环境下工作生活的人们，选择一些在舒缓、宁静的环境下进行“静态”调养，对健康有益。心理健康对人体健康也至关重要。个人心理的阴阳不平衡，积极与消极、乐观与悲观、自信与自卑，同样可使人们或走向健康，或走进医院。“心病还需心来医”，因此，调节好个人心理上的“阴阳”平衡，同样可促进健康。这样，我们便可以“动静结合”型的健身养生项目为锻炼的最好调节方法。

“久视伤血，久行伤筋，久立伤骨，久卧伤气，久坐伤肉”这一段养生谚语科学地阐述了过度的“动”或“静”都会危害身体的理论。身心健康应指外在身体，内在心理的双重健康。主“动”派的养生观点，大多强调运动高于一切。然而，超时超限的运动，也是养生学中忌讳的现象；主“静”派的养生观点，大多强调静止高于一切。身体处于过度静止状态同样也损伤身体。所以，在选择习练主“动”派和主“静”派健身养生项目以结合为好。气功是导引行气与心理调节的主要养生形式，虽然它在调节人之心智，调节心理健康领域首屈一指。但是，过分地投入或者非正义地、畸形地过度冥想对身体、尤其对心理也是有害而无益的。所以，把握一定的“度”，无论是气功的动态运动，还是气功的静态心理调节，适量、适度的掌握都是十分必要的。

中华民族传统体育养生学为我们展现了古人的智慧，也诠释了中国武术传统养生理论的博大精深。在社会上得以普及的现代武术健身养生项目，尽管太极拳声名远扬，作为个体养身运动，太极拳的套路复杂难记，使一些渴望通过太极拳习练用以调养身体的人望而却步。而书本上的养生术套路，如易筋经、八段锦等并不像太极拳那样频繁地出现在荧屏或生活中，自学起来也非易事。因此，我们会时常听到学者对“五禽戏”进行多次创编，有“六禽戏”，有“十二禽戏”，又有“十禽戏”的创编出台。从《易经》的五行学说论述其养生理论，还是依照仿生动物学原理阐述其理论依据，均展现了各自养生套路的价值。只要掌握一定的养生原理，可以根据本人的实际合理需求，为自己编排一套简练易行的现代武术健身养生术并非是遥不可及的事情。

第四节　维护与增强自愈能力的常用方法

人们难免有个头疼脑热的，自然想到上医院和药店，以便“药到病除”。但人体其实具有你想象不到的强大自愈力，在没有外力帮助的情况下，也能让很多疾病低下头来。但现代医疗最为可笑和可悲的事就是，病人与医生配合着将身体的疾病处理能力去除，阻止身体的呕吐、发烧、拉肚子发炎等各种反应。为了消除这些反应所带来的暂时的不舒服，医院动用了各种昂贵的药物，而病人也盲目地要求医生这么做，实际上所造成的伤害更大而深远。如果对于这些症状过于恐惧，其实反而会延长疾病的治愈时间。下面介绍 15 种常用自愈方法，供读者参考。

一、克服免疫系统功能降低的方法

在日常生活中，有效克服免疫系统功能下降的常用方法是保持积极乐观精神，坚持体育锻炼，保持足够的睡眠和必要的社会活动，还要多亲近大自然。例如，每天只睡 4h 的人，血液中抵御流感的抗体比每天睡 7.5 至 8.5h 的人减少一半。如果保持积极乐观精神，身心会更健康，死于心血管疾病的几率更低。有6个以上朋友的人比更少朋友的人抗击感冒的能力强4倍。开车的人在4个月内比步行的人患病几率高一倍。而30min的有氧运动可以让你的免疫系统运行得更好。适当地接触一些如灰尘、泥巴等，有助于增强孩子的免疫力。

二、吸氧能够提升脑细胞自愈能力

如果遭遇这种症状：汽车尾气、电器辐射、香烟缭绕让空气质量不断下降，大脑因为缺少新鲜氧气，出现不清醒的现象，脑细胞活动能力也开始下降，那么此时最好采取的自愈方法就是每两个星期去氧吧休息1h，其中的氧气经过过滤后，还加入了适合个人体质的精油，能提高脑细胞的自我恢复能力，令整个人都焕发神采，脑疲劳大大降低。

三、感冒可不治而愈

当身体受到细菌、病毒的袭击时，自愈系统会迅速地组织免疫细胞来打一场防卫战。其中，最典型的就是感冒。大多数感冒都是可以不治而愈，这个过程大概需要5~ 7天。事实上，没有药物能直接治疗感冒这种病，所有抗感冒药不过是缓解由感冒引起的鼻塞、咳嗽等症状罢了。健康专家建议感冒后，以下9件事必不可少：找张舒服点的床躺下来；服用维生素C补充剂，或吃点富含维C的水果；吃块黑巧克力，其中所含的可可碱有止咳功效；在床边或沙发边放置加湿器；吃流质食物，热汤和热粥都是不错的选择；换个大水杯，保证每天喝2 000ml水；远离乳制品，尤其奶酪等较难消化的奶制品，感冒时最好别吃；服用布洛芬、扑热息痛或止咳糖浆等非处方药；你的病需要7天左右才会自行消失，耐心等它过去，如果症状一直持续或急剧恶化，还是要请医生诊断。

四、失眠可不治而愈

由于精神因素导致的部分疾病，更可以通过人体的自愈能力而与之告别。比如失眠，很多情况下一上来就吃安眠药无异于饮鸩止渴，事实上，放松心情、适当锻炼，可以起到意想不到的效果。失眠最根本的诱因就是过度紧张，因此调节好心理才是治疗的根本。

五、烦躁重燃心理抗压能力

你总是不让自己有极端的烦躁感，什么事儿都淤积在心里，长此以往，心理承受能力也在逐渐下降，这就是忧郁症日益增加的原因之一。这时您可采取自愈方法，适当地释放一下，培养自己的烦躁情绪，准许自己不高兴、不开心、没有微笑，即使影响工作效率也无妨。

六、轻度“三高”也可不治而愈

当机体内出现了多余的垃圾废物，它又会有条不紊地通过各种渠道将其清除。比如，肝脏、肾脏都可以为身体排毒；体内积聚了多余的脂肪热量，通过均衡的饮食、适度的运动，脂肪肝、部分心脑血管疾病、糖尿病、痛风等生活方式疾病在初期不用药也可以控制得很好，只要定期监测就会扫清身体的隐患。

七、不止咳法爱护呼吸道

咳嗽在很多人看来，可不是件好事儿，嗓子、呼吸道都会受到震颤而出现破裂现象，其实这也是一种身体的自我保护措施。咳嗽可以清理外界进入呼吸道的异物，并将有害物质排出体外，提升呼吸道自愈能力。当出现咳嗽现象时，正确的解决方法是适度保暖，并补充大量的水分，让咳嗽可以逐渐自我愈合，并在愈合的过程中将废物排出呼吸道，让呼吸道的自我修复能力不断增强。

八、腹泻促进肌体排毒

夏季时因为饮食不当，腹泻问题难免出现。如果一开始就吃药止泻，很可能就错过了最佳的排毒系统自愈的机会。长此以往，人体的排毒能力下降，毒素就会在体内日益沉积，肠蠕动能力降低、身体各个机能都会出现问题。您不妨在6月喝点儿苦丁茶，其中所含有的皂苷、熊果酸、黄酮素、氨基酸、维生素可帮助人体“适当”地“腹泻”，双向调节肌体代谢，增强人体排毒功能。

九、出汗增强脂肪自我燃烧

人们总是抱怨瘦身达不到自己想要的效果，一味地减少饮食量、增加运动，甚至服用减肥药，这么做容易导致脂肪代谢出现失调的现象，结果要么是莫名其妙的过胖，要么是不明原因的过瘦。其实，脂肪是有自我燃烧能力的，来试试出汗法吧！汗液与脂肪是相辅相成的，前者通过后者来传递热量，从而排出体外，而后者通过前者来加速自己的燃烧。最有效的出汗法就是每个周末的清晨去登山，让汗液尽情地排放，但请记得及时补充含有维生素C的运动型饮料，让身体在健康的状态下出汗，保证体液循环通畅，让脂肪在健康发汗的状态下加速燃烧。

十、冥想改善受损肺脏

长时间的浅呼吸让众多肺泡处于闲置状态，积累许久后，肺脏功能大幅度降低，肺活量也会下降，身体内部缺乏新鲜氧气的滋养，导致体内循环不畅。这时更要采取自愈方法，当然，你不必求助于医生，每日睡前半个小时的瑜伽冥想练习，就能促进肺脏功能自我愈合。具体方式是盘腿而坐，上身保持直立，双目紧闭，逐步调整呼吸，吸气时，尽可能吸满，并闭气3s，此时双手向上举，在头顶处合并。慢慢地向外吐气，双手随着呼吸的节奏慢慢回落，直至吐气结束，双手也返回原点。15天后，处在停工状态的肺泡都会活跃起来，修复受损的呼吸系统。

十一、气道养生呵护脏腑

脏腑在不良生活习惯的“催化”下早已经疲惫不堪，于是心脏病、糖尿病、胃炎、胃溃疡出现年轻化趋势。这种情况更要采取自愈方法，气道养生就完全可以解决这些脏腑问题——这是我国古代帝王御用的古代养生术，它通过体内的真气来唤醒脏腑发挥最大效用，恢复人体技能。最简单的方法是，每天清晨，在离家最近的花园中，用丹田之气高唱山歌，让身体产生共鸣，达到通畅气脉的作用，提升脏腑的自我愈合能力，减少重大疾病的发生几率。

十二、放血调节血压控制力

没有节制的高压生活，让血压随着心情起落而“上窜下跳”，如此往复，高血压越来越向年轻人靠拢。自愈方法：其实血压也有良好的自控能力，想要让它“乖乖的”，那就给自己“放点血吧！”这是中医中独有的疗法，用特定的针在额头上轻轻刺一下，放出少量血液，让血液有释放的出口，促进循环，逐渐让血压自动调节到正常值。

十三、小伤口不治而愈

当身体受到了机械、物理的损伤，它会默默地修复伤口、促进痊愈。比如，不小心蹭坏了皮肤、出了血，过一会儿就会自然止住，这就是因为体内有天然的止血药——血小板。除了身体表面的伤口，包括胃溃疡、口腔溃疡之类的“伤痕”，甚至骨折、脑部伤害等，当伤害一开始，机体会立刻自然地产生再生作用，分化出新的细胞，使受伤的细胞结痂脱落，转变成新的肉芽组织，完成自疗。当然，自愈需要条件，必要时还要寻求医生的帮助。如果皮肤溃烂，要及时给伤口消炎；骨折后要上夹板，1周后要适当补点骨头汤；出现溃疡，要少吃上火的食物……这些都是为自愈提供物质条件。

十四、发烧、腹泻等不适症状

身体的一些不适症状本身是人体自愈能力的体现。一是发烧。当人受感染时，体温升高是一种保护机制，可以抵御某些病菌的繁殖。因此，低于38℃的发烧，多休息、多喝水就可以缓解，并不需要吃退烧药。如果身体虚弱，还可以适当补充含蛋白质、脂肪、维生素含量高的食物，以满足人体所需的能量。二是上吐下泻。孕妇呕吐，是对胎儿的一种自我保护。很多时候，拉肚子也是一种自我防御。当我们吃了有毒食物后，往往会上吐下泻，这样毒物才能及早地从体内排出，最大限度地降低“病从口入”的风险。此时，只要不吃东西，让肠胃充分休息，适时补充水分就可以了。

十五、断食能自愈口腔环境

当食物、烟酒经常“入口”，口腔粘膜就会受到破坏，导致口腔的抵抗能力下降，让口腔溃疡愈发严重。这时的自愈方法是不妨每两个星期进行一整天断食，早、中、晚用盐水漱口 3 次，只喝凉开水，清理口腔中的细菌，让口腔黏膜在一个无致病菌的环境下得到良好休息，并自我修复破损面。

第五节 规划和管理好自己的生命时间

人生的追求无非是健康、财富、快乐和爱，只是由于价值观不同，这四者的比例有所差异罢了。而这些追求的实现，无一不是用时间的分配、利用来实现的。从这个角度来讲，时间管理对于人生的意义就是实现健康、财富、快乐和爱。所以，时间管理的最终目标，就是实现认识人生的追求健康、财富、快乐和爱。因此，维护和增强自愈能力的一个极为重要的问题就是规划和管理好自己的生命时间，这是维护和增强自愈能力的最根本的保障。不管是保障中国传统饮食结构，还是进行体育锻炼，进行气功和武术修练，或者在生病时采取一定的措施进行自我修复，实现身体自愈的目标，都必须花费必要的时间，如果没有一定的时间保障，维护和增强自愈能力就会成为一句空话。因此，规划和管理好自己的生命时间就显得极为重要。最重要的一条就是必须通过时间管理给维护和增强自愈能力留下足够的时间。

时间管理并不是要把所有事情做完，而是更有效地运用时间。时间管理的目的除了要决定你该做些什么事情之外，另一个很重要的目的也是决定什么事情不应该做；时间管理最重要的功能是透过事先的规划，做为一种提醒与指引。时间管理不是完全的掌控，而是降低变动性。

有关时间管理的研究已有相当历史。犹如人类社会从农业革命演进到工业革命，再到资讯革命，时间管理理论也可分为四代。第一代的理论着重利用便条与备忘录，在忙碌中调配时间与精力。第二代强调行事历与日程表，反映出时间管理已注意到规划未来的重要。第三代是目前正流行、讲求优先顺序的观念。也就是依据轻重缓急设定短、中、长期目标，再逐日订定实现目标的计划，将有限的时间、精力加以分配，争取最高的效率。时间管理这种做法有它可取的地方。但也有人发现，过分强调效率，把时间安排得紧紧张张的，反而会产生反效果，使人失去增进感情、满足个人需要以及享受意外之喜的机会。于是许多人放弃这种过于死板拘束的时间管理法，回复到前两代的做法，以维护生活的品质。现在，又有第四代的时间理论出现，与以往截然不同之处在于，它根本否定"时间管理"这个名词，主张关键不在于时间管理，而在于个人管理。与其着重于时间与事务的安排，不如把重心放在维持产出与产能的平衡上。这里的关键是给您的健康留下必要的时间，维护和增强自愈能力的时间就是您时间管理的底线。下面，我们介绍时间管理的十一个金律。

金律一：时间管理要与你的价值观相吻合，你一定要确立个人的价值观，假如价值观不明确，你就很难知道什么对你最重要，当你价值观不明确，时间分配一定不好。时间管理的重点不在于管理时间，而在于如何分配时间。你永远没有时间做每件事，但你永远有时间做对你来说最重要的事。

金律二：设立明确目标，成功等于目标，时间管理的目的是让你在最短时间内实现更多你想要实现的目标；你必须把今年的 4 到 10 个目标写出来，找出一个核心目标，并依次排列重要性，然后依照你的目标设定一些详细的计划，你的关键就是依照计划进行。

金律三：改变你的想法。美国心理学之父威廉·詹姆士对时间行为学的研究发现这样两种对待时间的态度："这件工作必须完成，它实在讨厌，所以我能拖便尽量拖”和“这不是件令人愉快的工作，但它必须完成，所以我得马上动手，好让自己能早些摆脱它”。当你有了动机，迅速踏出第一步是很重要的。不要想立刻推翻自己的整个习惯，只需强迫自己现在就去做你所拖延的某件事。然后，从明早开始，每天都从你的 time list 中选出最不想做的事情先做。

金律四：遵循 20 比 80 定律，生活中肯定会有一些突发和迫不及待要解决的问题，如果你发现自己天天都在处理这些事情，那表示你的时间管理并不理想。成功者花最多时间在做最重要的事，而不是最紧急的事情上，然而一般人都是做紧急但不重要的事。

金律五：安排“不被干扰”时间，每天至少要有半小时到一小时的“不被干扰”时间。假如你能有一个小时完全不受任何人干扰，把自己关在自己的空间里面思考或者工作，这一个小时可以抵过你一天的工作效率，甚至有时侯这一小时比你 3 天工作的效率还要好。

金律六：严格规定完成期限。帕金森 (c- NoarthcoteParkinson) 在其所著的《帕金森法则》(Parkinsons Law) 中，写下这段话：“你有多少时间完成工作，工作就会自动变成需要那么多时间。”如果你有一整天的时间可以做某项工作，你就会花一天的时间去做它。而如果你只有一小时的时间可以做这项工作，你就会更迅速有效地在一小时内做完它。

金律七：做好时间日志，你花了多少时间在做哪些事情，把它详细地记录下来，早上出门 (包括洗漱、换衣、早餐等) 花了多少时间，搭车花了多少时间，出去拜访客户花了多少时间……把每天花的时间一一记录下来，你会清晰地发现浪费了哪些时间。这和记账是一个道理。当你找到浪费时间的根源，你才有办法改变。

金律八：理解时间大于金钱，用你的金钱去换取别人的成功经验，一定要抓住一切机会向顶尖人士学习。仔细选择你接触的对象，因为这会节省你很多时间。假设与一个成功者在一起，他花了 40 年时间成功，你跟 10 个这样的人交往，你不是就浓缩了 400 年的经验?

金律九：学会列清单，把自己要做的每一件事情都写下来，这样做首先能让你随时都明确自己手头上的任务。不要轻信自己可以用脑子把每件事情都记住，而当你看到自己长长的 list 时，也会产生紧迫感。

金律十：同一类的事情最好一次把它做完，假如你在做纸上作业，那段时间都做纸上作业；假如你是在思考，用一段时间只作思考；打电话的话，最好把电话累积到某一时间一次把它打完。当你重复做一件事情时，你会熟能生巧，效率一定会提高。

金律十一：每 1 分钟每 1 秒做最有效率的事情，你必须思考一下要做好一份工作，到底哪几件事情是对你最有效率的，列出来，分配时间把它做好。

第五章　从营养科学中寻找拯救自己的方式

因为人类贪婪动物性食物，食物结构改变的速度太快了，人类的身体机能和结构都无法适应这一根本性改变，所以就出现了人类健康的大危机和大灾难。现在，必须实现饮食方式和人类健康模式根本变革，从营养科学中寻找拯救自己的方式。现在就这一重大课题进行讨论，我们来看看能否从食物链、营养学和中国传统医学中寻找拯救自己的科学依据，为人们提供必要的知识贮备和生活引导。

第一节　食物链对人类的启示

一、食物链概念

食物链一词是英国动物学家埃尔顿（C. S. Eiton）于 1927 年首次提出的。食物链包括几种类型：捕食性、寄生性、腐生性、碎食性等，不同营养层的物种组成一个链条。例如：在湖泊中，藻类→甲壳类→小鱼→大鱼；在草原中，青草→野兔→狐狸→狼；在河谷中，植物→昆虫→食虫鸟→鹰。

在海洋中，各种生物种群的食物关系，呈食物金字塔的形式。海洋生物学家曾做过这样的研究报告：处在这座生物金字塔最低部的，是各种硅藻类。它们是海洋中的单细胞植物，其数量非常之巨大。我们假定，生物金字塔最低部的硅藻类是 454kg。在这一层的上边是微小的海洋食草类动物，或者叫浮游动物。这些动物是以硅藻为食而获取热量。这一层的动物要维持其正常生活，需食用 45.4kg 硅藻。那么，再上一层是鲱鱼类，鲱鱼为获取热量，维持生命，需食用4.54kg的浮游动物。当然，鲱鱼的存在又为鳕鱼提供食物，显然，鳕鱼又是更上一层动物的食物了。鳕鱼为获取热量和正常生活，需要食用454g的鲱鱼。不难看出，每上升一级，食物以10%的几何级数减少；相反，每下降一级，其食物量又以10%几何数而增加。呈一个下大上小的金字塔型。通过海洋食物网建起的金字塔，经过四至五级的能量依次转移，维持各生命群体之间的平衡。当接近海洋食物金字塔的顶端时，生物的数目比起底部来说，变得非常之少。在海洋中，处在顶部的是海洋哺乳类，如海兽、海豹、虎鲸等。

食物链是生态系统中贮存于有机物中的化学能和营养素在生态系统中层层传导的过程。通俗地讲，是各种生物通过一系列吃与被吃的关系，彼此之间紧密地联系起来，这种生物之间以食物营养关系彼此联系起来的序列，在生态学上被称为食物链。

食物链是一种食物路径，食物链以生物种群为单位，联系着群落中的不同物种。食物链中的能量和营养素在不同生物间传递着，能量在食物链的传递表现为单向传导、逐级递减的特点。食物链很少包括6个以上的物种，因为传递的能量每经过一阶段食性层次就会减少一些。

二、食物链结构与链内关系

虽然生态系统中的生物种类众多，亦于生态系统中分别扮演着不同的角色，但根据它们在能量和物质中所引起的作用，可以被分类为生产者、消费者和分解者三个类别。

食物链的最底层是“生产者”，利用阳光进行光合作用，自行用水和二氧化碳等无机物合成有机物的绿色植物；再上层是各级“消费者”，依赖生产者供应物质和能量；当消费者死亡以后，“分解者”会以它们的尸体为食物。

还有一类为“清除者”，是一个生态系统中担任清除性工作的生物。这些生物把生态系统中的“生产者”与“消费者”的遗体或排遗作为食物，具有“分解者”将大分子物质转换为小分子物质的能力，却又无法如“分解者”那样将所摄食的有机物质转变成无机物。与“生产者”可以将小分子无机物合成为大分子有机物的能力更是不相干。因此在某些定义中接近于“消费者”，却又兼具有“分解者”的某些特质，因此在生态系统中被单独归为一类，被称为“清除者”。“清除者”可视为“腐食性消费者”，这些生物将大分子有机物转换为小分子有机物，例如秃鹰吃腐尸，蚂蚁吞食昆虫遗骸，而溪流、河口等水域生态系中的螃蟹、虾等摄食泥土中的有机质碎屑也是一例，这些有机质碎屑除了植物的枯枝落叶之外，还有许多经过其他动物消化过的小分子有机物。

这些“清除者”无法清除的部分再交棒给“分解者”处理，减少生态系统中“分解者”的工作量，加速生态环境中的能量与碳循环。若是所有的生物残骸或排遗皆由“分解者”直接分解，生态系统中从有机物转换为无机物的速率将远小于有机物质的堆积，能量与物质无法顺利传递循环，生态系统就会失去平衡。

三、从食物链到食物网

各种生物未必只依赖一种食物为生，互相之间甚至还有互为食物的关系，例如民间根据观察曾经有“夏季蛇吃老鼠，冬季老鼠吃蛇”的说法，因为冬季冬眠的蛇无法反抗掘地的老鼠。这些复杂的关系往往不是一根链条能说明的，把各种关系联系起来就会组成一个“食物网”，最后达到人类是最高级的消费者，人类不仅是各级的食肉者，而且又以植物作为食物。所以各个链级之间的界限是不明显的。实际在自然界中，每种动物并不是只吃一种食物，因此形成一个复杂的食物链网。分解者也是异养生物，主要是各种细菌和真菌，也包括某些原生动物及腐食性动物，如食枯木的甲虫、白蚁，以及蚯蚓和一些软体动物等。它们把复杂的动植物残体分解为简单的化合物，最后分解成无机物归还到环境中去，被生产者再利用。分解者在物质循环和能量流动中具有重要的意义，因为大约有 90% 的陆地初级生产量都必须经过分解者的作用而归还给大地，再经过传递作用输送给绿色植物进行光合作用。所以分解者又可称为还原者。生产者——消费者——分解者——生产者（一个循环）。

四、食物链中的污染物引发的灾难

如果一种有毒物质被食物链的低级部分吸收，如被草吸收，虽然浓度很低，不影响草的生长，但兔子吃草后有毒物质很难排泄，当它经常吃草，有毒物质会逐渐在它体内积累，鹰吃大量的兔子，有毒物质会在鹰体内进一步积累，因此食物链有累积和放大的效应。

美国国鸟白头鹰之所以面临灭绝，并不是被人捕杀，而是因为有害化学物质DDT（双氯苯基二氯烷）逐步在其体内积累，导致生下的蛋皆是软壳，无法孵化。一个物种灭绝，就会破坏生态系统的平衡，导致其他物种数量的变化，因此食物链对环境有非常重要的影响。

2012年11月，美国科学家进行的一项研究发现，在因一颗巨大的小行星撞击地球导致恐龙灭绝前，白垩纪时期的大部分食物链已经遭到了破坏，小行星的撞击成为致命一击，最终造成了物种大灭绝的惨剧。这是现代人类应该吸取的教训。

如果人类再无节制地野蛮地开采地球上的资源，那么人类也将陷入同样的危险之中，也会引发人类健康的灾难。

（1）疯牛病——破坏自然界正常食物链的恶果。疯牛病看似“牛灾”，实为“人祸”。人类让天生食草的牛吃动物骨粉时，就难免受到自然规律的惩罚。让牛这种食草动物吃动物骨粉会得疯牛病，让应以植物为主食的人类过多地吃肉难到就会不出问题吗？不仅肯定会出问题，而且是会出大问题，20世纪以来的人类发病史就足以证明这一点。美国保守党在1997年5月的全国大选中惨败，应该说与没有处理好疯牛病危机有很大关系。

（2）食物链及其生物富集作用。食物链等级呈“金字塔”形排列。而居“金字塔”最顶端就是我们人类。故人类受的毒害最深，这就是所谓“食物链的生物富集作用”。在生态系统中直接食用植物等光合生物的食草动物（或称素食动物），组成了食物链中的第一级消费者。其实，人类只是食物链中的第一级消费者，因为人类贪心又嘴馋，变成了顶级消费者，人类为此也付出了惨重的代价。

(3) 含氮化合物对水环境的污染殃及人类食物链。人类排泄物对水环境造成污染，牲畜饲料中广泛使用抗生素的后果却使有抗药性的微生物得以繁殖，促进了细菌的抗药性。卫生部门曾对市售 135 份鲜奶，60 份奶粉进行了检查，135 份鲜奶中查出有 30 份含残留抗生素，检出阳性率为 22%。过去 50 年来，大多数病菌适应了抗生素的攻击后，会产生新的变种，增强繁殖能力，继续危害人类健康。由于食物链被污染，不育妇女的数量在不断增加。特别是地下水的氮污染愈来愈受到重视，生态学的重要课题就是寻求解决这一问题的对策。

五、食物链与生态平衡

在一个生态系统中，各种生物的数量和所占比例总是维持在相对稳定的状态下，这叫做生态平衡。一个复杂的食物网是使生态系统保持稳定和平衡的重要条件。食物网越复杂，生态系统抵抗外力干扰的能力就越强，食物网越简单，生态系统就越容易发生波动和毁灭。在一个复杂食物网的生态系统中，一般也不会由于一种生物的消失而引起整个生态系统的失调，但是任何一种生物的绝灭都会在不同程度上使生态系统的稳定性有所下降。当一个生态系统的食物网变得非常简单的时候，任何外力(环境的改变) 都可能引起这个生态系统发生剧烈的波动。

草原生态系统是一个比较简单的生态系统，如果这个生态系统的结构发生改变，就容易发生危机。草原上狼吃羊和马，是人和牲畜的大敌，但是狼也吃田鼠、野兔和黄羊，田鼠、野兔和黄羊等又吃草，草又是羊和马的主要粮食，羊和马又是人的主要食物来源。草原是一个伟大的母亲，养育着她的子民们，这些生物链组成了一个庞大的生物王国，形成了环环相扣的食物链，它们相互制约相互繁衍，与草原共同生存了几万年。假如有一天，有人来到了草原看到狼吃牛羊，觉得狼是牛羊的大敌，就采用了各种方法消灭狼，他们想保护他们的牛羊。可是狼对于草原也是有利的，因为狼也吃田鼠和黄羊等草原上的大害，才使得草原上没有太多的田鼠和黄羊，这样也保住了绿草，使得牛羊有充足的食物来源，牛壮羊肥人民才能安居乐业。如果狼群被杀得七零八落，销声匿迹，狼口脱生的田鼠、野兔和黄羊等大量繁殖，将一大片一大片的绿草吃光，经常将草连根拔起。草原失去了青青绿草，裸露的黄色肌肤，如果一起风，就会黄沙漫天，遮天蔽日，许多地方变成了沙漠，整个草原笼罩在呛人的沙尘细粉之中，牛羊因为没有了鲜嫩的绿草，数量急剧减少。人们再也看不到一望无际辽阔的大草原了，再也没有风吹草低见牛羊的草原放牧了。人类如果破坏了食物链，最终也破坏了自己和自己生活的美好家园。

与大陆相比，岛屿的生态系统就比较简单，其生态系统容易发生波动或者毁灭。假如在一个岛屿上只生活着草、鹿和狼，其生态系统就极为简单，也很脆弱，在这种情况下，鹿一旦消失，狼就会饿死。如果除了鹿以外还有其他的食草动物（如牛或羚羊），那么鹿一旦消失，狼还有其他食物选择，狼就不会饿死，对狼的影响就不会那么大。反过来说，狼首先绝灭，鹿的数量就会因失去控制而急剧增加，草就会遭到过度啃食，结果鹿和草的数量都会大大下降，甚至会同归于尽。如果除了狼以外还有另一种肉食动物存在，那么狼一旦绝灭，这种肉食动物就会增加对鹿的捕食压力而不致使鹿群发展得太大，从而就有可能防止生态系统的崩溃。

苔原生态系统是地球上食物网结构比较简单的生态系统，因而也是地球上比较脆弱和对外力干扰比较敏感的生态系统。虽然苔原生态系统中的生物能够忍受地球上最严寒的气候，但是苔原的动植物种类与草原和森林生态系统相比却少得多，食物网的结构也简单得多，因此，个别物种的兴衰都有可能导致整个苔原生态系统的失调或毁灭，例如，如果构成苔原生态系统食物链基础的地衣因大气中二氧化硫含量超标而导致生产力下降或毁灭，就会对整个生态系统产生灾难性影响。

第二节　从营养学中寻找拯救自己的答案

营养学是一门研究机体与食物之间的关系的学科。通过对营养学的历史、起源、发展、特征、层次等方面的描述，可以知道营养学的基本内容和发展方向，营养学对社会、行业、健康、政策具有深远影响。

一、中医与养生学是现代营养学的鼻祖

在7 000多年前，古老的中国就开始了人类营养的研究。人类最初的研究是从食物是否有毒开始的。神农尝百草的目的是确定是否有毒。在3 000年前，诞生了《黄帝内经》，记载了食物的核心：五谷为养，五果为助，五畜为益，五菜为充，气味和而服之，以补精益气。就是说，3 000年前的祖宗认为谷米必吃，水果配合吃，肉类增加一下口味就可以了，各种蔬菜就是补充能量的食物，这些都一起吃，所以就合适人体了。总的来说是4份素，1份肉。这是一个非常美妙的比例，符合自然法则。2 000年前的西方医学之父希·波克拉底，则提出了饮食的法则:“把你的食物当药物，而不是把你的药物当食物。”提出了多吃食物少吃药、提前预防疾病为主的医学思想。

中国古代李时珍等医学名家，确立了食物另外的研究，就是关于食物温、热、寒的分类。《本草纲目》共52卷，分16部、60类，1578年著成，代表了中国古代食疗的高峰。大约在1616年，笛卡尔创立了解析几何，树立了新的思维观点，他对现代营养学的主要贡献是把食物从整体进行分解，确定了现代营养学的思想基础。1900年，西方人按照笛卡尔的思想，把食物分解了，并提取了碳水化合物和其他营养成分。从此出现了6大营养素的研究。1950年以后，中国也开始了学习6大营养素的跟踪历史，而中国也无任何大的创新了，一直到现在都是学习营养6大元素。这就是营养学的发展历史。

美国营养学在20世纪初的发展奠定了现代营养学的基础。通过将近100年的发展历史，我们可以看到一个完整的美国营养学面貌。其

发展脉络是以笛卡儿分解思想走向纵深，然后自然科学思想的兴起，到现代同时横向发展的概况。部分开始重复古典营养学的历史，通过对现代的实验总结，印证古典营养学的指导性意义。在数据化方面，美国营养学进行了机械化和工具化的演变，并试图以营养素的发展为终极目标，最终却以失败告终，并进入一个整体和系统研究阶段，通过系统研究思想寻找一个生命密码信息，以指导和反思过去历史中营养学的经验对错。美国金字塔模式重新回归古典营养学精髓，其中与中国《黄帝内经》提倡的复合思想一致，在细节领域细化了“五谷为养、五果为助、五畜为益、五菜为充”的理念，这属于回归自然趋势引发的走向。

日本营养学的发展源自饮食健康的指导，在国家法规和相关规定的支持之下，日本经过了饮食指导、保健立法、营养临床、营养师制度设立、营养课程普及等阶段。相对其他国家而言，日本具有连续性和执行强的特点，国家配备专门的职能部门进行健康干预。而日本目前的饮食模式正悄然发生变化，走向高蛋白、高脂肪等方向，当代日本营养机构正采取纠正行动。

二、营养学发展史对我们的教诲

现代营养学起源以1900年发现碳水化合物开始，并逐渐成为一门专业的学科。从营养学发展的重大事件中，可以看到营养学发展的进程，即从整体到分析或分解，再从分析到综合的历史进程。

全球进展记录：

1990年德国科学家Fischer完成了简单碳水化合物结构的测定。

1912年波兰科学家Funk提出维生素的概念，并从半糖中提取出尼克酸。

1913年美国科学家McCollum和Davis及Mendel发现维生素A缺乏导致夜盲症。

1914年美国科学家Kendall证实碘与甲状腺功能的关系，获得诺贝尔奖。

1918 年美国科学家 Osbome 和 Mendel 证实钠的必需性。

1924 年美国科学家 Thomas 和 Mitchell 提出以生物价来评价蛋白质质量的方法。

1926 年荷兰科学家 Jansen 和 Donath 分离出抗脚气病的维生素。

1926 年法国科学家 LeRoy 证明镁是一种必需营养素。

1927 年美国科学家 Summer 证明酶是一种蛋白质。

1928 年美国科学家 Hart 及其同事研究发现铜与铁对血红蛋白的合成均是必需的。

1929 年美国科学家 Burr GM 和 Burr MM 发现必需脂肪酸亚油酸。

1930 年英国科学家 Moore 证实 β- 胡萝卜素为维生素 A 前体。

1931 年美国威斯康星大学研究组证明锰为必需微量元素之一。

1932 年美国科学家 King 和 Waμgh 从柠檬汁中分离出维生素 C，具有抗坏血病作用。

1932 年德国科学家 Brockmann 从金枪鱼的肝油中分离出维生素 D3。

1933 年德国科学家 Kuhn 从牛奶中分离出核黄素。

1935 年瑞士科学家 Karrer 等完成核黄素结构的测定和人工合成。

1933 年美国科学家 Williams 从酵母中分离出泛酸，后证明泛酸是辅酶 A 的成分。

1935 年美国科学家 Rose 开始研究人体需要的氨基酸，确定 8 种必须氨基酸及需量。

1936 年德国科学家 Kogl 和 Tonnis 从鸭蛋黄中分离出生物素

1937 年匈牙利科学家 Gyorgy 证实生物素可预防大鼠和鸡摄食蛋清而产生病理化。

1936 年美国科学家 Evans 从小麦胚油分离出维生素 E，瑞士 Karer 完成人工合成。

1938 年美国科学家 Lepkovsky 获得了维生素 B6 结晶。

1938 年美国科学家 McCollum 通过大鼠试验证实钾是必需营养素。

1939 年丹麦科学家 Dam 和 Karer 分离出预防出血的因子维生素 K，Dam 获诺贝尔奖。

1940 年美国科学家 Shohl 采用结晶氨基酸溶液进行了静脉输注。

1943 年美国第 1 次发布“推荐的膳食供给量”。

1945 年美国科学家 Angier 等完成了叶酸的分离与合成，证明叶酸治疗贫血作用。

1948 年美国科学家 Rickes 等从肝浓缩物中提取可治疗恶性贫血维生素 B12。

1953 年美国科学家 Keys 发现动物脂肪消耗量与动脉粥样硬化病发生率成正相关。

1953 年美国科学家 Woodward 完成维生素 D3 的人工合成，获得诺贝尔化学奖。

1955 年英国科学家 Hodgkin 等完成了维生素 B12 结构的测定，并因此获得了诺贝尔奖。

1957 年为解决宇航员饮食问题，美国科学家 Greenstein 发明要素膳。

1958 美国科学家 Prasad 在伊朗锡拉兹地区发现了人类锌缺乏病。

1959 年美国科学家 Moore 提出营养支持中最佳氮热比例为 1：150（g：kcal）。

1959 年美国科学家 Mertz 和 Schwarz 的研究表明铬是胰岛素的辅助因子。

1961 年瑞典科学家 Wretlind 采用大豆油、卵磷脂、甘油等研制成功脂肪乳剂。

1967 年美国科学家 Dudridk 提出静脉高营养的概念。

1968 年瑞典提出“斯堪的纳维亚国家人民膳食的医学观点”。

1970 年美国科学家 Schwarz 发现钒为高等动物必需的微量元素。

1970 年美国科学家 Nielsn 发现了镍是高等动物必需的微量元素。

1972 年美国科学家 Carlisle 发现了硅是鸡和大鼠生长和骨骼发育必需微量元素。

1973 年美国科学家 Rotruck 等报道硒是谷胱甘肽过氧化物的辅助因子。

1977 年美国科学家 Blackburn 等调查发现病人存在着不同程度的

营养不良。

1977年美国发布第1版“美国膳食目标”。

1992年美国发表了第3版“膳食指南”与膳食指导“金字塔”。

1997年美国提出“膳食参考摄入量”的概念。

中国进展记录：

1938年中国中华医学会特刊第10号发表《中国民众最低限度之营养需要》。

1945年中国营养学会成立。

1952年中国出版《食物成分表》。

1958年中国《营养学报》创刊。

1959年中国进行首次全国性营养调查。

1980年中国报告硒与克山病的研究工作，提出人体硒的最低需要量。

1988年中国营养学会修订《推荐的每日膳食中营养素供给量（RDA）》。

1989年中国营养学会发表第1版《中国膳食指南》。

1992年中国预防医学科学院营养与食品卫生研究所主编《食物成分表》出版。

1992年中国营养学会组织第3次全国性营养调查。

1993年中国《中国临床营养杂志》在北京创刊。

1993年国务院颁布《九十年代中国食物结构改革与发展纲要》。

1994年中国《肠外与肠内营养》在南京创刊。

1997年中国营养学会发表第2版《中国居民膳食指南》，特殊人群膳食指南。

2000年中华人民共和国卫生部首次举行营养师资格考试，并决定每年举行1次。

2000年中国营养学会发表《中国居民膳食营养素参考摄入量（DRIs）》。

2001年国务院颁布《中国食物与营养发展的纲要》，提出我国将实行营养师制度。

2003年中国疾病预防中心主编《中国食物成分表2002》出版。

2003年中国成立国家食品药品监督管理局（FDA）。

2003年中国科学院在上海市成立中国科学院营养科学研究所。

中国很早就有营养学的意识理念，例如中国的饺子制作原料和蒸煮法就是在保证多种营养齐全不流失的同时符合色香味俱全内涵的中国饮食文化，由此可见中国文化的精深博大。

现代营养学的机体生理营养健康观念逐渐影响和改变着需要健康人们的生活饮食观，但营养学的发展应用要与社会经济发展水平相适应，如此才能体现出其影响力。

从20世纪以来人类面临的健康危机来看，现代营养学还处于打基础的阶段，人体和营养的秘密还远未揭开，我们只知其一，不知其二的现象还大量存在，在营养学领域还要许多未解之谜，过去被认为是正确的东西，比如把肉类放在补充营养的第一位，可残酷的灾难性事实证明并不正确，过去把核酸不作为营养物质，营养学还未形成满足人类健康需要的科学体系，人类还需要作出极大的努力。

三、营养学的含义

营养学是研究食物与机体的相互作用，以及食物营养成分（包括营养素、非营养素、抗营养素等成分）在机体里分布、运输、消化、代谢等方面的一门学科。营养学的英语单词Nutrition被解释如下。

（1）一个生物体吸收，使用食物和液体来保持正常的功能，生长，以及自我维护的有机过程。

（2）物对健康和疾病的关系的研究。

（3）一种追求营养成分和全部食物的最佳搭配，达到身体的最佳健康状态。

营养学的研究有六个层次。

一是物质层次，即中医提到的各种食物进行寒、热、平等类别划分。“大长今”是这方面的高手，对植物和食物、动物进行详细的功能记忆和搭配，这种方式需要经验作为基础。

二是营养元素层次，即西方营养学，把营养成分进行微小结构解剖，并明确各元素的功用。

三是化学结构层次，即进行到元素的结构组成与人体结构作用过程等进行详细描述。

四是分子原子层次，通过营养组成元素的分子和原子的结构方面进行探讨。

五是基因结构层次，通过物质最细结构领域与人体基因领域进行观察，了解物质之间的作用和原理。这些一般要在实验室进行。最新发现的酯膜结构，与固体、液体、气体、结晶体等结构不同，营养学会展示出另一个新领域。

六是信息研究，如果说前面都是实际物质方面的研究，这里的研究就是指虚无一样的信息研究。如人体的电流、磁场、红外场、紫外场、辉光等，与地球的磁场、宇宙场等的对应关系，都属于信息研究方面。最有意思的是金字塔能的问题了。它涉及到宇宙场、磁场等域。也就是说这个世界上有看得见的物质也有你看不见的物质。人类的眼睛只能观察到固定的频率以内的光线，对可见光波长的侦测范围，大约在 750nm 到 400nm 之间，超过视觉受体侦测的则无法感知，而 750nm 到 400nm 在电磁波谱中，仅占 3% 左右，人类仅能认知 3% 或更少的世界。

四、宏量营养素

营养素是指食物中能被吸收及用于增进健康的食物基本元素。某些营养素是必需的，因为它们不能被机体合成，因此必须从食物中获得。营养素可分为宏量营养素和微量营养素。必需营养素包括维生素、无机盐、氨基酸、脂肪酸以及作为能量来源的某些碳水化物。非必需营养素是指机体能从其他化学物合成的营养素，尽管它们也可以从膳食中获得。

构成膳食的主要部分就是提供能量及生长、维持生命活动所需要的必需营养素。碳水化合物、脂肪（包括必需脂肪酸）、蛋白质、核酸、无机盐和水均为宏量营养素。碳水化合物被分解为葡萄糖和其他的单糖，脂肪被分解为甘油三酯，蛋白质被分解为氨基酸系列。

这些宏量营养素是可以相互转变的能量来源，脂肪产热 9kcal/g，蛋白质/碳水化合物均产热 4kcal/g。乙醇通常不作为营养素，每 g 产热 7kcal。碳水化合物和脂肪可节约组织蛋白质。必需氨基酸（EAA）是蛋白质的组成成分，必须由膳食供给。在组成蛋白质的 20 种氨基酸中，有 9 种是必需的，即从膳食获得，因为它们不能被机体合成，有 8 种氨基酸是所有人所必需的。

推荐的每日膳食供给量（RDA）中蛋白质由 3 月龄婴儿 2.2g/kg 降至 5 岁儿童 1.2g/kg，成年人 0.8g/kg。

膳食蛋白质的需要量与生长速度呈正相关关系，而一生中不同阶段的生长速度不一样。EAA 需要量反映了蛋白质的不同需要量。婴儿 EAA 总需要量（每日 715mg/kg），占其蛋白质总需要量的 32%；10~12 岁儿童每日需要 231mg/kg，占 20%；成年人每日需要 86mg/kg，占 11%。

不同蛋白质的氨基酸组成差别很大。某种蛋白质的氨基酸组成与动物组织的类似程度决定了该蛋白质的生物价（BV）。鸡蛋蛋白的氨基酸组成与动物组织完全一样，其 BV 为 100。牛奶和肉中的动物蛋白生物价高（大约为 90），而谷类和蔬菜中的蛋白质 BV 低（大约为 40），某些蛋白质如明胶蛋白，由于缺乏色氨酸和缬氨酸，其 BV 为 0。膳食中不同蛋白质的互补性决定了该膳食的总 BV。蛋白质的 RDA 是假定平均混合膳食的 BV 为 70。生物价只是评价蛋白质利用的单纯观点，有学者提出了蛋白质与碳水化合物比例系数法，该提法更符合客观。

必需脂肪酸（EFA）的需要量相当于脂肪摄入量的 6%~10%（相当于 5~10g/d）。它们包括 ω-6 脂肪酸—亚油酸（顺式-十八碳-9，12-二烯酸），花生四烯酸（顺式—二十碳—5，8，11，14—四烯酸）以及 ω-3 脂肪酸—亚麻酸（顺式—十八碳—9，12，15—三烯酸），EPA 和 DHA 必须由膳食供给：植物油提供亚油酸和亚麻酸，海洋鱼油也是提供 EPA 和 DHA 原料。然而，某些 EFA 可由其他 EFA 合成。例如，机体能够从亚麻酸合成花生四烯酸。亚油酸可以部分地合成 EPA

和 DHA。许多廿碳烯酸类的形成，包括前列腺素、凝血恶烷、前列环素及白三烯等，需要 EFA。ω- 3 脂肪酸似乎在减低冠心病危险性方面具有一定作用。所有的 EFA 均为多不饱和脂肪酸（PUFA），但是并非所有的 PUFA 都是 EFA。

膳食纤维属于不被吸收类碳水化合物，它以多种形式存在（如纤维素、半纤维素、果胶和树胶）。不同的膳食纤维成分以不同的方式起作用，这取决于其结构和溶解性。纤维可以改善胃肠道运动，有助于预防便秘及憩室病的治疗。可溶性纤维含量高的食物可以减低餐后血糖的升高，有时是糖尿病控制措施的一部分。富含瓜胶和果胶的蔬菜和水果可以通过增强肝脏胆固醇转变为胆酸而减低血浆胆固醇水平。有人认为纤维可以促进大肠内细菌产生的致癌物的排出。流行病学证据强力支持结肠癌与低纤维摄入量有关联以及膳食纤维在功能性肠病、急性阑尾炎、肥胖、静脉曲张、痔疮的有益作用，但机制仍不清楚。典型的西方膳食中纤维含量低（约每天 12g），这是因为高度精制的面粉摄入量高且水果和蔬菜摄入量低。通常建议吃更多的谷类，蔬菜和水果以使纤维的摄入量每天增加到 30g。

宏量元素：钠、氯、钾、钙、磷、镁和硫。每日人的需要量以克计。

水也被认为是一种宏量营养素，因为每消耗 1kcal（1kcal= 4.18kJ）能量需要 1mL 水，或者大约 2 500mL/d。

五、微量营养素

维生素和微量元素是微量营养素，维生素可分为水溶性和脂溶性两类。水溶性维生素是维生素 C（抗坏血酸）及 8 种 B 族维生素——硫胺素（维生素 B1）、核黄素（维生素 B2）、尼克酸、吡哆醇（维生素 B6 ）、叶酸，钴胺素（维生素 B12）、生物素和泛酸。脂溶性维生素包括视黄醇（维生素 A）、胆钙化醇和麦角钙化醇（维生素 D）、α- 生育酚（维生素 E）、叶绿醌和甲萘醌（维生素 K）。仅维生素 A、E 和 B12 在体内的储存有意义。

必需微量元素包括铁、碘、氟、锌、铬、硒、镁、钼和铜。除氟和铬外，这些微量元素均与代谢所需的酶或激素结合。氟与钙形成一种化合物（CaF_2），具有稳定骨骼和牙齿中矿物基质的作用，预防龋齿。除了铁和锌之外，工业化国家中，微量元素缺乏症在临床实践中不太常见。涉及动物营养的其他微量元素（即铝、砷、硼、钴、镍、硅和矾）尚未确定也为人类所必需。所有微量元素在高浓度时都是有毒的，某些元素（砷、镍和铬）已被当作癌症的病因。在体内铅、镉、钡和锶是有毒的，但金和银作为牙齿的成分是惰性的。

六、食物中的其他成分

每日人的膳食含有多达10万种化学物质，其中仅有300种能归为营养素，仅45种是必需营养素。例如，食品添加剂（如防腐剂、乳化剂、抗氧化剂和稳定剂）可改善食品的生产、加工、贮存及包装。微量成分（如香料、调味品、气味、颜色、光化学物及很多其他天然产物）可以改善食物的外观，口味及稳定性。但是，这些物质对人体是否有益有待研究。

七、营养的必要摄入量

适宜膳食的目标是要达到和维持理想的机体组成，并高度发挥体力和智力工作的潜力。每日必需营养素的膳食需要量，包括能量来源，取决于年龄、性别、身高、体重及代谢和体力活动。为了拥有良好的健康，机体组成必须要维持在合理的范围内。这需要平衡能量的摄入与消耗。如果能量摄入超过消耗或消耗减少，体重会增高，导致肥胖症。与此相反，如果能量摄入低于消耗，体重会减轻。标准身高体重和体质指数常用于评价机体的理想组成。体质指数等于体重（kg）除以身高（m）的平方。

人体每天摄入必要的食物都是为了获得足够的营养物质。人体不断从外界摄取食物，经过消化、吸收、代谢和利用食物中身体需要的物质（养分或养料）以维持生命活动的全过程。营养学的使命就是要揭示这一过程的秘密，营养学的本质就是要寻找人类拯救自己的方式，为人类的长远健康和延续提供途径和科学指导。

第三节　人类对素食的理解

一、素食概念

素食是一种不食肉、家禽、海鲜等动物产品的饮食方式，有时也戒食或不戒食奶制品和蜂蜜。

一些严格素食者极端排斥动物产品，不使用那些来自于动物的产品，也不从事与杀生有关的职业。从严格意义上讲，素食指的是禁用动物性原料及禁用“五辛”和“五荤”的寺院菜、道观菜。五荤也叫“五辛”，指五种有辛味之蔬菜（葱、大蒜、荞头、韭菜、洋葱）。

素食主义不再是一种宗教和教条，素食者也没有道德优越感，选择素食只是选择了一种有益于自身健康、尊重其他生命、爱护环境、合乎自然规律的饮食习惯，素食已经逐渐成为符合时代潮流的生活方式。

中文的“素”字本义是指白色和质朴。据考证，古汉语中素食有三种含义，第一指蔬食，如《匡谬正俗》中有“案素食，谓但食菜果饵之属，无酒肉也。”第二指生吃瓜果。第三指无功而食禄。另外古汉语中有素食含义的字还有“蔬食”，如《庄子·南华经》中有“蔬食而遨游，泛若不系之舟”。

二、素食分类

1. 纯素食

纯素食或严守素食(俗称“吃全素”)（Veganism）：会避免食用所有由动物制成的食品，例如蛋、奶类、干酪和蜂蜜。除了食物之外，部份严守素食主义也不使用动物制成的商品，例如皮革、皮草和含动物性成份的化妆品。

2. 斋食

斋食（Buddhist Vegetarianism）：会避免食用所有由动物制成的食品和包括青葱、大蒜、洋葱、韭、薤、虾、葱在内的葱属植物。

三、素食主义者的分类

（1）蛋素（Ovo Vegetarianism）：这类素食主义者不吃奶及奶制品，可食用蛋类和其相关产品。素汉堡包即生素食（Raw Foodism）：这种食用方法是将所有食物保持在天然状态，即使加热也不超过 47℃。生食主义者认为烹调会致使食物中的酵素或营养被破坏。有些生食主义者叫作活化生食主义者，在食用种子类食物前，会将食物浸泡在水中，使其酵素活化。有些生食主义者的精神与食果实主义者相似，有些生食主义者仅食用有机食物。

（2）奶素（Lacto Vegetarianism）：这类素食主义者不吃蛋及蛋制品，但会食用奶类和其相关产品，像是奶酪、奶油或酸奶。

（3）乳蛋素（Lacto- ovo Vegetarianism）：不食肉素食主义者会食用部分动物制成的食品来取得身体所需之蛋白质，像是蛋和奶类。

（4）胎里素：指素食妈妈怀孕所生的素宝宝。在印度、台湾盛行吃素的地方，有很多素宝宝。素宝宝并没有因为不摄入动物蛋白而营养不良，基本上体质都很健壮。另外，在临床观测到苯丙酮尿症的宝宝在怀孕期间会影响母亲的饮食，使得母亲抗拒动物性食物，并且苯丙酮尿症宝宝也是基因特性决定于也是纯素饮食。如果出世后，继续吃素，身体里都没有动物食物成份，可算得上全身都是素。

（5）果素（Fruitarianism）：仅食用水果和果汁或其他植物果实，不包括肉、蔬菜和谷类。

四、名人素食观

（1）我对人权和动物权益一样重视，这也应是全体人类该有的共识。——林肯

（2）一个人如果向往正直的生活，第一步就是要禁绝伤害动

物。——托尔斯泰

(3) 我在年轻的时候便开始吃素，我相信有那么一天，所有的人类会以他们现在看待人类互相残杀的心态，来看待谋杀动物的行为。——达芬奇

(4) 不要使你自己的胃成为动物的坟场。—— 一位回教先知

(5) 人类谋生的方法进步之后，才知道吃植物。中国是文化很老的国家，所以中国人多是吃植物，至于野蛮人多是吃动物。—— 国父孙中山

(6) 一个国家的道德是否伟大，可以从其对动物的态度看出。—— 印度圣雄甘地

(7) 一个对动物残忍的人，也会变得对人类残忍。—— 汤玛斯·艾奎纳

(8) 吃肉正是一种没有正当理由的谋杀行为。——发明家班杰明·富兰克林

(9) 在人类逐渐进化的过程中，不再吃荤是宿命的一部份，就像以前野蛮民族接触文明生活后便不再吃人肉一样的道理。——梭罗美国诗人短文作家

(10) “关心动物是一个人真正有教养的标志；一个社会的文明程度越高，其道德关怀的范围就越宽广”。——达尔文

(11) 当悲悯之心能够不只针对人类，而能扩大涵盖一切万物生命时，才能到达最恢宏深邃的人性光辉！—— 非洲之父史怀哲

(12) 除非你能够拥抱并接纳所有的生物，而不只是将爱心局限于人类而已，不然你不算真正拥有怜悯之心。——史怀哲

(13) 除非人类能够将爱心延伸到所有的生物上，否则人类将永远无法找到和平。——史怀哲

(14) 有思考能力的人一定会反对所有的残酷行径，无论这项行径是否深植传统，只要我们有选择的机会，就应该避免造成其他动物受苦受害。—— 史怀哲

(15) 我的生命对我来说充满了意义，我身旁的这些生命一定也有相当重要的意义。如果我要别人尊重我的生命，那么我也必须尊重其

他的生命。道德观在西方世界一直仅限于人与人之间，这是非常狭隘的。我们应该要有无界限的道德观，包括对动物也一样。——史怀哲

(16) 在我心中有一股坚定的信念油然而生，除非有不可避免的理由，我们没有权利在其他动物身上加诸痛苦和死亡。我们应该觉得在无心之下造成其他生物的受害和死亡是件非常可恶的事。——史怀哲

(17) 如果我们比动物高等的话，那么我们重复动物的行为就是错误的。——甘地

(18) 我个人认为，单凭素食对人类性情的影响，就足以证明吃素对全人类有非常正面的感化作用。——爱因斯坦

(19) 孩子在成长过程中，倘若未能学到以爱心对待动物的观念，将来可能造成其人格及行为发展的偏差。——欧美研究报告

(20) 以下两种人绝不会是好人：一种是挥动武器的人，另一种是大啖肉食的人。——提鲁克鲁经

(21) 人的确是禽兽之王，他的残暴胜于所有的动物。我们靠其他生灵的死而生活，我们都是坟墓。我在很小的时候就发誓再也不吃肉了。总有一天，人们将视杀生如同杀人。——达芬奇

(22) 我觉得，当心灵发展到了某个阶段的时候，我们将不再为了满足食欲而残杀动物。——甘地

(23) 无论是任何时期、任何地方，我都不认为肉食对我们来说是有必要的。——甘地

(24) 如果人类不压抑自己的七情六欲的话，那么他应该会以爱心善待动物；因为对动物残忍的人，对待人类也一定不会好到哪里去。我们可以从一个人对待动物的方式来断定他的心地好不好。——康德

(25) 什么是好的行径？好的行径就是能够反映如何避免残害其他动物的行径。——提鲁克鲁经

(26) 何谓有道德的行为？就是绝不残害生命，因为杀生是所有罪恶的根源。——提鲁克鲁经

(27) 素食主义其实就是一种心灵革命，素食亦是“放下屠刀”的一种形式，对于自己的精神宣示不再沉沦于物质的深渊。——黄怡资深记者、作家

（28）我个人对于人类是否能很快的结束对动物生命的漠视颇为悲观。我有时候甚至担心我们又会回到猎杀人类的时代。我个人认为，只要人们让动物淌血一次，世界和平就没有到来的希望。猎杀动物和希特勒制造毒气室、斯大林建造集中营等残暴行为只有一线之隔——但是这一切的举动都被冠上了冠冕堂皇的“社会主义”字眼。只要人类不放弃拿刀枪毁灭弱势动物，正义便没有到来的一天。——艾讽克·巴绪维·辛格 (Isacc Bashevis Singer) 1978 年诺贝尔文学奖得主

（29）如果人类对正确生活方式的渴望够热切—— 他们就会开始戒荤。简单地说，吃荤是不道德的，因为吃荤需要靠违背道德的行为——杀生来达成，只有贪婪、好吃的人才会这么做。——托尔斯泰

（30）我并不是基于健康的因素才吃素，成为全素者是基于道德的因素。素食主义绝对会变成全人类的运动。——迪克·葛列格里清教徒与人权领袖

（31）禁绝肉食就是远离罪恶，重拾纯真。——塞尼加 (Seneca) 著名文学家

（32）问题并不是它们会不会讲理，也不是它们会不会讲话，而是它们会受苦吗？——杰瑞米·边沁

（33）吃素的行为应该会赋予那些一心想要将天国带到地上的人很大的喜悦，因为吃素象征了人类对完美道德的渴望是很真切的。——托尔斯泰

（34）动物是我的朋友，我不会去吃我的朋友。——萧伯纳 (Geoege Bernard Shaw) 英国喜剧作家

（35）我深信吃荤不但没有必要，而且对身体健康也有害；再说，吃荤是不道德的行为。——约翰·哈维·凯洛格医师

（36）如果我们能学着去关爱其他的生物，就会学着去关爱自己的同类，那我们就终于可以重拾人性了。——法利·莫维特 (Farley Mowat) 加拿大作家

（37）人类对非人类的暴政，已经造成庞大的痛苦与折磨；这种痛苦与折磨可媲美白人对黑人几世纪以来的暴行。—— 彼得·辛格 动物权益倡导人

(38) 迈向对所有生存的万物都能怀著爱意与同情心的世界，素食主义正是其中主要且可达成的联系。——维纳斯.・蜜雪儿・卡瑞

(39) 因为素食主义有益于整个行星的环境，减轻了动物的痛苦，让我更加健康，而且我能安心的吃著自己最爱的道德食物。——凯琳・史翠洛斯

(40) 痛就是会痛，不管它是施加在人类或野兽的身上。——韩福瑞・布里梅博士

(41) 对于未来，每个人有不同的理念；有些理念驱使人们领悟事理，并迫使他们改变生活方式。这些理念包括：解放奴隶、赋予女性平等地位、停止杀生等等。——托尔斯泰

(42) 榨取与利用动物，不见容于任何怀有怜悯之心的宗教。——彼得・辛格 动物权益倡导人

(43) 当你看到被带往屠宰场的动物那种无助的样子，你为什么会感到痛苦呢？那是因为在你心底深处感觉到杀害不会反抗而且无罪的动物是多么地残酷和不义。听从你内在觉醒的声音吧！避免肉食，勿以杀害无罪的动物为乐！——斯特鲁威

(44) 目前大家对人肉都感到恶心，将来对兽肉也会有同样的感觉吧！——拉马丁

(45) 即使屠宰场隐密地藏在几百里外的地方，你只要吃了肉就等于是共犯的行为。——爱默森

(46) 吃素后，你的身体会被洗涤干净，你的心灵意识会更加清楚，你和周遭的环境会更加贴近；你将能够升华到另一个境界，超脱原来只是为了营养的层面而吃素，开始回顾及思考这个问题：我们到底为什么要残杀这些动物呢？—— 史碧丝・威廉士 (Spice Williams) 演员兼健美小姐

(47) 无论是哪种自由，假如你想为陪伴自己的宠物，寻找一份更健康的食物，请别使用来自屠宰场的产品。——医学博士麦克.克拉佩

(48) 现在，我可以平静地注视着你，我已经不再吃你了。——法兰兹・卡夫卡

（49）中国常人所饮者为清茶，所食者为淡饭，而加以菜蔬豆腐，此等之食料，为今日卫生家所考得为最有益于养生者也。故中国穷乡僻壤之人，饮食不及酒肉者，常多长寿。—— 国父孙中山

（50）人无法不伤害生物而得到肉食，一个伤害有知觉生物的人，将永远得不到天佑。所以避开肉食吧！——玛奴（印度教规创始人）

……

第四节　以营养平衡构建人类健康之路

一、合理营养与平衡膳食的重要性

生命必须依存饮食而存活，食物的功能在于维系生命。“民以食为天”，人体质量高低与营养饮食有极大的关系。所谓的“病从口入”，不仅指经口传播的传染性疾病，还应包括因营养素摄入不平衡引起的非传染性疾病，如癌症、肥胖症、心血管疾病、糖尿病、高血压、缺铁性贫血，分别是因营养素摄入不足和营养素摄入过剩引起的营养疾病。过去，我国的传统膳食多以谷物为主这种膳食结构对人体有利，是适合人类生理结构和特点的营养体系。但是，随着经济社会的发展，传统膳食习惯已经发生了很大的转变。2005 年 7 月 25 日中国营养学会首次发布了《全国营养膳食与营养状况变迁》系列报告，该报告以 1989 — 2002 年的一系列营养、健康调查为基础，又经过 3 年的数据分析，从调查结果显示，谷类摄入量尤其是粮食的摄入量明显下降，蔬菜水果类摄入量大大减少，而动物性食物的摄入量无论是从数量上还是比重上都显著增加。动物性食品中主要以猪肉为主脂肪含量很高，再加上摄入其他纯热能食物，使热能不断增加已超过世界卫生组织建议的上限。这种膳食营养状况的变迁对我们有什么影响呢？调查表明，我国成人超重率为 22.8%，肥胖率为 7.1%，估计人数分别为 2 个亿和 6 000 多万；大城市成人超重率与肥胖率分别高达 30.0% 和 12.3%，儿童肥胖率已达 8.1%，与 1992 年全国营养调查资料相比，成人超重率上

升 39%，肥胖率上升 97%。我国居民膳食结构发生的变化，导致居民膳食中谷类、薯类和蔬菜所占的比例明显下降，与 1982 年调查结果比较，1992 年平均每标准人日摄入谷类和薯类分别减少了 58.1g 和 76.4g，动物性食物和油脂摄入过高，畜禽增加了 16.1g，植物油增加了 10.4g。全国平均膳食脂肪提供 22% 的膳食总能量，大城市脂肪能量均超过膳食总能量的 30%。一些维生素和矿物质摄入量比 10 年前反而下降。能量过剩、体重超常者在城市，尤其是大城市的成年人中日渐增多，与之相关的一些慢性病如心脑血管疾病、恶性肿瘤等的患病率也逐渐上升。在广大农村，尤其是贫困地区农村人群中，因食物单调或不足而造成的营养素缺乏病，如儿童生长迟缓、缺铁性贫血及佝偻病等虽在逐渐减少，但在一些贫困地区仍很严重。膳食结构的变迁直接导致了慢性病的发病率逐年增高，可以说两者是密切相关的。对这一变化将会对我国居民的健康状况产生极其严重的影响，这一影响也不是在短期内能够改变的，如果放任下去，会持续 30~ 50 年时间。同时也给家庭生活质量的提高和国家的经济发展造成巨大的负面影响。因此，我们决不能放任不利于中国民众健康的饮食结构的持续下去，必须重建中华民族的膳食战略和延续中华民族的传统饮食结构，在全民当中提倡通过合理膳食改变膳食模式，从而减少慢性病的发生。

合理营养是一个综合性概念，它既要求通过膳食调配提供满足人体生理需要的能量和各种营养素，又要考虑合理的膳食搭配和烹调方法，以利于各种营养物质的消化、吸收和利用。应该避免膳食构成的比例失调，如果某些营养素摄入过多，以及在烹调过程中营养素的损失或有害物质的形成，这些情况都会给身体造成不必要的负担，甚至引起代谢的紊乱。

有关社会组织进行了“传播健康新理念、关注亚健康”活动，通过在一部分社区进行“健康与饮食的关系”的调查发现，在社会大群中流行对营养科学的理解，可归纳如下几个比较典型的观点，

（1）有人认为讲营养就是吃点好的，如鸡、鸭、鱼、肉等。

（2）有人认为我身体挺健壮，没有病，想吃什么就吃，那是人体需要。

（3）有人认为我家庭条件不好，都下岗了，没时间考虑营养问题。

（4）还有人认为我祖辈也没讲营养，不也活到99岁。

只要掌握了必要的营养知识，就可以在经济条件允许的范围内实行合理膳食，满足健康需要。在经济高度发达的美国仍有许多人患营养不良症。这些人之所以患营养不良症，并非由于贫困，而是由于缺少营养知识或对营养有错误认识所造成的。第二次世界大战后的日本经济非常困难，但日本政府非常重视营养问题，制定了营养法，为在困难时期保障日本国民、特别是儿童的健康起了重要的作用。此外，食物的价格并不一定与其营养价值相平行。在贫困地区，有些农民家长将自产的蛋白质营养价值很高的鸡蛋卖掉，给营养不良的孩子买昂贵的，如蛋白质价值很差的听装饮料和糖果，这是本末倒置的特大错误。

二、以食物合理搭配形成健康饮食模式

合理搭配的饮食就是要选择多样化的食物，使所含营养素齐全，比例适当，以满足人体需要。合理搭配的核心问题是品种齐全，关键问题是总量控制，以食物合理搭配形成健康饮食模式。在物质财富比较丰富的今天，怎样吃得更科学或者说更有益于健康，是当前人们必须关注的话题。有人将当前人们在饮食方面的追求，概括为“吃杂”“吃粗”“吃野”和“吃素”四大特点，从营养学角度来看，还是应该将这四大特点结合，合理搭配，这样会更符合人们对各种营养的需求，对中老年人来说，合理搭配显得更重要。

1. 粗细合理搭配

粗粮、细粮要合理搭配：以粗粮为主进行粗细粮合理搭配，有助

于各种营养成分的互补，还能提高食品的营养价值和利用程度，可提高食物的风味。

科学研究表明，不同种类的粮食及其加工品的合理搭配，可以提高其生理价值。粮食在经过加工后，往往会损失一些营养素，特别是膳食纤维、维生素和无机盐，而这些营养素也正是人体所需要或容易缺乏的。以精白粉为例，它的膳食纤维只有标准粉的1/3，而维生素B1只有标准粉的1/50；与红小豆相比二者少得更多。因此，老年人在主食选择上，应注意粗细搭配。至于什么样的比例最好，由于个体差异，还是因人而异为佳。不过，多吃杂粮的好处是显而易见的。例如小米和红小豆中的膳食纤维比精白粉高8～10倍，B族维生素则要高出几十倍，这对于增强食欲，防止诸如便秘、脚气病、结膜炎和白内障等都是有益的。我国很多地方的"二米饭"（大米和小米）、"金银卷"（面粉和玉米面）都是典型的粗细搭配的例子，是符合平衡膳食的要求的。

2. 素荤合理搭配

以植物膳食为主进行素荤合理搭配，各种新鲜蔬菜和水果富含多种维生素和无机盐，肉类、鱼、奶、蛋等食品富含蛋白质，以植物膳食为主进行素荤合理搭配，能烹调制成品种繁多，味美口香的菜肴，不仅富于营养，又能增强食欲，有利于消化吸收

动物油含饱和脂肪酸和胆固醇较多，应与植物油搭配，尤应以植物油为主（植物油与动物油比例为1∶2）。动物脂肪可提供维生素A、维生素D和胆固醇，后者是体内合成皮质激素、性激素以及维生素D的原料。据最新的研究报道，胆固醇还有防癌作用。每天进食少量动物油应是有益无害的。又如，老年人容易缺钙，不妨经常用鲜鱼与豆腐一起烹调，前者含有较多的维生素D，后者含有丰富的钙，将两者合用，可使钙的吸收率提高20多倍；鲜鱼炖豆腐，味道鲜美又不油腻，尤其适合老年人；而黄豆烧排骨，其蛋白质的生理价值可提高二三倍。再如，人们日常生活中最常见的蔬菜与肉类的搭配，如黄瓜肉片、雪菜肉丝和土豆烧牛肉等，由肉类提供蛋白质和脂肪，由蔬菜提供维生素和无机盐，不但营养素搭配合理，而且色泽诱人，香气四溢，

更使人食欲顿增。荤食绝对不可过量，高脂肪与心脏病、乳腺癌、中风等的因果关系早有定论。荤素平衡以脂肪在每日三餐热量中占25%～30%为宜。

3. 主副食搭配

主食是指含碳水化合物为主的粮食作物食品，主食可以提供主要的热能及蛋白质，副食可以补充优质蛋白质、无机盐和维生素等。

4. 干稀饮食搭配

主食应根据具体情况采用干稀搭配，这样，一能增加饱感，二能有助于消化吸收。

5. 要适应季节变化

夏季食物应清淡爽口，适当增加盐分和酸味食品，以提高食欲，补充因出汗而导致的盐分丢失。冬季饭菜可适当增加油脂含量，以增加热能。

6. 一日三餐热量分配

三餐应为：早餐占30%，午餐占40%，晚餐占30%，以保证一天的热平衡。

7. 酸碱搭配

我国劳动人民在与自然界的长期斗争中，留下了很丰富的饮食文化，有待于用现代科学理论和技术去发掘、提高。比如，南方有些地区讲究把鳝鱼与藕合吃。原来鳝鱼含有粘蛋白和粘多糖，能促进蛋白质吸收和利用，它又含有比较丰富的完全蛋白质，属酸性食物；藕则含有丰富的天冬酰胺和酪氨酸等特殊氨基酸，以及维生素B12和维生素C，属碱性食物。这一酸一碱，加之两者所含营养素的互补，对维持机体的酸碱平衡起着很好的作用。实际上，我国人民长期以来所形成的烹调习惯，有很多是属于酸性食物和碱性食物搭配的。总的看来，动物性食物属酸性，而绿叶菜等植物性食物属碱性，这两类食物的搭配对人体的益处是显而易见的，也是荤素搭配的优点所在。因此，一些西方的科学家也极力推广中国的菜肴搭配和烹调方式。

8. 儿童食物搭配

孩子的身体正处于快速成长时期，每个器官在发育时都需要大量的营养物质。如果营养结构不合理，那么一些器官就有可能发育不完全，使孩子的身体出现疲倦、无力、抵抗力下降等症状，从而增加发病率。合理营养是保证孩子不再发胖的前提，对营养的需求要从两个角度来考虑，一是食物的量，即确定每天吃的食量大小。二是食物的质，在保证营养丰富的前提下，力求食物品种多样。

那么，究竟应该怎样组合食物的质和量呢？德国的营养协会把各种食物的质和量进行了归纳。

（1）谷物、谷物制品、土豆等富含碳水化合物、纤维素、维生素B、蛋白质和矿物质。相关食品有面包、面条、大米、土豆。可以适量食用。

（2）蔬菜和干鲜果品等富含维生素、矿物质、蛋白质、纤维素和碳水化合物。可以较大量食用。

（3）水果里含有维生素、矿物质、纤维素和碳水化合物。可以较大量食用。

（4）饮料应尽可能以饮用水为主，或选择不含糖的果茶、果汁、汽水。每天 0.7~ 1.5L。

（5）牛奶及奶制品富含蛋白质、钙、维生素 B。特别是酸奶、凝乳、脱脂乳、低脂奶酪等，也可以适量食用。

（6）鱼、肉、蛋等含有蛋白质、碘、维生素 D 和铁。最好选瘦肉、瘦肉肠，可以适量食用。

（7）油脂和食用油等可以提供能量，但食量要少。

9. 肥胖人群食物搭配

21 世纪以来，我国城乡居民的膳食状况明显改善，儿童青少年平均身高、体重增加，营养不良患病率下降；部分人群因营养摄入的不均衡及身体活动减少，导致肥胖人群的逐渐增多。

肥胖本身就是一种慢性疾病，而且是多种常见慢性疾病的基础。

肥胖的人发生慢性病的危险性大大增加，还没有达到肥胖而仅仅是超重的人患心脑血管疾病、肿瘤和糖尿病的机会就明显高于体重正常的人。

除以上几种慢性疾病外，肥胖的人还易患骨关节病、脂肪肝、胆石症、痛风、阻塞性睡眠呼吸暂停综合症、内分泌紊乱等多种疾病。

那么，究竟怎样能形成健康体重管理体系呢？

（1）少食多餐，合理分配三餐进餐量，早餐一定要吃，午餐要吃好，晚餐要适量少吃。

（2）均衡营养，保证每日摄取30余种不同的健康食材，满足人体八大营养素的需求。

（3）避免多油、多盐、多糖食品，尽量避免在外就餐。

（4）合理选择坚果及零食，每周进食坚果不超过50g。

（5）适量运动，每天坚持6 000步，也应注意不要运动过量。

10. 日常食物搭配

（1）食物多样，谷类为主，粗细搭配。

（2）多吃蔬菜水果和薯类。

（3）每天吃一定量的奶类、大豆或其制品。

（4）适量吃鱼、禽、蛋和瘦肉。

（5）减少烹调油用量，吃清淡少盐膳食。

（6）食不过量，天天运动，保持健康体重。

（7）三餐分配要合理，零食要适当。

（8）每天足量饮水，合理选择饮料。

（9）饮酒应限量。

（10）吃新鲜卫生的食物。

第五节　食物禁忌对我们的启示

日常生活中与饮食习惯、烹饪方法、食品特性、餐饮礼仪、特殊人群饮食、饮食搭配等有关的禁忌方面的丰富知识，这些看似平常的知识，对于读者提高自身的保健能力有积极的作用。

今天，人们在菜篮子丰富和重视营养健康的同时，有关食物相克问题不时成为左邻右舍的话题。有关人员走访了有关卫生机构工作人员，在他们以往一些年经历的食物中毒案例分析中，还尚未发现过一起是由于食物相克引起的类似食物中毒的事件。由此看来，所谓食物相克在百姓家常的一日三餐中并不存在。

人类到底是否存在食物相克?

在我国东汉时代的大医学家张仲景的《金匮要略》一书中，提到有 48 对食物不能放在一起吃，如螃蟹与柿子、葱与蜂蜜、甲鱼与苋菜等。这些说法并非完全没有道理，比如说螃蟹与柿子都属寒性食物，要是二者同食，双倍的寒凉易损伤脾胃，尤以体质虚寒者反应明显。从医学营养学来说，螃蟹中的蛋白质是比较多的，而柿子中的鞣酸(所含的涩味）也很多。当蛋白质碰到鞣酸就会凝固变成鞣酸蛋白，不易被机体消化并且使食物滞留于肠内发酵，继而出现呕吐、腹痛、腹泻等类似食物中毒现象，古人即根据这种现象作出了螃蟹与柿子相克的结论。因而所谓食物相克，其实是由于混食两种或两种以上性状相反的食物所产生的一种肠胃道不良反应症状。

单纯并且大量食用两种性状相反的食物，可能引发以下 3 种情况。

(1) 营养物质在吸收代谢过程中发生拮抗作用互相排斥，使一方阻碍另一方的吸收或存留。如钙与磷、钙与锌、草酸与铁等。又如豆腐不宜与菠菜同吃，这是因为菠菜中含有草酸较多，易与豆腐中钙结合生成不溶性钙盐，不能被人体吸收，但并无临床症状出现。当然，如将菠菜在开水氽泡以破坏掉大量的草酸，也就可以用菠菜烧豆腐了，并成为是一道家常名菜。

(2) 在消化吸收或代谢过程中，进行不利于机体的分解、化合，产生有害物质或毒物者，如维生素 C 或富含维生素 C 的食物与河虾同食过量，可能使河虾体中本来无毒的 5 价砷，还原为有毒的 3 价砷，而引起一定的砷中毒现象。

（3）在机体内共同产生寒凉之性或属温热之性，同属滋腻之性或同属于火燥之性的食物。如大量食用大寒与大热、滋阴与壮阳的食物，较易引起机体不良的生理反应。

食物相克其实就是一种食物拮抗作用。

前面所说的食物相克现象，再从各种食物所含不同化学性状分析，其实就是食物拮抗作用的缘故，而引起食物拮抗作用的原理不外乎以下三种情况。

（1）化学缔合：使食物中的某些营养素形成不易被机体吸收的物质，如植酸与磷、锌、铜、铁等形成金属缔合物；脂肪与钙作用产生不溶性钙皂等。

（2）相互作用物争夺配位体：食物在体内代谢过程中同属一个转移系统的矿物元素，由于彼此争夺配位体，以及它们与配位体的亲和力不同，就会发生拮抗作用。即进入体内的某一种元素特多时，将使另一种元素从同种配位体的结合点上被排斥出去，同时阻碍了被排斥元素的吸收。

（3）肠道外因素：如高蛋白抑制铜在肝中的贮积；高浓度无机硫酸盐能阻止钼透过肾小管膜，限制了钼的再吸收，因而增加了尿钼的排出。

食物的拮抗作用在消化吸收与代谢过程中，将会降低食物中营养物质的吸收利用率，久而久之导致体内某些营养素的缺乏，产生相应的营养缺乏症，继而影响到机体的正常功能及其新陈代谢。

平衡膳食就不会存在食物相克。总而言之，根据有关医学理论分析、中医辨证论治，以及个别患者的胃、肠道反应症状说明，在人们日常饮食中的确存在食物相克现象，并不是无稽之谈。

由此来看，人们只要在日常膳食中注重粗细搭配、荤素搭配、多样搭配的平衡膳食，而不是固定不变的偏食、狭食、狂食某几种食物，一般不可能会发生食物相克现象。因此，对于食物相克现象，我们既不可全盘否定，也不要人云亦云。

了解食物相克的一般现象，以及各种食物之间可能存在的一些制约关系，有利于在家庭日常食物采购中趋利避害，通过科学合理的膳食安排，能有效提高食物营养素在体内的生物利用率，促进食物在体内发挥更高的营养价值，一举多赢。

中医食疗理论认为，食物也与中药一样具有寒、凉、温、热四气和咸、酸、甘、苦、辛五味等食性；而人的体质有寒、热、虚、实之分。如果将食性完全相反的两种食物同时食用可能会相互抵消其食疗效果。例如温热性的狗、羊肉就不能与寒凉性的绿豆、西瓜同食；不同体质的人吃不同食性的食物也会有不同的反应，例如脾胃虚寒的人吃苦瓜、西瓜、绿豆等寒凉性食物时可能引起腹泻拉稀；相反，体质偏热者若进食生姜、胡椒、酒等温热性食物，则无异于“火上浇油”；此外，不同疾病患者应该选择什么样的食物也有一定讲究。这些都是中医食疗配方中应特别注重的原则，与中药配伍中的十八反十九畏是同一个道理。也充分体现了中医的“药食同源”理论基础。

因此可以看出，食物相克也是五千年中华养生文化的组成部分，来源于食疗保健养生实践和生活经验总结。

尽管食物相克有其理论基础，但在科学技术不发达和缺乏可靠研究方法的远古时代，并不能保证其每一种说法或经验都准确无误，因而就难免会出现这样或那样的错误。如食物本身毒素、食物污染、食物变质、食物过敏、暴饮暴食及过度偏食等饮食失节及某些偶然巧合所发生的饮食问题，都有可能错误地认为是食物相克。

食物过敏是饮食生活中常见的现象，现代医学研究发现，食物过敏系免疫变态反应，但在中医食疗养生中，也属广义上的食物相克。

有些食物的营养成份在吸收时会相互影响。不同食物中的各种营养素或化学成分在人体消化、吸收和代谢过程中确实存在相互影响，其结果是影响某些营养物质的吸收与利用。如茶叶中的鞣质可干扰食物铁的吸收，菠菜中的草酸可降低食物中钙的吸收，钙、磷、铁、锌等元素之间在消化道的吸收相互间也会存在一个适宜比例等等。但是，某种营养素偶然增多或减少，打破了与其他营养素之间的平衡只是暂时的，机体完全可以通过其他途径如动用储备、减少排泄、增加代谢效率来保证器官功能的正常。所以，健康的人在平衡膳食的原则下，各种食物的相互搭配可以随心所欲。

如果是健康本身有问题特别是存在营养缺乏或患有营养相关性疾

病的病人，则应有目的和针对性注意避免一些不合理的食物搭配和选择，否则不利健康的恢复，但也不至于导致中毒或死亡。

“吃虾后不能吃维生素C，二者相遇会产生致命的三氧化二砷，即砒霜。”《双食记》里医生这么解释中毒的原因，吃虾后大量吃维生素就会中毒致死？那我们平时在吃虾时喝鲜榨橙汁不就等于徘徊在死亡边缘？吃虾同样可以吃含维生素C丰富的食物，正常的一次饮食就能中毒是无稽之谈。中华饮食文化博大精深，但是专家也表示，后人在继承和发扬传统养生文化的时候应做到取其精华、去其糟粕。菠菜忌豆腐，菠菜中所含的草酸，与豆腐中所含的钙产生草酸钙凝结物，阻碍人体对菠菜中的铁质和豆腐中蛋白的吸收。（提示：如果喜欢一起吃，可以先将菠菜用开水焯一下，除掉多余的草酸。再和豆腐凉拌做汤，不但不相克，还有好处呢。）

第六章　水为生命之源

当我们打开世界地图时，呈现在我们面前的大部分面积都是鲜艳的蓝色。从太空中看地球，我们居住的地球是一个椭圆形的，极为秀丽的蔚蓝色球体。水是地球表面数量最多的天然物质，它覆盖了地球71%以上的表面。地球是一个名副其实的大水球。水（H_2O）是由氢、氧两种元素组成的无机物，无毒性，在常温常压下为无色无味的透明液体。水是最常见的物质之一，水在生命演化中起到了重要的作用，水是包括人类在内所有生命生存的重要资源，也是生物体最重要的组成部分，它是一种可再生资源。人类很早就开始对水产生了认识，东西方古代朴素的物质观中都把水视为一种基本的组成元素，水是中国古代五行之一，西方古代的四元素说中也有水。

第一节　水的文化意义

在文明的早期，人们开始探讨世界各种事物的组成或者分类，水在其中扮演了极为重要的角色。古代西方提出的四元素说中就有水；中国古代的五行学说中水代表了所有的液体，以及具有流动、润湿、阴柔性质的事物。

在人类的童年时期，对于水兼有养育与毁灭能力、不可捉摸的性情，产生了又爱又怕的感情，产生了水崇拜。通过赋予水以神的灵性，祈祷水给人类带来安宁、丰收和幸福。有左河水词《破阵子·河水》曰："破坝排山易泻，穿崖倒壁难收。常展清幽通万物，偶作奔腾起壑沟。载舟亦覆舟。片片炊烟绿野，滔滔命液源流。无止弃污凭愿泄，不尽贪婪任意求。无忧也隐忧。"中国传统上的龙王就是对水的神格化。凡有水源处皆有龙王，龙王庙、堂遍及全国各地，祭龙王祈雨是中国传统的信仰习俗，是中国宗法性传统宗教的重要内容。

第二节　人类对水的本质的认识

水是一种什么物质呢？我们要认识水的本质，首先要掌握水的物理和化学性质。物理和化学的发展已经把水的物理和化学性质搞清楚了，在此简述如下，以备常用参考和备忘。

一、水的物理性质

从物理角度对水的自然属性进行科学研究，探明了水的物理性质。水的物理性质是：

水的纯净物在常温常压下为无色无味的透明液体。

沸点：100℃（海拔为 0m，气压为 1 个标准大气压时）。

凝固点：0℃

三相点：0.01℃

最大相对密度时的温度：3.98℃

比热容：4.186kJ/（kg·℃）0.1MPa 15℃

2.051J/（g·℃）0.1MPa 100℃

密度：1 000 kg/m^3（4℃时）。冰的密度比水小。

临界温度：374.2℃

浮力分类：悬浮、漂浮、沉底、上浮、下沉。

水的密度与温度相关，随温度的变化而变化。水密度的变化过程是：水的密度在 3.98℃时最大，为 $1\times10^3 m^3/kg$，温度高于 3.98℃时（也可以忽略为 4℃），水的密度随温度升高而减小，在 0～3.98℃时，水热缩冷涨，密度随温度的升高而增加。

水密度的变化原因是主要由水分子排列决定，也可以说由氢键导致，而温度则是水密度变化的诱导因素。由于水分子有很强的极性，能通过氢键结合成缔合分子。液态水，除含有简单的水分子（H_2O）外，同时还含有缔合分子$(H_2O)_2$和（$(H_2O)_3$）等，当温度在 0℃水未结冰时，大多数水分子是以（$(H_2O)_3$）的缔合分子存在，当温度升高到3.98℃（101kPa）时水分子多以（$(H_2O)_2$）缔合分子形式存在，分子占据空间相对减小，此时水的密度最大。

如果温度再继续升高在3.98℃以上，一般物质热胀冷缩的规律即占主导地位了。水温降到0℃时，水结成冰，水结冰时几乎全部分子缔合在一起成为一个巨大的缔合分子，在冰中水分子的排布是每一个氧原子有四个氢原子为近邻两个氢键这种排布导致成是种敞开结构，冰的结构中有较大的空隙，所以冰的密度反比同温度的水小。

二、水的化学性质

从化学角度对水的自然属性进行科学研究，探明了水的化学性质。水的化学性质是：

化学式：H_2O。

结构式：H—O—H（两氢氧键间夹角104.5°）。

相对分子质量：18.016。

化学实验：水的电解。方程式：$2H_2O=$ 通电 $= 2H_2\uparrow + O_2\uparrow$（分解反应）。

分子构成：氢原子、氧原子。

水分子的直径数量级为10^{-10}，一般认为水的直径为2~3个此单位。

水具有以下化学性质：

1. 水的稳定性

在2 000℃以上才开始分解。

水在电解时分解为氢和氧。常温下能与金属钠、钙等发生反应，放出氢气。与非金属氧化物（如SO_3等）化合生成含氧酸（H_2SO_4），与金属氧化物（如CaO等）化合生成碱［$Ca(OH)_2$］。与酯、酰胺等作用发生水解。水本身部分发生电离，电离平衡为［H+］［OH-］＝K［H_2O］≡Kw。Kw为水的离子积，22℃时为1.00×10^{-14}。水中氢离子浓度的负对数值称为pH值，pH＝7为中性，7以下为酸性，7以上为碱性。

在水中，几乎没有水分子电离生成离子。

2. 水的氧化性

水跟较活泼金属或碳反应时，表现氧化性，氢被还原成氢气。

3. 水为两性物质

既有氢离子（H^+），也有氢氧根离子（OH^-）。但纯净蒸馏水是中性的。

4. 水的电解

水在直流电作用下，分解生成氢气和氧气，工业上用此法制纯氢和纯氧。

5. 水化反应

水可跟活泼金属的碱性氧化物、大多数酸性氧化物以及某些不饱和烃发生水化反应。

6. 水解反应

水解反应分为盐的水解、氮化物水解、碳化钙水解、卤代烃水解、醇钠水解、酯类水解和多糖水解。

7. 水的溶解性

水对各种物质都具有亲和性。有的水可以导电，但是蒸馏水（纯水，电解物质只有氢原子和氧原子）是不会导电的。

水具有氢键结构和很大的介电常数，因此水对各种物质都具有亲和性，能形成弱的键，称为水合作用。水合的原因是由于水分子偶极的定向移动而形成的静电水合和氢键水合。

水还可以使各种胶体状物质浮游分散。大多数无机物都可以形成憎水性胶体。憎水性胶体之所以稳定是由于其表面具有电荷，加入少量电解质时使表面电荷被屏蔽而凝聚。

8. 水的硬度

水的硬度最初是指钙、镁离子沉淀肥皂的能力。水的总硬度指水中钙、镁离子的总浓度，其中包括碳酸盐硬度（即通过加热能以碳酸盐形式沉淀下来的钙、镁离子，故又叫暂时硬度）和非碳酸盐硬度（即加热后不能沉淀下来的那部分钙、镁离子，又称永久硬度）。硬水和软水的区别，就是水中含有钙、镁化合物的多少程度。

水中有些金属阳离子，同一些阴离子结合在一起，在水被加热的过程中，由于蒸发浓缩，容易形成水垢，附着在受热面上而影响热传导，我们将水中这些金属离子的总浓度称为水的硬度。

水的硬度分为碳酸盐硬度和非碳酸盐硬度两种。

碳酸盐硬度：主要是由钙、镁的碳酸氢盐 [$Ca(HCO_2)_3$，$Mg(HCO_3)_2$] 所形成的硬度，还有少量的碳酸盐硬度。碳酸氢盐硬度经加热之后分解成沉淀物从水中除去，故亦称为暂时硬度。

非碳酸盐硬度：主要是由钙镁的硫酸盐、氯化物和硝酸盐等盐类所形成的硬度。这类硬度不能用加热分解的方法除去，故也称为永久硬度，如 $CaSO_4$，$MgSO_4$，$CaCl_2$，$MgCl_2$，$Ca(NO_3)_2$，$Mg(NO_3)_2$ 等。碳酸盐硬度和非碳酸盐硬度之和称为总硬度；水中 Ca^{2+} 的含量称为钙硬度；水中 Mg^{2+} 的含量称为镁硬度；当水的总硬度小于总碱度时，它们之差，称为负硬度。

生活中可用肥皂水鉴别软硬水，将肥皂水加入被测水后震荡，泡沫多浮渣少的是软水，反之比较硬。

如在天然水中最常见的金属离子是钙离子（Ca^{2+}）和镁离子（Mg^{2+}），它与水中的阴离子如碳酸根离子（CO_3^{2-}）、碳酸氢根离子（HCO_3^-）、硫酸根离子（SO_4^{2-}）、氯离子（Cl^-）、以及硝酸根离子（NO_3^-）等结合在一起，形成钙镁的碳酸盐、碳酸氢盐、硫酸盐、氯化物、以及硝酸盐等硬度。水中的铁、锰、钭等金属离子也会形成硬度，但由于它们在天然水中的含量很少，可以略去不计。因此，通常就把 Ca^{2+}、Mg^{2+} 的总浓度看作水的硬度。水的硬度对锅炉用水的影响很大，因此，应根据各种不同参数的锅炉对水质的要求对水进行软化或除盐处理。

第三节 对水的形式、种类和分布的认识

人类对水的认识是一个漫长的过程，只有在现代科学技术的基础

上，我们才能正确认识水的本质、形式、种类和分布，在“水”的前面加上适当定语，可以用来肯定和区分我们对水的形式、种类和分布的认识成果，明确特殊种类的水，对水进行分类，比如蒸馏水、去离子水或重水，就是对水认识成果的总结。通常采取按日常生活、用途和分子量进行分类，这种分类方法也体现了人类对水的认识过程和对水认识的发展史。

一、按日常生活分类

1. 地下水与地表水

地下水——有机物和微生物污染较少，而离子则溶解较多，通常硬度较高，蒸馏烧水时易结水垢；有时锰氟离子超标，不能满足生产生活用水需求。

地表水——较地下水有机物和微生物污染较多，如果该地属石灰岩地区，其地表水往往也有较大的硬度，如四川的德阳、绵阳、广元、阿坝等地区。

2. 硬水与软水

硬水——水中钙镁等金属离子的总浓度称为硬度，硬度大于200mg/L的通常就称之为硬水。硬水对锅炉等生产用水影响很大，应对其进行软化、脱盐处理。

软水——即硬度较小的水。

3. 原水与净水

原水——通常是指水处理设备的进水，如常用的城市自来水、城郊地下水、野外地表水等，常以TDS值（水中溶解性总固体含量）检测其水质，中国城市自来水TDS值通常为100～400mg/L。

净水——原水经过水处理设施处理后即称之为净水。

4. 纯净水与蒸馏水

纯净水——原水经过反渗透和杀菌装置等成套水处理设施后，除去了原水中绝大部分无机盐离子、微生物和有机物杂质，可以直接生饮的纯水。

蒸馏水——以蒸馏方式制备的纯水，通常不用于饮用。

5. 纯水和超纯水

纯水——以反渗透、蒸馏、离子交换等方法制备的去离子水，其TDS值通常< 5mg/L，电导率通常< 10μs/cm（电阻值> 0.1MΩ·cm）。

超纯水——以离子交换、蒸馏、电除盐等方法将纯水进一步提纯去离子即得，其TDS值不可测，电导率通常< 0.1μs/cm（电阻值> 10MΩ·cm），其离子几乎完全去除。理论上最纯水电阻值为18.25 MΩ·cm。

6. 纯化水和注射用水

纯化水——医药行业用纯水，电导率要求< 2μs/cm。

注射用水——纯化水经多效蒸馏、超滤法再次提纯去除热原后可以配制注射剂的水。

二、按照用途分类

（1）地表水：质量标准中Ⅰ类主要适用于源头水、国家自然保护区；Ⅱ类主要适用于集中式生活饮用水地表水源地一级保护区、珍稀水生生物栖息地、鱼虾类产卵场、仔稚幼鱼的索饵场等；Ⅲ类主要适用于集中式生活饮用水地表水源地二级保护区、鱼虾类越冬场、洄游通道、水产养殖区等渔业水域及游泳区；Ⅳ类主要适用于一般工业用水区及人体非直接接触的娱乐用水区；Ⅴ类主要适用于农业用水区及一般景观要求水域。

（2）地下水：质量标准中Ⅰ类主要反映地下水化学组分的天然低背景含量，适用于各种用途。Ⅱ类主要反映地下水化学组分的天然背景含量，适用于各种用途。Ⅲ类以人体健康基准值为依据，主要适用于集中式生活饮用水水源及工、农业用水。Ⅳ类以农业和工业用水要求为依据，除适用于农业和部分工业用水外，适当处理后可作生活饮用水。Ⅴ类不宜饮用，其他用水可根据使用目的选用。

（3）海水：质量标准中第一类适用于海洋渔业水域，海上自然保护区和珍稀濒危海洋生物保护区。第二类适用于水产养殖区，海水浴场，人体直接接触海水的海上运动或娱乐区，以及与人类食用直接有关的工业用水区。第三类适用于一般工业用水区，滨海风景旅游区。第四类适用于海洋港口水域，海洋开发作业区。

（4）生活饮用水：供人生活的饮用水和生活用水。

（5）电子超纯水：用于电子元件及集成电路。

三、按分子量分类

（1）重水。重水（heavy water）（氧化氘）是由氘和氧组成的化合物。分子式 D_2O，分子量 20.0275，比普通水（H_2O）的分子量 18.0153 高出约 11%，因此叫做重水。在天然水中，重水的含量约占 0.015%。由于氘与氢的性质差别极小，因此重水和普通水也很相似。

（2）轻水。为了与重水区别，将普通水称为轻水。动力堆中的慢化剂，大多是轻水、重水和石墨；它们的冷却剂，则多是轻水、重水和氦等气体。唯有轻水是目前各种反应堆中用得最广的慢化剂和冷却剂。普通水（H_2O） 经过净化，用做反应堆的冷却剂和中子的慢化剂，叫做轻水。轻水为相对分子质量为 1 的 H 原子和相对分子质量为 16 的 O 原子构成的水。其相对分子质量为 18。另外，还有相对分子质量为 20，22 等的水。在中学化学阶段，相对分子质量为 18 的水称为轻水。

第四节　水对生命的功能和意义

一、水为生命之源

水是生命的之源，水与生命息息相关，没有水生命将不复存在。在地球上，哪里有水，哪里就有生命。一切生命活动都是起源于水的。众所周知，水占地球质量的 70%，人类与我们所赖以生存的地球一样，成人体内的水份也占到了 70%，婴幼儿体内的水分更是占到了 80%～90%。其中，脑髓含水 75%，血液含水 83%，肌肉含水 76%，连坚硬的骨骼里也含水 22% 呢! 没有水，食物中的养料不能被吸收，废物不能排出体外，药物不能到达起作用的部位。人体一旦缺水，后果是很严重的。缺水 1%～2%，感到渴；缺水 5%，口干舌燥，皮肤起皱，意识不清，甚至幻视；当人体失水超过体重的 10% 时，人体的生理功能就会发生紊乱；缺水过 15% 时，人就会死亡。没有食物，人可以活较长时间（有人估计为两个月），如果连水也没有，顶多能活一周左右。水是生命的之源。

健康、洁净的水可使人体的免疫能力增强，有利于促进细胞新陈代谢，那么体内的细胞也就丧失了恶变及毒素扩散的条件，人得病的机率自然就小了。健康、洁净的水可使人体的免疫能力增强，有利于促进细胞新陈代谢，那么体内的细胞也就丧失了恶变及毒素扩散的条件，人体内的水每 5～13 天更新一次，如果占人体比重 70% 的水份是洁净的，那么人体内 60 兆～100 兆细胞就有了良好的环境。

用手抓一把植物，你会感到湿漉漉的，凉丝丝的，这是水的缘故。植物含有大量的水，约占体重的 80%，蔬菜含水 90%～95%，水生植物竟含水 98% 以上。水替植物输送养分；水使植物枝叶保持婀娜多姿的形态；水参加光合作用，制造有机物；水的蒸发，使植物保持稳定的温度不致被太阳灼伤。植物不仅满身是水，作物一生都在消耗水。1kg 玉米，是用 368kg 水浇灌出来的；同样的，小麦用 513kg 水，棉花用 648kg 水，水稻竟高达 1 000kg 水。

水还有治疗常见病的效果，比如清晨一杯凉白开水可治疗色斑；餐后半小时喝一些水，可以用来减肥；热水的按摩作用是强效的安神剂，可以缓解失眠；大口大口地喝水可以缓解便秘；睡前一杯水对心脏有好处；恶心的时候可以用盐水催吐。在生命存在的过程中，水具有极为重要的生理功能。

1. 溶解消化功能

水是体内一切生理过程中生物化学变化必不可少的介质。水具有很强的溶解能力和电离能力（水分子极性大），可使水溶性物质以溶解状态和电解质离子状态存在，甚至一些脂肪和蛋白质也能在适当条件下溶解于水中，构成乳浊液或胶体溶液。溶解或分散于水中的物质有利于体内化学反应的有效进行。食物进入空腔和胃肠后，依靠消化器官分泌出的消化液，如唾液、胃液、胰液、肠液、胆汁等，才能进行食物消化和吸收。在这些消化液中水的含量高达 90% 以上。

2. 参与代谢功能

在新陈代谢过程中，人体内物质交换和化学反应都是在水中进行的。水不仅是体内生化反应的介质，而且水本身也参与体内氧化、还原、合成、分解等化学反应。水是各种化学物质在体内正常代谢的保证。如果人体长期缺水，代谢功能就会异常，会使代谢减缓从而堆积过多的能量和脂肪，使人肥胖。体内还有部分水与蛋白质、粘多糖和磷脂等结合，称为结合水。其功能之一是保证各种肌肉具有独特的机械功能。例如，水心肌中大部分以结合水的形式存在，并无流动性，这就是使心肌成为坚实有力的舒缩性组织的条件之一。

3. 载体运输功能

由于水的溶解性好，流动性强，又包含于体内各个组织器官，水充当了体内各种营养物质的载体。在营养物质的运输和吸收、气体的运输和交换、代谢产物的运输与排泄中，水都是起着极其重要的作用。比如，运送氧气、维生素、葡萄糖、氨基酸、酶、激素到全身；把尿素、尿酸等代谢废物运往肾脏，随尿液排出体外。

4. 调节抑制功能

水的比热高，对机体有调节体温的作用。防止中暑最好的办法就是多喝水。这是因为认为摄入的三大产能营养素在水的参与下，利用氧气进行氧化代谢，释放能量，再通过水的蒸发可散发大量能量，避免体温升高。当人体缺水时，多余的能量就难以及时散出，从而引发中暑。此外，水还能够改善体液组织的循环，调节肌肉张力，并维持机体的渗透压和酸碱平衡。

5. 润滑滋润功能

在缺水的情况下做运动是有风险的。因为组织器官缺少了水的润滑，很容易造成磨损。因此，运动前的 1 个小时最好要先喝充足的水。体内关节、韧带、肌肉、膜等处的活动，都由水作为润滑剂。水的黏度小，可使体内摩擦部位润滑，减少体内脏器的摩擦，防止损伤，并可使器官运动灵活。同时水还有滋润功能，使身体细胞经常处于湿润状态，保持肌肤丰满柔软。定时定量补水，会让皮肤特别水润、饱满、有弹性。可以说，水是美肤的佳品。

6. 稀释和排毒功能

不爱喝水的人往往容易长痘痘，这是因为人体排毒必须有水的参与。没有足够的水，毒素就难以有效排出，淤积在体内，就容易引发痘痘。其实，水不仅有很好的溶解能力，而且有重要的稀释功能，肾脏排泄水的同时可将体内代谢废物、毒物及食入的多余药物等一并排出，减少肠道对毒素的吸收，防止有害物质在体内慢性蓄积而引发中毒。因此，服药时应喝足够的水，以利于有效地消除药品带来的副作用。

7. 水的药用功能

雨水又名无根水，中医认为其性轻清，味甘淡，诸水之上也。夏日尤佳。饮之可以去病（刚下的雨水中含有大量尘埃，特别在现代化的和工业污染严重的城市，成分相当复杂，甚至可能含有致病微生物。但在未受污染的地方，干净的雨水功能依旧）。

维持人体水的平衡极为重要，人体水的来源有三种。

（1）饮水：饮水量随个人习惯、气候条件、劳动条件的不同而有较大的差别。一般情况下，成年人每天饮水量波动于1 000～1 500ml之间。

（2）食物水：随食物种类而含量各异。成年人每天随食物摄入的水量约为700～900ml。

（3）代谢水：食物在体内氧化的最后阶段产生的水称代谢水。成年人每天约300ml。

人体排水途径有三种。

（1）不感蒸发和发汗：不感蒸发是指水分直接透出皮肤和粘膜（主要是呼吸道粘膜）表面而蒸发。发汗是指皮肤的汗腺分泌汗液。在一般情况下，成年人经呼吸道粘膜不感蒸发所排出的水每天约为350ml，经皮肤不感蒸发和发汗排出的水每天约500ml。

（2）随粪排水：正常成人每天随粪排水约150ml。

（3）随尿排水：正常成人一般情况下随尿排出的水每天约

1 500ml。因成年人每天须经肾排出 35g 左右固体溶质（主要是蛋白质代谢终产物和电解质），尿液的最大浓度为 6%～8%，排出 35g 固体溶质的最低尿量应为 500ml，称为最低尿量。当每天尿量少于 500ml 时，代谢最终产物就会在血液中滞留起来。

从上可见，正常人每天的出入水量相等。在一般情况下，正常成人的出入水量约为 2 500ml，从而保证了水的平衡。

二、水对地球环境的功能

（一）水对大气的影响

1. 水对气候具有调节作用

大气中的水汽能阻挡地球辐射量的 60%，保护地球不至于被冷却。海洋和陆地水体在夏季能吸收和积累热量，使气温不至过高；在冬季则能缓慢地释放热量，使气温不至过低。

海洋和地表中的水蒸发到天空中形成了云，云中的水通过降水落下来变成雨，冬天则变成雪。落于地表上的水渗入地下形成地下水；地下水又从地层里冒出来，形成泉水，经过小溪、江河汇入大海，形成一个水循环。

2. 雨雪等降水活动对气候形成重要的影响

在温带季风性气候中，夏季风带来了丰富的水气，夏秋多雨，冬春少雨，形成明显的干湿两季。

此外，在自然界中，由于不同的气候条件，水还会以冰雹、雾、露水、霜等形态出现并影响气候和人类的活动。

（二）水对地理的影响

在地球表面有 71% 被水资源覆盖，从空中来看，地球就是个蓝色的星球。水侵蚀岩石土壤，冲淤河道，搬运泥沙，营造平原，改变地表形态。

地球表层水体构成了水圈，包括海洋、河流、湖泊、沼泽、冰川、积雪、地下水和大气中的水。由于注入海洋的水带有一定的盐分，加上常年的积累和蒸发作用，海水和大洋里的水都是咸水，不能被直接饮用。某些湖泊的水也是含盐水，比如：死海。世界上最大的水体是太平洋。北美的五大湖是最大的淡水水系。欧亚大陆上的里海是最大的咸水湖。

地球上水的体积大约有 1 360 000 000km³。海洋占了 1 320 000 000km³（97.2%）；冰川和冰盖占了 25 000 000km³（1.8%）；地下水占了 13 000 000km³（0.9%）；湖泊、内陆海，和河里的淡水占了 250 000km³（0.02%）；大气中的水蒸气在任何已知的时候都占了 13 000km³（0.001%）。

三、水在工业化过程中的重要作用

水是极为重要的工业资源，在工业化过程中具有极为重要的作用。水参加了工矿企业生产的一系列重要环节，在制造、加工、冷却、净化、空调、洗涤等方面发挥着重要的作用，被誉为工业的血液。例如，在钢铁厂靠水降温保证生产；钢锭轧制成钢材要用水冷却；高炉转炉的部分烟尘要靠水来收集；锅炉里更是离不了水，制造 1t 钢，大约需用 25t 水。水在造纸厂是纸浆原料的疏解剂、解释剂、洗涤运输介质和药物的溶剂，制造 1t 纸需用 450t 水。火力发电厂冷却用水量十分巨大，同时，也消耗部分水。食品厂的和面、蒸馏、煮沸、腌制、发酵都离不了水，酱油、醋、汽水、啤酒等，其实就是水的化身。

第五节　人类活动对水的污染

水的污染有两类：一类是自然污染；另一类是人类活动的污染。当前对水体危害较大的是人类活动的污染。水污染可根据污染杂质的不同而主要分为化学性污染、物理性污染和生物性污染三大类。

一、化学性污染

污染杂质为化学物品而造成的水体污染。化学性污染根据具体污染杂质可分为 6 类。

（1）无机污染物质：污染水体的无机污染物质有酸、碱和一些无机盐类。酸碱污染使水体的pH值发生变化，妨碍水体自净作用，还会腐蚀船舶和水下建筑物，影响渔业发展等。

（2）无机有毒物质：污染水体的无机有毒物质主要是重金属等有潜在长期影响的物质，主要有汞、镉、铅、砷等元素。

（3）有机有毒物质：污染水体的有机有毒物质主要是各种有机农药、多环芳烃、芳香烃等。它们大多是人工合成的物质，化学性质很稳定，很难被生物所分解。

（4）需氧污染物质：生活污水和某些工业废水中所含的碳水化合物、蛋白质、脂肪和酚、醇等有机物质可在微生物的作用下进行分解。在分解过程中需要大量氧气，故称之为需氧污染物质。

（5）植物营养物质：主要是生活与工业污水中的含氮、磷等植物营养物质，以及农田排水中残余的氮和磷。

（6）油类污染物质：主要指石油对水体的污染，尤其海洋采油和油轮事故污染最甚。

二、物理性污染

物理性污染包括以下三类。

（1）悬浮物质污染：悬浮物质是指水中含有的不溶性物质，包括固体物质和泡沫塑料等。它们是由生活污水、垃圾和采矿、采石、建筑、食品加工、造纸等产生的废物泄入水中或农田的水土流失所引起的。悬浮物质影响水体外观，妨碍水中植物的光合作用，减少氧气的溶入，对水生生物不利。

（2）热污染：来自各种工业过程的冷却水，若不采取措施，直接排入水体，可能引起水温升高、溶解氧含量降低、水中存在的某些有毒物质的毒性增加等现象，从而危及鱼类和水生生物的生长。

（3）放射性污染：由于原子能工业的发展，放射性矿藏的开采，核试验和核电站的建立以及同位素在医学、工业、研究等领域的应用，使放射性废水、废物显著增加，造成一定的放射性污染。

三、生物性污染

生活污水，特别是医院污水和某些工业废水污染水体后，往往可以带入一些病原微生物。例如某些原来存在于人畜肠道中的病原细菌，如伤寒、副伤寒、霍乱细菌等都可以通过人畜粪便的污染而进入水体，随水流动而传播。一些病毒，如肝炎病毒、腺病毒等也常在污染水中发现。某些寄生虫病，如阿米巴痢疾、血吸虫病、钩端螺旋体病等也可通过水进行传播。由此看见保护我们的地球环境，防止工业污染和病原微生物对水体的污染既是保护环境，更是保障人体健康的一大课题。随着世界范围内人口的增加，现代工农业生产的发展及现高科技的诞生，自然界中水的污染情况日趋严重。目前，世界上几乎没有洁净的自然水。据资料记载，有水传播的40多种疾病，在世界范围内仍未得到有效的控制，全世界每年有2 500万儿童因饮用受过污染的水而生病致死。水污染日趋加剧，已构成对人类生存安全的重大威胁，成为人类生命的第一杀手，成为人类健康、经济和社会可持续发展的重大障碍。

水体中污染的主要来源：

(1) 自然污染：人与动物的排泄物、动植物残片与垃圾的污染；

(2) 工业污染：工厂、矿山、汽车、船舶所排放的废水、废气、废渣的三废污染；

(3) 农药、化肥、激素使用过程中及其他化工生产过程中散失所造成的污染；

(4) 现代高科技污染：家用电器、办公通信设备等电磁辐射污染；

(5) 水处理过程及水在输送工程中的污染：原水经氯消毒后，水中的污染物被氯化后而产生的致癌物质——三氯甲烷等有可能严重超标；饮用水经过比较长的管道输送过程中形成的第二次污染；进入住宅区中长期无人维护的高层建筑的水箱，污浊物增多繁衍而造成的第三次污染；通过管道流进千家万户的过程中，还会造成第四次污染。

第六节 水的污染对生命的严重危害

面对生活饮用水的严重污染，在很多情况下，由于条件所限，人们有许多无奈。所以，只能逆来顺受，无法做出选择。迄今为止，已查出水中的污染物已有2 221种，水污染日益严重。我国的国民经济得到了迅速发展，而水源水质却已经倒退了很多，甚至已经达到一类和二类。

据中国预防医学科学院统计，目前我国全年排污量超过435亿t。其中80%以上未经任何处理就直接排入天然水体。全国城市90%的水源水域受到污染。即使在北京，卫生部门每次对市售瓶装水抽查中，就有70%以上卫生指标严重超标。在全国约有六成以上的人饮用水中的大肠杆菌严重超标，约有3亿人饮用水含铁量超标，1.1亿人饮用高硬度水、0.5亿人饮用高硝酸盐水，全国35个重点城市只有23%的居民饮用水基本符合卫生标准。

但是，我国很多城市的饮用水，在处理时仍然使用已有100多年的传统水处理工艺，混凝、沉淀、过滤、消毒。对去除溶解性的物质如水的盐度、硬度、碱度、有机物、重金属等无能为力。因此，在现行的城市自来水厂用常规水处理技术和工艺处理的饮用水中，仍有许多有毒有害于人体健康的污染物。虽然含量不是很高，但是人们长期使用、饮用而导致这些有害的物质在人体内累积，并造成慢性中毒，当达到一定程度时，将会影响人们的健康和生命。科学研究证明，当前城市饮用水消毒所产生的副毒物和微量有机污染物是众所周知的致癌、致畸和致突变污染物，有些污染物还具有导致人体内分泌紊乱和导致人体不孕的作用，这些污染物将直接关系到人类能否延续生存的根本问题。

饮用受到污染水的代价，使身体、精神和经济遭受无限的痛苦与创伤，经由于水污染而造成的主要疾病是癌症。科学研究发现，癌症就是有害物质在人体细胞内外体液中的长期积累而造成细胞组织的损害，从而造成急性恶化，而癌细胞的扩散也是通过细胞体液来进行的，其他的疾病、炎症等也是由于细胞内水的有害物质引发的。人的肝脏功能是把各种养料分解合成变成身体必须的养分，由血液输送到心脏，再由心脏通过血管将养分运送到五脏六腑及60兆细胞。从身体各部回来的血液，混合着许多废物和杂质，经过肾脏的过滤，从尿道排出体外。这时常常有一部分杂质会在体内积累，日积月累就会造成各种结石症。长期饮用不洁净的水，有些污染物就会沉淀在血管壁上，加速了心脑血管硬化。高血压、心脏病、脑血栓等疾病与长期饮用不洁净的水有直接关系。长期饮用高氟水可导致中毒，骨中摄入过量的"氟"，会使骨骼中钙质被置换，造成人体骨疏松和软化，使人弯腰驼背，严重的还可丧失劳动能力。超标重金属引发的疾病，砷中毒导致神经炎、急性中毒甚至死亡等。水中超标重金属沉淀在肠壁上污染后果触目惊心，1973年以后在莫斯科工业区附近，已经出生了90名四肢不全的畸形儿。

世界卫生组织WHO资料表明，全世界80%以上的疾病是由饮用不洁净的水而造成的，全世界50%儿童的死亡是由饮用被污染的水而造成的，全世界12亿人因饮用受污染的水而患上多种疾病，3 500万人患心血管疾病、7 000万人患胆结石、9 000万人患肝炎病、3 000万人死于肝癌、胃癌、肠癌……

水污染是人类疾病的重要根源。由于全球性的水资源污染，饮用水已经成为人类健康的第一大隐形杀手。中国城镇居民生病和亚健康状况的60%与水污染有关。据天津电视台报道：中国每年有500万人死于因水污染而导致的疾病，而且此数字仍将不断升高。近年来，全世界每年有几千万人死于因水污染而引发的疾病。世界卫生组织（WHO）的调查表明：

全球12亿人因饮用被污染的水而患上各种疾病，患病率高达20%；

全球80%的疾病是由于饮用水被污染造成；

全球50%的癌症与饮用水不洁有关；

全球50%儿童的死亡是由于饮用水污染造成；

全球每年有2 500万五岁以下的儿童死于因饮用被污染的水而引发的疾病；

全球因水污染引发的霍乱、痢疾和疟疾的人数超出500万。

饮用水污染引发的癌症是广泛的。据世界卫生组织调查和2001年淡水资源透露，饮用水污染导致的肿瘤、癌症、肝病、肾病、结石、致畸、婴幼儿身体和智力发育迟缓已呈现出前所未有的趋势。科学家还发现，心脏血管硬化与饮用水不洁净也有直接关系。

人饮用含有各种污染物质的水会得何种疾病呢？

（1）细菌、病毒等微生物对水体的污染：一般细菌、大肠杆菌伤寒、霍乱、痢疾、小儿麻痹病等。

（2）工业排放的废弃物中化学物质对水体的污染：农药、合成洗涤剂、氯、杀虫剂、挥发酚类、取代苯类化合物、放射性等一些化学物质，这些有毒化学物质在人体内的积累会诱发人体的各种癌变。

（3）重金属的污染：

水银——神经麻痹、语言障碍、脑损伤、皮肤疾病、口腔炎、眼屎、牙齿松动、心脏病、细胞坏死、黏膜炎。

铅——神经麻痹、肌肉麻痹、脑损伤、低能儿及运动障碍胎儿、便秘、食欲减退、贫血、肌肉疼痛并伴有肌肉坏死、肾脏、癌、神经衰弱。

砷(剧毒物)——致癌、神经麻痹、意识障碍、消化道疾病、皮肤疾病、舌瘤。

铬——致癌、急性毒性角质、皮肤疾病、肾脏疾病。

镉——致癌、呕吐、眩晕症、头痛、肌肉僵直、低能胎儿、骨质软化、胃病、贫血、肝病。

锌——脱毛症、皮肤疾病、呕吐、头痛、肌肉僵直、胃炎。

铁——水中异味、黏膜刺激、皮肤粗糙。

铜——呕吐、腹泻、胃炎、威尔逊病、肝硬化。

钠——过量的钠盐涉入会脑损伤、腹泻、呕吐、皮肤组织损伤。

锰——发育不良、生育能力低下、骨骼异常、新生儿失调。

氟——氟中毒、骨骼损伤、黄斑牙。

第七节　日常生活中的饮水误区

一、纯净水无营养

从生物链角度来谈，水中的无机物人不可以摄取，只有通过植物转化为有机物后人才可以吸收。水中的营养只占到水中全部物质的1%左右。补钙：1杯牛奶= 1 200杯矿泉水，补铁：0.5kg牛肉= 8 200杯矿泉水，1杯鲜橙汁相当于700瓶矿泉水中全部营养的含量。因此，不能认为纯净水无营养。

纯净水具有重要生理功能，据统计，长期饮用纯净水（活性）可以使泌尿系统疾病发病率下降40%，癌症发病率下降60%，心血管疾病发病率下降20%。由于纯净水是活性的，处于一种饥饿态，进入人体后，体内的各种杂质会迅速扩散进入其中，从而能够包容体内无用之物，并随之排出体外。同时，活性水还能激活老化细胞，提高免疫力，对一些慢性疾病还有一定的疗效和防止作用。

二、喝开水最安全

原来我们都这么认为，很多人长期以来都认为喝生水要生病，所以一定要喝开水。当然这对于过去污染较少的水而言，不失为一种有效的消毒手段，但同时也存在许多负面的影响。中国医学博士、营养专家李文君先生指出：①开水只杀灭细菌和部分病毒，被杀死的细菌和病毒死尸仍存在于开水中；②在烧开水的过程中也无法祛除水中超标的重金属、水垢和致癌物；③水在加热的过程中，失去氧气太多，人体所需要的钙、镁等矿物质也变成了水垢沉积于壶壁，凉开水浇花花死，养鱼鱼死这是常识，喝开水不利于向人体供氧，长期饮用不利于新陈代谢。④用铝或铁制成的容器煮水时，水中的亚硝酸氮（强致癌物质）会明显升高。因此，不能认为喝开水最安全。

三、喝矿泉水有益身体健康

世界卫生组织(WHO)提出矿泉水的三个标准：海拔2 000m以上地下1 000m以下方圆20km^{2}内无污染源。大气已被各种放射物和各种有害物污染。地表由于各种污染300m之内已无净水，所以，矿泉水也不是让人放心安全的饮用水，也可能不利于身体健康。

四、喝桶装水方便又安全

桶装水需要买水、等水、扛水，很不方便。在流通过程中又容易二次污染，桶装水开盖后保质期只有24h，数小时后，在一定适宜的温度及环境条件下细菌就可能重新滋生，七天之后的桶装水基本上就可能变成含有新生污染物的死水，也是不宜饮用的。另外，一些不法商人贪图暴利，向水桶内直接灌装自来水或生水，所以市面上有相当一部分桶装水不能达到纯净水的标准。所以桶装水既不方便又不安全，而且费用也相对偏高。桶装的水你能放心饮用吗?您能认为桶装水方便又安全吗?

水质决定体质，“饮食”中包涵了两重意思：一为饮，二为食，食以饮为先。医圣李时珍的《本草纲目》“水”列为各篇之首。所以喝好水是健康长寿家庭幸福的最有效办法。

五、家庭当中饮用水的检测方法

水中溶解性固体含量测定仪(简称TDS测定仪)主要是用来测量水中杂质(可溶性物质)，其单位为mg/L(mg/l)。世界卫生组织(WHO)规定：饮用水标准50mg/L以下，而我们国家是没有饮用水标准的，我们国家的标准是生活饮用水，在1 000mg/L以下即为达标。TDS测定仪可使用来确定水中阴阳离子等无机可溶解性固体成分的总和。我们知道，纯净的水中含有的溶解性固体是很少的，一般只有零到几十毫克/升左右，可溶解物质增多而TDS值增多。TDS测试仪（便携式）只有比钢笔稍粗大一点的体积和重量，可以将该项指标直接测试出来，快捷方便。

只要把 TDS 测定仪的测试电极部分插到被测试的水中，即刻便可得知水中可溶解物质的含量，显示数值越小说明水中所含无机化合物和杂质成分越少；相反，如果显示数值越大，则说明水中杂质越多。以下是几种不同水的参考值：

自来水 500~ 1 000mg/L (一般在 500mg/L 以下)。

经过 RO 膜（反渗透膜）处理后 0~ 30mg/L。

地表水 40~ 2 000mg/L。

海水 2 000~ 4 200mg/L。

注：PPM 意即 1/100 万，相当于每升水中所含有杂质（溶解行总固体）的毫克数——即 mg/L。

如果您家的自来水 TDS 值超过标准，肯定是被污染的，如果所购桶装水已达到自来水的标准应考虑是否为不法商人直接灌装自来水，假冒桶装纯净水，您应考虑向工商或消协举报。

第七章 蛋白质为生命之基

蛋白质是生命的物质基础，是构成细胞的基本有机物，是生命活动的主要承担者。可以说，没有蛋白质就没有生命。氨基酸是蛋白质的基本组成单位。它是与生命及与各种形式的生命活动紧密联系在一起的物质。生命体中的每一个细胞和所有重要组成部分都有蛋白质参与。蛋白质是组成人体一切细胞、组织的重要成分。一般说，蛋白质约占人体全部质量的 18%，最重要的还是其与生命现象有关。蛋白质占人体重量的 16%~ 20%，即一个 60kg 重的成年人其体内约有蛋白质 9.6~ 12kg。人体内蛋白质的种类很多，性质、功能各异，但都是由 20 多种氨基酸按不同比例组合而成的，并在体内不断进行代谢与更新。

第一节 人类发现蛋白质

生物体内普遍存在的一种主要由氨基酸组成的生物大分子，它与核酸同为生物体最基本的物质，担负着生命活动过程的各种极其重要的功能。蛋白质的基本结构单元是氨基酸，在蛋白质中出现的氨基酸共有 20 种，氨基酸以肽键相互连接，形成肽链。

在 18 世纪，安东尼奥·弗朗索瓦（Antoine Fourcroy）和其他一些研究者发现蛋白质是一类独特的生物分子，他们发现用酸处理一些分子能够使其凝结或絮凝。当时的蛋白质来自蛋清、血液、血清白蛋白、纤维素和小麦面筋里的蛋白质。荷兰化学家格利特·马尔德（Gerhardus Johannes Mulder）对一般的蛋白质进行元素分析发现几乎所有的蛋白质都有相同的实验公式。1820 年，H. 布拉孔诺发现甘氨酸和亮氨酸，这是最初被鉴定为蛋白质成分的氨基酸，以后又陆续发现了其他的氨基酸。用“蛋白质”这一名词来描述这类分子是由Mulder的合作者永斯·贝采利乌斯于1838年提出。Mulder随后鉴定出蛋白质的降解产物，并发现其中含有为氨基酸的亮氨酸，并且得到它（非常接近正确值）的分子量为131Da。到19世纪末已经搞清蛋白质主要是由一类相当简单的有机分子——氨基酸所组成。

1902年E. 菲舍尔和F. 霍夫迈斯特各自独立地阐明了在蛋白质分子中将氨基酸连接在一起的化学键是肽键；1907年E. 菲舍尔又成功地用化学方法连接了18个氨基酸首次合成了多肽，从而建立了作为蛋白质化学结构基础的多肽理论。对蛋白质精确的三维结构知识主要来自对蛋白质晶体的X射线衍射分析，1960年J. C. 肯德鲁首次应用X射线衍射分析技术测定了肌红蛋白的晶体结构，这是第一个被阐明了三维结构的蛋白质。中国科学工作者在1965年用化学合成法全合成了结晶牛胰岛素，首次实现了蛋白质的人工合成；在1969—1973年期间，先后在2. 5埃和1. 8埃分辨率水平测定了猪胰岛素的晶体结构，这是中国阐明的第一个蛋白质的三维结构。

对于早期的生物化学家来说，研究蛋白质的困难在于难以纯化大量的蛋白质以用于研究。因此，早期的研究工作集中于能够容易地纯化的蛋白质，如血液、蛋清、各种毒素中的蛋白质以及消化性和代谢酶（获取自屠宰场）。著名化学家莱纳斯·鲍林成功地预测了基于氢键的规则蛋白质二级结构，而这一构想最早是由威廉·阿斯特伯里于1933年提出。随后，Walter Kauzman在总结自己对变性的研究成果和之前Kaj Linderstrom- Lang的研究工作的基础上，提出了蛋白质折叠是由疏水相互作用所介导的。1949年，弗雷德里克·桑格首次正确地测定了胰岛素的氨基酸序列，并验证了蛋白质是由氨基酸所形成的线性（不具有分叉或其他形式）多聚体。原子分辨率的蛋白质结构首先在1960年代通过X射线晶体学获得解析；1950年代后期，Armour Hot Dog Co. 公司纯化了一公斤纯的牛胰腺中的核糖核酸酶A，并免费提供给全世界科学家使用。目前，科学家可以从生物公司购买越来越多的各类纯蛋白质。到了1980年代，NMR（核磁共振）也被应用于蛋白质结构的解析。1982年美国人S. B. Prusiner发现蛋白质因子Prion，更新了医学感染的概念，于1997年获诺贝尔生理医学奖。

近年来，冷冻电子显微学被广泛用于对于超大分子复合体的结构进行解析。截至2008年2月，蛋白质数据库中已存有接近50 000个原子分辨率的蛋白质及其相关复合物的三维结构的坐标。近年来，冷冻电子显微学被广泛用于对于超大分子复合体的结构进行解析。

第二节　人类对蛋白质的基础性认识

蛋白质是由氨基酸以“脱水缩合”的方式组成的多肽链经过盘曲折叠形成的具有一定空间结构的物质。

一、发现蛋白质的组成

蛋白质是由C（碳）、H（氢）、O（氧）、N（氮）组成，一般蛋白质可能还会含有P（磷）、S（硫）、Fe（铁）、Zn（锌）、Cu（铜）、B（硼）、Mn(锰)、I（碘）、Mo（钼）等。这些元素在蛋白质中的组成百分比约为碳50%、氢7%、氧23%、氮16%、硫0~3%、其他微量元素。

（1）一切蛋白质都含氮元素，且各种蛋白质的含氮量很接近，平均为16%。

（2）蛋白质系数：任何生物样品中每1g氮的存在，就表示大约有100/16= 6. 25g蛋白质的存在，6.25常称为蛋白质常数。

蛋白质是一种复杂的大分子有机化合物，氨基酸是组成蛋白质的基本单位，氨基酸通过脱水缩合连成肽链。

食物中的蛋白质必须经过肠胃道消化，分解成氨基酸才能被人体吸收利用，吸收后的氨基酸只有在数量和种类上都能满足人体需要时，人体才能利用它们合成自身的蛋白质。营养学上将氨基酸分为必需氨基酸和非必需氨基酸两类。

必需氨基酸是指人体自身不能合成或合成速度不能满足人体需要、必须从食物中摄取的氨基酸。对成人来说，这类氨基酸有8种，包括赖氨酸、蛋氨酸、亮氨酸、异亮氨酸、苏氨酸、缬氨酸、色氨酸、苯丙氨酸。对婴儿来说有9种，多一种组氨酸。

非必需氨基酸并不是说人体不需要这些氨基酸，而是说人体可以自身合成或由其他氨基酸转化而得到，不一定非从食物直接摄取不可。这类氨基酸包括甘氨酸、丙氨酸、丝氨酸、天冬氨酸、谷氨酸（及其胺）、脯氨酸、精氨酸、组氨酸、酪氨酸、胱氨酸。

有些非必需氨基酸如胱氨酸和酪氨酸，如果供给充裕还可以节省必需氨基酸中蛋氨酸和苯丙氨酸的需要量。

二、发现蛋白质的结构与功能

蛋白质作为生命活动中起重要作用的生物大分子，与一切揭开生命奥秘的重大研究课题都有密切的关系。蛋白质是人类和其他动物的主要食物成分，适量、必要、充足的蛋白膳食是人民生活水平提高的重要标志之一。

蛋白质是由一条或多条多肽链组成的生物大分子，每一条多肽链有二十至数百个氨基酸残基（- R）不等。各种氨基酸残基按一定的顺序排列，蛋白质的氨基酸序列是由对应基因所编码。除了遗传密码所编码的20种基本氨基酸，在蛋白质中，某些氨基酸残基还可以被翻译后修饰而发生化学结构的变化，从而对蛋白质进行激活或调控。多个蛋白质可以一起，往往是通过结合在一起形成稳定的蛋白质复合物，折叠或螺旋构成一定的空间结构，从而发挥某一特定功能。合成多肽的细胞器是细胞质中糙面型内质网上的核糖体。蛋白质的不同在于其氨基酸的种类、排列顺序和肽链空间结构的不同。蛋白质分子上氨基酸的序列和由此形成的立体结构构成了蛋白质结构的多样性。蛋白质具有一级、二级、三级、四级结构，蛋白质分子的结构决定了它的功能。一级结构：蛋白质多肽链中氨基酸的排列顺序，以及二硫键的位置。二级结构：蛋白质分子局区域内，多肽链沿一定方向盘绕和折叠。

对蛋白质折叠机理的研究，对保留蛋白质活性，维持蛋白质稳定性和包涵体蛋白质折叠复性都具有重要的意义。早在20世纪30年代，我国生化界先驱吴宪教授就对蛋白质的变性作用进行了阐释，30年后，Anfinsen通过对核糖核酸酶A的经典研究表明去折叠的蛋白质在体外可以自发地进行再折叠，仅仅是序列本身已经包括了蛋白质正确折叠的所有信息，并提出蛋白质折叠的热力学假说，为此Anfinsen获得1972年诺贝尔化学奖。

蛋白质是细胞中的主要功能分子之一。除了特定类别的RNA，大多数的其他生物分子都需要蛋白质来调控。蛋白质也是细胞中含量最为丰富的分子之一，例如，蛋白质占大肠杆菌细胞干重的一半，而其他大分子如DNA和RNA则只分别占3%和20%。在一个特定细胞或细胞类型中表达的所有蛋白被称为对应细胞的蛋白质组。

蛋白质能够在细胞中发挥多种多样的功能，涵盖了细胞生命活动的各个方面。发挥催化作用的酶；参与生物体内的新陈代谢的调剂作用，如胰岛素；一些蛋白质具有运输代谢物质的作用，如离子泵和血红蛋白；发挥储存作用，如植物种子中的大量蛋白质，就是用来萌发时的储备；许多结构蛋白被用于细胞骨架等的形成，如肌球蛋白；还有免疫、细胞分化、细胞凋亡等过程中都有大量蛋白质参与。

蛋白质的合成是通过细胞中的酶的作用将DNA中所隐藏的信息转录到mRNA中，再由tRNA按密码子-反密码子配对的原则，将相应氨基酸运到核糖体中，按照mRNA的编码按顺序排列成串，形成多肽链，再进行折叠和扭曲成蛋白质。蛋白质为生命的基础大分子，可视为生命体的砖块。通过基因工程可以改变序列并由此改变蛋白质的结构，靶物质，调控敏感性和其他属性。通过蛋白质工程，不同蛋白质的基因序列可以拼接到一起，产生两种蛋白属性的“荒诞”的蛋白质，这种熔补形式成为改变或探测细胞功能的一个主要工具。另外，可以创造一种具有全新属性或功能的蛋白质。

蛋白质功能发挥的关键在于能够特异性地并且以不同的亲和力与其他各类分子，包括蛋白质分子结合。蛋白质结合其他分子的区域被称为结合位点，而结合位点常常是从蛋白质分子表面下陷的一个“口袋”；而结合能力与蛋白质的三级结构密切相关，因为结构决定了结合位点的形状和化学性质（即结合位点周围的氨基酸残基的侧链的化学性质）。蛋白质结合的紧密性和特异性可以非常高，非常微小的化学结构变化，如在结合位点的某一残基侧链上添加一个甲基基团，有时就可以几乎完全破坏结合。

许多纯的蛋白质制剂也是有效的药物，例如胰岛素、人丙种球蛋白和一些酶制剂等。在临床检验方面，测定有关酶的活力和某些蛋白质的变化可以作为一些疾病临床诊断的指标，例如乳酸脱氢酶同工酶的鉴定可以用作心肌梗塞的指标，甲胎蛋白的升高可以作为早期肝癌病变的指标等。

蛋白质可作为一种试剂用于筛选能够促进或抑制蛋白质活性的化合物或其盐，这种化合物或其盐以及抑制蛋白质活性的中和抗体可用作治疗或预防支气管哮喘、慢性阻塞性肺部疾病等的药物。

蛋白质就是构成人体组织器官的支架和主要物质，在人体生命活动中，起着基础性作用，可以说没有蛋白质就没有生命活动的存在。每天的饮食中蛋白质主要存在于豆类、蛋类、瘦肉及鱼类中。食入的蛋白质在体内经过消化被水解成氨基酸被吸收后，重新合成人体所需蛋白质，同时新的蛋白质又在不断代谢与分解，时刻处于动态平衡中。因此，食物蛋白质的质和量、各种氨基酸的比例，关系到人体蛋白质合成的量，尤其是青少年的生长发育、孕产妇的优生优育、老年人的健康长寿，都与膳食中蛋白质的量有着密切的关系。

在工业生产上，某些蛋白质是食品工业及轻工业的重要原料，如羊毛和蚕丝都是蛋白质，皮革是经过处理的胶原蛋白。在制革、制药、缫丝等工业部门应用各种酶制剂后，可以提高生产效率和产品质量。蛋白质在农业、畜牧业、水产养殖业方面的重要性，也是显而易见的。

三、蛋白质的主要性质

1. 蛋白质具有两性

蛋白质是由α-氨基酸通过肽键构成的高分子化合物，在蛋白质分子中存在着氨基和羧基，因此跟氨基酸相似，蛋白质也是两性物质。

2. 水解反应

蛋白质在酸、碱或酶的作用下发生水解反应，经过多肽，最后得到多种 α- 氨基酸。蛋白质水解时，应找准结构中键的“断裂点”，水解时肽键部分或全部断裂。

3. 溶水具有胶体性质

有些蛋白质能够溶解在水里（例如鸡蛋白能溶解在水里）形成溶液。蛋白质的分子直径可以达到胶体微粒的大小（10^{-9}～10^{-7}nm），所以蛋白质具有胶体的性质。

4. 蛋白质沉淀

加入高浓度的中性盐、加入有机溶剂、加入重金属、加入生物碱或酸类、热变性。少量的盐（如硫酸铵、硫酸钠等）能促进蛋白质的溶解。如果向蛋白质水溶液中加入浓的无机盐溶液，可使蛋白质的溶解度降低，而从溶液中析出，这种作用叫做盐析。这样盐析出的蛋白质仍旧可以溶解在水中，而不影响原来蛋白质的性质，因此盐析是个可逆过程，利用这个性质，采用分段盐析方法可以分离提纯蛋白质。

5. 蛋白质的变性

在热、酸、碱、重金属盐、紫外线等作用下，蛋白质会发生性质上的改变而凝结起来，这种凝结是不可逆的，不能再使它们恢复成原来的蛋白质，蛋白质的这种变化叫做变性。蛋白质变性后，就失去了原有的可溶性，也就失去了它们生理上的作用，因此蛋白质的变性凝固是个不可逆过程。

造成蛋白质变性的原因：物理因素包括加热、加压、搅拌、振荡、紫外线照射、X 射线、超声波等，化学因素包括强酸、强碱、重金属盐、三氯乙酸、乙醇、丙酮等。

6. 颜色反应

蛋白质可以跟许多试剂发生颜色反应，例如在鸡蛋白溶液中滴入浓硝酸，则鸡蛋白溶液呈黄色，这是由于蛋白质（含苯环结构）与浓硝酸发生了颜色反应的缘故，还可以用双缩脲试剂对其进行检验，该试剂遇蛋白质变紫。

蛋白质在灼烧分解时，可以产生一种烧焦羽毛的特殊气味，利用这一性质可以鉴别蛋白质。

四、蛋白质的复性

20世纪最惊人的发现之一就是许多蛋白质的活性状态和失活状态可以互相转化，在一个精确控制的溶液条件下（例如通过透析除去导致失活的化学物质），失活的蛋白质可以转变为活性形式。

蛋白质分子在受到外界的一些物理和化学因素的影响后，分子的肽链虽不裂解，但其天然的立体结构遭致改变和破坏，从而导致蛋白质生物活性的丧失和其他的物理、化学性质的变化，这一现象称为蛋白质的变性。早在1931年中国生物化学家吴宪就首次提出了正确的变性作用理论。引起蛋白质变性的主要因素有：①温度。②酸碱度。③有机溶剂。④脲和盐酸胍，这是应用最广泛的蛋白质变性试剂。⑤去垢剂和芳香环化合物。

蛋白质的变性常伴随有下列现象：①生物活性的丧失，这是蛋白质变性的最主要特征。②化学性质的改变。③物理性质的改变。在变性因素去除以后，变性的蛋白质分子又可重新回复到变性前的天然的构象，这一现象称为蛋白质的复性。蛋白质的复性有完全复性、基本复性或部分复性。只有少数蛋白质在严重变性以后，能够完全复性。

蛋白质折叠的自发性证实了蛋白质分子的特征三维结构仅仅决定于它的氨基酸序列。活性蛋白质分子在生物体内刚合成时，常常不呈现活性，即不具有这一蛋白质的特定的生物功能。蛋白质分子的肽链在一些生化过程中按特定的方式断裂就会使蛋白质呈现其生物活性。蛋白质的激活是生物的一种调控方式，这类现象在各种重要的生命活动中广泛存在。

蛋白质亚基参与蛋白质功能的调节是一个相当普遍的现象，特别在调节酶的催化功能方面。蛋白质完成其生物功能的效率和反应速度的调节依赖于蛋白质亚基之间的相互关系。有些酶存在和活性部位不重叠的别构部位，这样的酶称为别构酶，已知的别构酶在结构上都有两个或两个以上的亚基。别构部位和别构配体相结合后，引起酶分子立体结构的变化，从而导致活性部位立体结构的改变，这种改变可能增进，也可能钝化酶的催化能力。

五、蛋白质的代谢

蛋白质在胃液消化酶的作用下，初步水解，在小肠中完成整个消化吸收过程。氨基酸的吸收通过小肠黏膜细胞，是由主动转运系统进行，分别转运中性、酸性和碱性氨基酸。在肠内被消化吸收的蛋白质，不仅来自于食物，也有肠黏膜细胞脱落和消化液的分泌等，每天有70g左右蛋白质进入消化系统，其中大部分被消化和重吸收。未被吸收的蛋白质由粪便排出体外。

六、蛋白质的种类

食物蛋白质是由氨基酸组成的，所以它的质量好坏，是与所含氨基酸的种类及数量分不开的。富含必需氨基酸，品质优良的蛋白质统称完全蛋白质，如奶、蛋、鱼、肉类等属于完全蛋白质，植物中的大豆亦含有完全蛋白质。缺乏必需氨基酸或者含量很少的蛋白质称不完全蛋白质，如谷、麦类、玉米所含的蛋白质和动物皮骨中的明胶等。

营养学上根据食物蛋白质所含氨基酸的种类和数量将食物蛋白质分三类。

(1) 完全蛋白质是一类优质蛋白质，它们所含的必需氨基酸种类齐全，数量充足，彼此比例适当。这一类蛋白质不但可以维持人体健康，还可以促进生长发育。

(2) 半完全蛋白质，这类蛋白质所含氨基酸虽然种类齐全，但其中某些氨基酸的数量不能满足人体的需要。它们可以维持生命，但不能促进生长发育。

(3) 不完全蛋白质，这类蛋白质不能提供人体所需的全部必需氨基酸，单纯靠它们既不能促进生长发育，也不能维持生命。

根据蛋白质分子的外形，可以将其分作3类。

(1) 球蛋白：球状蛋白质分子形状接近球形，水溶性较好，种类很多，可行使多种多样的生物学功能，典型的球蛋白含有能特异的识别其他化合物的凹陷或裂隙部位。

(2) 纤维蛋白：纤维状蛋白质分子外形呈棒状或纤维状，大多数不溶于水，通常都含有呈现相同二级结构的多肽链许多纤维蛋白结合紧密，并为单个细胞或整个生物体提供机械强度，起着保护或结构上的作用，是生物体重要的结构成分，或对生物体起保护作用。

(3) 膜蛋白：膜蛋白质一般折叠成近球形，插入生物膜，也有一些通过非共价键或共价键结合在生物膜的表面。生物膜的多数功能是通过膜蛋白实现的。

根据蛋白质的功能，可以分为以下 8 种。

(1) 角蛋白：由处于 α- 螺旋或 β- 折叠构象的平行的多肽链组成不溶于水的起着保护或结构作用蛋白质。

(2) 胶原蛋白：是动物结缔组织最丰富的一种蛋白质，它是由胶原蛋白分子组成。胶原蛋白是一种具有右手超螺旋结构的蛋白。每个胶原分子都是由 3 条特殊的左手螺旋（螺距 0.95nm，每一圈含有 3.3 个残基）的多肽链右手旋转形成的。

(3) 伴娘蛋白：与一种新合成的多肽链形成复合物并协助它正确折叠成具有生物功能构向的蛋白质。伴娘蛋白可以防止不正确折叠中间体的形成和没有组装的蛋白亚基的不正确聚集，协助多肽链跨膜转运以及大的多亚基蛋白质的组装和解体。

(4) 肌红蛋白：是由一条肽链和一个血红素辅基组成的结合蛋白，是肌肉内储存氧的蛋白质，它的氧饱和曲线为双曲线型。

(5) 血红蛋白：是由含有血红素辅基的 4 个亚基组成的结合蛋白。血红蛋白负责将氧由肺运输到外周组织，它的氧饱和曲线为 S 型。

(6) 蛋白质变性：生物大分子的天然构象遭到破坏导致其生物活性丧失的现象。蛋白质在受到光照、热、有机溶剂以及一些变性剂的作用时，次级键受到破坏，导致天然构象的破坏，使蛋白质的生物活性丧失。

(7) 复性：在一定的条件下，变性的生物大分子恢复成具有生物活性的天然构象的现象。

（8）别构效应：又称为变构效应，是寡聚蛋白与配基结合改变蛋白质的构象，导致蛋白质生物活性改变的现象。

第三节 全面认识蛋白质对人类健康的作用

1. 蛋白质是生命的物质基础，是生命活动的主要承担者

蛋白质是生物体内一种极重要的高分子有机物，占人体干重的54%。人体中估计有 10 万种以上的蛋白质。人体的生长、发育、运动、遗传、繁殖等一切生命活动都离不开蛋白质。生命运动需要蛋白质，也离不开蛋白质。人体内的一些生理活性物质如胺类、神经递质、多肽类激素、抗体、酶、核蛋白以及细胞膜上、血液中起“载体”作用的蛋白都离不开蛋白质，它对调节生理功能，维持新陈代谢起着极其重要的作用。人体运动系统中肌肉的成分以及肌肉在收缩、作功、完成动作过程中的代谢无不与蛋白质有关，离开了蛋白质，体育锻炼就无从谈起。

蛋白质在细胞和生物体的生命活动过程中起着十分重要的作用。生物的结构和性状都与蛋白质有关。蛋白质还参与基因表达的调节，以及细胞中氧化还原、电子传递、神经传递乃至学习和记忆等多种生命活动过程。在细胞和生物体内各种生物化学反应中起催化作用的酶主要也是蛋白质。许多重要的激素，如胰岛素和胸腺激素等也都是蛋白质。此外，多种蛋白质，如植物种子（豆、花生、小麦等）中的蛋白质和动物蛋白、奶酪等都是供生物营养生长之用的蛋白质，有些蛋白质如蛇毒、蜂毒等是动物攻防的武器。

2. 蛋白质的生理平衡

蛋白质的生理平衡是维持生命活动的基础，具有极为重要的作用，蛋白质缺乏和过剩都会对人的健康造成重大的威胁。

蛋白质缺乏对人体的危害。成年人表现为肌肉消瘦、肌体免疫力下降、贫血，严重者将产生水肿。未成年人表现为生长发育停滞、贫血、智力发育差、视觉差。蛋白质缺乏在成人和儿童中都有发生，但

处于生长阶段的儿童更为敏感。蛋白质缺乏的常见症状是代谢率下降，对疾病抵抗力减退，易患病，远期效果是器官的损害，常见的是儿童的生长发育迟缓、体质下降、淡漠、易激怒、贫血以及干瘦病或水肿，并因为易感染而继发疾病。蛋白质的缺乏，往往又与能量的缺乏共同存在即蛋白质—热能营养不良，分为两种，一种指热能摄入基本满足而蛋白质严重不足的营养性疾病，称加西卡病。另一种即为“消瘦”，指蛋白质和热能摄入均严重不足的营养性疾病。缺少蛋白质就会出现性功能障碍和肝细胞不健康，就会出现手脚冰凉、缺氧、心肌缺氧造成心力衰竭。蛋白质缺乏会造成胃动力不够，消化不良，打嗝。胃溃疡、胃炎、胃酸过多，刺激溃疡面会感觉到疼，蛋白质是唯一具有修复再造细胞的功能。消化壁上有韧带，缺乏蛋白质会松弛，内脏下垂，子宫下垂脏器移位。缺乏蛋白质肌肉萎缩，骨头的韧性减低，易骨折；抗体会减少，易感冒发烧。

蛋白质过量对人体同样具有严重危害。蛋白质在体内不能贮存，多了肌体无法吸收，过量摄入蛋白质，将会因代谢障碍产生蛋白质中毒甚至死亡。动物性蛋白摄入过多，对人体同样有害。首先过多的动物蛋白质的摄入，就必然摄入较多的动物脂肪和胆固醇。其次蛋白质过多本身也会产生有害影响。正常情况下，人体不储存蛋白质，所以必须将过多的蛋白质脱氨分解，氮则由尿排出体外，这加重了代谢负担，而且，这一过程需要大量水分，从而加重了肾脏的负荷，若肾功能本来不好，则危害就更大。过多的动物蛋白摄入，也造成含硫氨基酸摄入过多，这样可加速骨骼中钙质的丢失，易产生骨质疏松。

3. 帮助癌细胞的蛋白质

当癌细胞快速增生时，它们好像需要一种名为 survivin 的蛋白质的帮助。这种蛋白质在癌细胞中含量很丰富，但在正常细胞中却几乎不存在。Survivin 蛋白属于一类防止细胞自我破坏（即凋亡）的蛋白质。这类蛋白质主要通过抑制凋亡酶的作用来阻碍其把细胞送上自杀的道路。

癌细胞与 survivin 蛋白的这种依赖性使得 survivin 自然成为制造新抗癌药物的靶标，但是在怎样对付 survivin 蛋白这个问题上却仍有一些未解之谜。

据一些研究人员报道，survivin 蛋白出人意料地以成双配对的形式结合在一起，这一发现很有可能为抗癌药物的设计提供了新的锲机。美国加利福尼亚州的结构生物学家 Joseph Noel 和同事们率先观察到 survivin 蛋白的三维结构。他们将 X 射线照射在该蛋白质的晶体上，并测量了 X 射线的偏转角度，研究人员计算出蛋白质中每个原子所处的位置。他们得到的结果指出，survivin 蛋白形成一种结合，这是其他凋亡抑制物不形成的。《自然结构生物学》杂志中报道称，一个 survivin 分子的一部分与另一个 survivin 分子的相应部分连结在一起，形成了一个被称为二聚物（dimer）的蛋白质对。研究人员推测这些 survivin 蛋白的二聚物可能在细胞分裂时维持关键的分子结构。如果这种蛋白质必须成双配对后才能发挥作用，那么用一种小分子把它们分开也许能对付癌症。科学家认为，两个蛋白质的接触面可能将是抗癌症药物集中对付的良好靶标。

第四节　蛋白质代谢过程

生物化学研究发现，蛋白质代谢过程实现途径有如下特点。

（1）蛋白质代谢以氨基酸为核心，细胞内外液中所有游离氨基酸称为游离氨基酸库，其含量不足氨基酸总量的 1%，却可反映机体氮代谢的概况。食物中的蛋白都要降解为氨基酸才能被人体利用，体内蛋白也要先分解为氨基酸才能继续氧化分解或转化。

（2）游离氨基酸可合成自身蛋白，可氧化分解放出能量，可转化为糖类或脂类，也可合成其他生物活性物质。合成蛋白是主要用途，约占 75%，而蛋白质提供的能量约占人体所需总能量的 10%～15%。蛋白质的代谢平衡称氮平衡，一般每天排出 5g 氮，相当于 30g 蛋白质。因此，在一般平衡的条件下，每人每天供应 30g 以上蛋白质就可以了。过量就会对人体造成危害。

（3）氨基酸通过特殊代谢可合成体内重要的含氮化合物，如神经递质、嘌呤、嘧啶、磷脂、卟啉、辅酶等。磷脂的合成需 S—腺苷甲流氨酸，氨基酸脱羧产生的胺类常有特殊作用，如 5- 羟色胺是神经递质，缺少则易发生抑郁、自杀；组胺与过敏反应有密切联系。

只有婴儿可直接吸收乳汁中的抗体。外源蛋白有抗原性，需降解为氨基酸才能被吸收利用。可分为以下两步。

(1) 胃中的消化：胃分泌的盐酸可使蛋白变性，容易消化，还可激活胃蛋白酶，保持其最适 pH，并能杀菌。胃蛋白酶可自催化激活，分解蛋白产生蛋白胨。胃的消化作用很重要，但不是必须的，胃全切除的人仍可消化蛋白。

(2) 肠是消化的主要场所。肠分泌的碳酸氢根可中和胃酸，为胰蛋白酶、糜蛋白酶、弹性蛋白酶、羧肽酶、氨肽酶等提供合适环境。肠激酶激活胰蛋白酶，再激活其他酶，所以胰蛋白酶起核心作用，胰液中有抑制其活性的小肽，防止在细胞或导管中过早激活。外源蛋白在肠道分解为氨基酸和小肽，经特异的氨基酸、小肽转运系统进入肠上皮细胞，小肽再被氨肽酶、羧肽酶和二肽酶彻底水解，进入血液。所以饭后门静脉中只有氨基酸。

食用蛋白质后 15min 就有氨基酸进入血液，30~ 50min 达到最大。氨基酸的吸收与葡萄糖类似，有以下方式：一是需要载体的主动转运，需要钠，消耗离子梯度的势能。已发现 6 种载体，运载不同侧链种类的氨基酸。二是需要基团转运，需要谷胱甘肽，每转运一个氨基酸消耗 3 个 ATP，而用载体运转只需三分之一个。此途径为备用的旁路，一般无用。

内源蛋白主要在溶酶体降解，少量随消化液进入消化道降解，某些细胞器也有蛋白酶活性。内源蛋白是选择性降解，半衰期与其组成和结构有关。有人认为 N- 末端组成对半衰期有重要影响 (N- 末端规则)，也有人提出半衰期短的蛋白都含有一个富含脯氨酸、谷氨酸、丝氨酸和苏氨酸的区域 (PEST 区域)。如研究清楚，就可能得到稳定的蛋白质产品。

内源蛋白降解速度不同，一般代谢中关键酶半衰期短，如多胺合成的限速酶- 鸟氨酸脱羧酶半衰期只有 11min，而血浆蛋白约为 10 天，胶原为1 000天。体重70kg的成人每天约有400g蛋白更新，进入游离氨基酸库。

第五节　选用既经济又能保证营养的蛋白质

蛋白质是构成一切生命的主要化合物，是生命的物质基础和第一要素，在营养素中占首要地位。人体的骨骼等组织是由蛋白质组成的，少年儿童及婴幼儿增高离不开蛋白质。在体内新陈代谢的全部化学反应过程中，离不开酶的催化作用，而所有的酶均由蛋白质构成。对青少年增高起作用的各种激素，也都是蛋白质及其衍生物。此外，参与骨细胞分化、骨的形成、骨的再建和更新等过程的骨矿化结合素、骨钙素、碱性磷酸酶、人骨特异生长因子等物质，也均为蛋白质所构成。所以，蛋白质是人体生长发育中最重要的化合物，是增高的重要原料。蛋白质食物是人体重要的营养物质，保证优质蛋白质的补给是关系到身体健康的重要问题。

蛋白质的主要来源是豆类、蛋、肉、奶和食品。必需氨基酸由食物中摄取，若是体内有一种必需氨基酸存量不足，就无法合成充分的蛋白质供给身体各组织使用，其他过剩的蛋白质也会被身体代谢而浪费掉，所以确保足够的必需氨基酸摄取是很重要的。植物性蛋白质通常会有1~ 2种必需氨基酸含量不足，所以素食者需要摄取多样化的食物，从各种组合中获得足够的必需氨基酸。怎样选用蛋白质才既经济又能保证营养呢？

一、人类摄取蛋白质的四个原则

首先，要保证有足够数量和质量的蛋白质食物。根据营养学家研究，一个成年人每天通过新陈代谢大约要更新30g以上蛋白质，其中3/4来源于机体代谢中产生的氨基酸，这些氨基酸的再利用大大减少了需补给蛋白质的数量。一般地讲，一个成年人每天摄入60～80g蛋白质，基本上已能满足需要。

其次，各种食物合理搭配是一种既经济实惠，又能有效提高蛋白质营养价值的有效方法。每天食用的蛋白质最好有三分之二来源于植物蛋白质，三分之一来自动物蛋白质。我国人民有食用混合食品的习惯，把几种营养价值较低的蛋白质混合食用，其中的氨基酸相互补充，可以显著提高营养价值。例如，谷类蛋白质含赖氨酸较少，而含蛋氨酸较多，豆类蛋白质含赖氨酸较多，而含蛋氨酸较少。这两类蛋白质混合食用时，必需氨基酸相互补充，接近人体需要，营养价值大为提高。

第三，每餐食物都要有一定质和量的蛋白质。人体没有为蛋白质设立储存仓库，如果一次食用过量的蛋白质，势必造成浪费，相反如食物中蛋白质不足时，青少年发育不良，成年人会感到乏力，体重下降，抗病力减弱。

第四，食用蛋白质要以足够的热量供应为前提。如果热量供应不足，肌体将消耗食物中的蛋白质来作能源。每克蛋白质在体内氧化时提供的热量是 18kJ，与葡萄糖相当。过去认为，用蛋白质作能源是一种浪费，是大材小用，但这种看法可能过于简单。

二、蛋白质在各种食物中的分布

在人体必需的 22 种氨基酸中，有 9 种氨基酸（氨基酸食品）是人体不能合成或合成量不足的，必须通过饮食才能获得。蛋白质的食物来源可分为植物性蛋白质和动物性蛋白质两大类。植物蛋白质中，谷类含蛋白质 10% 左右，蛋白质含量不算高，但由于是人们的主食，所以仍然是膳食蛋白质的主要来源。豆类含有丰富的蛋白质，特别是大豆含蛋白质高达 36%～40%，氨基酸组成也比较合理，在体内的利用率较高，是植物蛋白质中非常好的蛋白质来源。蛋类含蛋白质 11%～14%，是优质蛋白质的重要来源。羊奶蛋白质主要是酪蛋白和乳清蛋白，但酪蛋白比牛奶中的含量低 10%，乳清蛋白含量与人乳接近，是婴儿蛋白质的最佳补充来源。牛奶一般含蛋白质 3.0%～3.5%，是婴幼儿蛋白质的重要来源。肉类包括禽、畜和鱼的肌肉，新鲜肌肉含蛋白质 15%～22%，肌肉蛋白质营养价值优于植物蛋白质，是人体蛋白质的重要来源。大豆蛋白质的营养较好，与动物蛋白都是优质蛋白质。

含蛋白质多的食物包括牲畜的奶，如牛奶、羊奶、马奶等；畜肉，如牛、羊、猪肉等；禽肉，如鸡、鸭、鹅、鹌鹑、鸵鸟等；蛋类，如鸡蛋、鸭蛋、鹌鹑蛋等及鱼、虾、蟹等；还有大豆类，包括黄豆、大青豆和黑豆等，其中以黄豆的营养价值最高，它是婴幼儿食品中优质的蛋白质来源；此外像芝麻、瓜子、核桃、杏仁、松子等干果类的蛋白质的含量均较高。

每 100g 食物原料中蛋白质的含量（g），海参（干）76.5，豆腐皮 50.5，黄豆 36.3，蚕豆 28.2，猪皮 26.4，花生 26.2，鸡肉 23.3，猪肝 21.3，兔肉 21 2，牛肉（瘦）20.3，猪心 19.1 猪血 18.9，鸡肝 18.2，羊肉（瘦）17.3，鲢鱼 17.0，猪肉（瘦）16.7，莲子 16.6，鸭肉 16.5，龙虾 16.4，燕麦 15.6，猪肾 15.5，核桃 15.4，鸡蛋 14.7。

三、如何知道自己对蛋白质的需要

保持健康所需的蛋白质含量因人而异。普通健康成年男性或女性每 kg（2.2 磅）体重大约需要 0.8 g 蛋白质。随着年龄的增长，合成新蛋白质的效率会降低，肌肉块（蛋白质组织）也会萎缩，而脂肪含量却保持不变甚至有所增加。这就是为什么在老年时期肌肉看似会“变成肥肉”。婴幼儿、青少年、怀孕期间的妇女、伤员和运动员通常每日可能需要摄入更多蛋白质。

蛋白质的需要量，因健康状态、年龄、体重等各种因素也会有所不同。身材越高大或年龄越小的人，需要的蛋白质越多。以下数字是不同年龄的人所需蛋白质的指数：

年龄（岁）：1～3，4～6，7～10，11～14，15～18，19 以上。

指数：1.80，1.49，1.21，0.99，0.88，0.79。

其计算方法为：

先找出自己的年龄段指数，再用此指数乘以自己体重（kg），所得的答案就是您一天所需要的蛋白质克数。

例如：体重 50kg，年龄 33 岁，其指数是 0.79。

0.79×50= 39.5g。这就是一天所需要的蛋白质的量。

平均一天之中蛋白质的需要量最少约是 45g，也就是一餐大约 15g。注意，早餐必须摄取充分的蛋白质。

适用于所有需要补充蛋白质的人群。孕妇和哺乳期妇女、工作压力大的都市白领、经常熬夜工作、年长的父母、生长发育期的少年儿童、手术康复者、高血压。

但是，摄入蛋白质过量也是非常有害的，多余的蛋白质并不能被人体吸收利用。相反，它会加重肝、肾等器官负担，长期的高蛋白饮食还会导致肝肾功能异常。出现“蛋白质中毒综合征”，表现为腹部胀闷，头晕目眩、四肢乏力、昏迷等症状。

四、合理搭配食物摄取必要的蛋白质

由于各种食物中氨基酸的含量、所含氨基酸的种类各异，且其他营养素（脂肪、糖、矿物质、维生素等）含量也不相同，因此，给婴儿添加辅食时，以上食品都是可供选择的，还可以根据当地的特产，因地制宜地为小儿提供蛋白质高的食物。

蛋白质食品价格均较昂贵，家长可以利用几种廉价的食物混合在一起，提高蛋白质在身体里的利用率，例如，单纯食用玉米的生物价为 60%、小麦为 67%、黄豆为 64%，若把这三种食物，按比例混合后食用，则蛋白质的利用率可达 77% 。

婴幼儿（婴幼儿食品）、少年儿童生长发育所必需的脂溶性维生素（维生素食品）、铁（铁食品）、钙、磷等无机盐及部分微量元素（微量元素食品），在蛋白质食物中也同时可以获得。所以，有些儿童少年只喜欢吃素食（素食食品），怕吃鸡、鱼、肉、蛋等荤菜，或是在家长的催督下才勉强吃一点，这种做法是不可取的，必然会导致因蛋白质缺乏而影响身高。

正确的膳食原则是食物要多样，粗细要搭配，坚持以粮、豆、菜为主，适当添加肉、鱼、蛋、奶的量，以补充身体发育的充足营养，保证身高增加的原料，促进个子长高。

去健身房健身的人常听到这样的话："补充蛋白质就要多吃蛋清，一天10个，别吃蛋黄。"有种说法是人一天只能吃一个鸡蛋，很多人也照这话去做。这种说法是不是正确呢？

吃多少鸡蛋要根据年龄来，据专家介绍，蛋白质的补充，要看两方面。一是年龄，青年人一天1~ 2个鸡蛋，老年人每周3~ 4个，并且最好只吃半个蛋黄。二是运动量，国际上一般认为健康成年人每天每公斤体重需要0.8g的蛋白质。18~ 45岁男性，从事极轻体力劳动，每日蛋白质供给量为70g；若从事极重体力劳动，则需要110g。比如，2两牛肉或鱼肉含蛋白质约20g，2两豆腐约含10g，1个鸡蛋或一杯牛奶的蛋白质含量在10g。另外，主食里，2两面条也含8~ 10g蛋白质。一天三顿饭，很容易就达到人体需要量。"以现在的饮食结构，每人一周4~ 5个鸡蛋足够了。"光吃蛋黄或蛋清都不好，蛋白质不光存在于蛋清中，蛋黄里也有大量优质蛋白，还有胆固醇、脂肪、多种矿物质和维生素，营养价值非常高，两者一起吃，所提供的营养才丰富。

蛋白粉对于健康人来讲就更没有必要了。"只有体弱多病、严重营养不良，高烧等疾病引起的食欲低下，孕产妇等人群，可适当吃蛋白粉。"专家提醒，健身的人运动后一定不要立即吃肉类、鸡蛋等酸性物质，而要补充足够的水，吃些蔬菜水果。补充蛋白质要在运动一个小时以后。否则使体内乳酸分泌过多，更疲劳，不利健康。

螺旋藻营养非常丰富，是目前来说全球最好的天然蛋白质类食品。螺旋藻作为最优质的天然蛋白质食物，因其丰富的各种营养和不含胆固醇，营养价值高的特点，是补充营养者的理想的食品。特有的藻蓝蛋白，能提高人的免疫力。另外，螺旋藻还含有丰富的各种维生素、矿物质、微量元素，且都容易被人体吸收。螺旋藻还含有丰富的人体必需不饱和脂肪酸和抗辐射的螺旋藻多糖及丰富的叶绿素，整个螺旋藻不含胆固醇。螺旋藻用来补充营养时，一般选在饭后服用。

五、特殊人群如何补充蛋白质

这里主要介绍分娩后如何补充蛋白质和健身人群如何补充蛋白质

两个问题。

产后营养方面应该遵循的这样几条原则：每天营养摄入足够热量；荤素搭配好；各类鱼、肉、蛋、禽蛋白质要均衡；为了增加乳汁量，可适量增加汤类（鱼汤、肉汤）的摄入。少数人乳汁量不够，下奶比较慢，为了有助于下奶，可喝一些加有中药成分的汤类。这有助于母亲身体的恢复调理（子宫收缩、恶露排出），下奶通畅，并可补充营养。

对于分娩后蛋白质的摄入要注意三点：

第一，蛋白质的摄入量要足够，因为新妈妈哺乳需要摄入充足的蛋白质。

第二，蛋白质应该是优质的，一般来说，鱼虾类蛋白质比肉类要好，肉类白肉比红肉好。尽量不要吃可能有激素人工喂养动物的肉类，而应吃天然的食品。

第三，蛋白质摄入要均衡，不要只选择一种食物吃。健身锻炼期间，人体对蛋白质的需求比其他阶段要旺盛得多。粮食类蛋白质含有的赖氨酸较少，如果将其与大豆、肉食、蛋类等含有较多赖氨酸的食物搭配食用，就会相互提高几者间的营养价值。再比如，大豆中含有的蛋氨酸很低，而玉米中蛋氨酸却很高，如果两者之间组合一下，就会产生互补，提高营养价值。

通过上面的实例，在健身锻炼期间调整我们以往的饮食结构，实现食物多样化，粗粮细粮均衡搭配，动物蛋白合理分配到每一餐，适量摄取豆制品，可以很好地提高我们每一餐的营养价值。在这一情况下进行健身锻炼，最终表现出来的结果是健身效果明显提高。

第八章　核酸为生命之核

核酸是世界上最神奇的物质之一，也是生命的最基本物质之一，是由核苷酸聚合而成的生物大分子化合物。核酸存在于所有动植物细胞、微生物体内。根据化学组成不同，核酸可分为核糖核酸（简称RNA）和脱氧核糖核酸（简称DNA）。DNA是储存、复制和传递遗传信息的主要物质基础。RNA在蛋白质合成过程中起着重要作用，其中转运核糖核酸，简称tRNA，起着携带和转移活化氨基酸的作用；信使核糖核酸，简称mRNA，是合成蛋白质的模板；核糖体核糖核酸，简称rRNA，是细胞合成蛋白质的主要场所。生物体内的核酸常与蛋白质结合形成核蛋白。发现核酸和DNA的结构是人类最重要的发现之一，为生命科学、人体科学和人体健康开辟了新道路，我们要充分认识发现核酸和DNA的结构的重大意义，运用这一伟大科学成就为人类的健康和永续发展服务。过去的营养学忽视核酸，这显然是不正确的，科学理论表明，核酸的必要供给对人体的健康是极为重要的。因此，拯救自己的生命必须有核酸的保障。

第一节　20世纪人类发现核酸的秘密

1869年，F. Miescher从脓细胞中提取到一种富含磷元素的酸性化合物，因存在于细胞核中而将它命名为“核质”。但核酸（nucleic acids）这一名词是在Miescher发现“核质”20年后才被正式启用，当时已能提取不含蛋白质的核酸制品。早期的研究仅将核酸看成是细胞中的一般化学成分，没有人注意到它在生物体内有什么功能这样的重要问题。1944年，Avery等为了寻找导致细菌转化的原因，他们发现从S型肺炎球菌中提取的DNA与R型肺炎球菌混合后，能使某些R

型菌转化为S型菌，且转化率与DNA纯度呈正相关，若将DNA预先用DNA酶降解，转化就不发生。其结论是S型菌的DNA将其遗传特性传给了R型菌，DNA就是遗传物质。从此核酸是遗传物质的重要地位才被确立，人们把对遗传物质的注意力从蛋白质移到了核酸上。人类认识核酸划时代进展是美国生物学家沃森（Watson）和英国生物物理学家克里克Crick于1953年发现了DNA双螺旋结构模型，确立了对DNA三方面的基本认识。

（1）从核酸化学研究中所获得了DNA化学组成及结构单元的知识，特别是Chargaff于1950—1953年发现的DNA化学组成的基础性的新事实，确认DNA中四种碱基的比例关系为A/T= G/C= 1。

（2）X线衍射技术对DNA结晶的研究中所获得的一些原子结构的最新参数。

（3）遗传学研究积累的有关遗传信息的生物学属性的知识。

综合这三方面的知识所创立的DNA双螺旋结构模型，不仅阐明了DNA分子的结构特征，而且提出了DNA作为执行生物遗传功能的分子，从亲代到子代的DNA复制（replication）过程中，遗传信息的传递方式及高度保真性。其正确性于1958年被Meselson和Stahl的著名实验所证实。DNA双螺旋结构模型的发现为遗传学进入分子水平奠定了坚实基础，是现代分子生物学的里程碑。从此核酸研究受到了前所未有的重视。50多年来，核酸研究的进展日新月异，所积累的知识几年就要更新。其影响面之大，几乎涉及生命科学的各个领域，现代分子生物学的发展使人类对生命本质的认识进入了一个崭新的天地。双螺旋结构发现人之一的Crick于1958年提出的分子遗传中心法则揭示了核酸与蛋白质间的内在关系，以及RNA作为遗传信息传递者的生物学功能。并指出了信息在复制、传递及表达过程中的一般规律，即DNA→RNA→蛋白质。遗传信息以核苷酸顺序的形式贮存在DNA分子中，它们以功能单位在染色体上占据一定的位置构成基因（gene）。因此，搞清DNA顺序无疑是非常重要的。1975年Sanger发明的DNA测序加减法为实现这一蓝图起了关键性的作用。由此而发展起来的大片段DNA顺序快速测定技术——Maxam和Gilbert的化学降解法（1977

年）和 Sanger 的末端终止法（1977 年），已是核酸结构与功能研究中不可缺少的分析手段。中国学者洪国藩于 1982 年提出了非随机的有序 DNA 测序新策略，对 DNA 测序技术的发展作出了重要贡献。目前，DNA 测序的部分工作已经实现了仪器的自动化操作。凭借先进的 DNA 测序技术及其他基因分析手段，人类正在进行一项以探明自身基因组全部核苷酸顺序（单倍基因组含 3×109 碱基对）为目标的宏伟计划——人类基因组图谱制作计划。此项计划的实现将对人类的健康产生无止境的影响。Watson- Crick 模型创立于 1989 年，一项新技术——扫描隧道显微镜 (STM）——使人类首次能直接观测到近似自然环境中的单个 DNA 分子的结构细节，观测数据的计算机处理图像能在原子级水平上精确度量出 DNA 分子的构型、旋转周期、大沟（major groove）及小沟。这一成果是对 DNA 双螺旋结构模型真实性的最直接而可信的证明。此项技术无疑会对人类最终完全解开遗传之谜提供有力的帮助。可喜的是，中国科学家在这项世界领先的研究中也占有一席之地。

第二节　人类对核酸的基础性认识

科学家研究发现，核酸不仅是遗传物质，而且在蛋白质的复制和合成中起着储存和传递遗传信息的作用，而且在蛋白质的生物合成上也占重要位置，在生长、遗传、变异等一系列重大生命现象中起决定性的作用。核酸在人类健康方面有极重要的作用，现已发现近 2 000 种遗传性疾病都和 DNA 结构有关。如人类镰刀形红血细胞贫血症是由于患者的血红蛋白分子中一个氨基酸的遗传密码发生了改变，白化病患者则是 DNA 分子上缺乏产生促黑色素生成的酪氨酸酶的基因所致。肿瘤的发生、病毒的感染、射线对机体的作用等都与核酸有关。核酸的发现也为生命科学的发展开辟了道路，20 世纪 70 年代以来兴起的遗传工程，使人们可用人工方法改组 DNA，从而有可能创造出新型的生物品种。如应用遗传工程方法已能使大肠杆菌产生胰岛素、干扰素等珍贵的生化药物。经过科学家 60 多年的努力和一系列重要发现，人类形成了对核酸的基础性认识。

一、发现核酸的化学组成

自从人类发现核酸是遗传物质以来，经过几代科学家的艰苦努力和系统研究，人类已经发现了核酸的化学组成。在此我们把科学家的这些发现作一个概括性简述，便于我们有一个最基本的理解。

核酸是生物体内的高分子或大分子化合物，它的构件分子是核苷酸。它包括脱氧核糖核酸和核糖核酸两大类。DNA 和 RNA 都是由一个一个核苷酸（nucleotide）头尾相连而形成的，由 C，H，O，N，P 五种元素组成。DNA 是绝大多数生物的遗传物质，RNA 是少数不含 DNA 的病毒（如烟草花叶病毒、流感病毒、SARS 病毒等）的遗传物质。RNA 平均长度大约为 2 000 个核苷酸，而人的 DNA 却是很长的，约有 3×10^9 个核苷酸。

脱氧核糖核苷酸是 DNA 构件分子，DNA 贮存细胞所有的遗传信息，是物种保持进化和世代繁衍的物质基础。

核糖核苷酸是 RNA 的构件分子，RNA 中参与蛋白质合成的有三类：转移 RNA、核糖体 RNA 和信使 RNA，20 世纪末，科学家发现许多新的具有特殊功能的 RNA，几乎涉及细胞功能的各个方面。细胞内还有各种游离的核苷酸和核苷酸衍生物，它们具有重要的生理功能，是遗传物质完成各种功能的必要条件。

核苷酸由核苷和磷酸构成，而核苷由碱基和戊糖构成。

1. 碱基

构成核苷酸中的碱基是含氮杂环化合物，由嘧啶和嘌呤（purine）构成。

嘌呤碱包括腺嘌呤（A）和鸟嘌呤（G），嘧啶碱包括胞嘧啶（C）、胸腺嘧啶（T）和尿嘧啶（U）。

DNA 中含有 4 种碱基：腺嘌呤、鸟嘌呤和胞嘧啶，胸腺嘧啶主要存在于 DNA 中，简记 AGCT。

RNA 中也含有 4 种碱基：腺嘌呤、鸟嘌呤和胞嘧啶，尿嘧啶主要存在于 RNA 中，简记 AGCU。

在某些 RNA 分子中也有胸腺嘧啶，少数几种噬菌体的 DNA 含尿嘧啶而不是胸腺嘧啶。这五种碱基受介质 pH 的影响出现酮式、烯醇式互变异构体。

在 DNA 和 RNA 中，尤其是 tRNA 中还有一些含量甚少的碱基，修饰碱基，又称稀有碱基。稀有碱基种类很多，大多数是甲基化碱基。tRNA 中含稀有碱基高达 10%。目前，在核酸分子中发现了数十种。它是指上述五种碱基环上的某一位置被一些化学基团（如甲基化、甲硫基化等）修饰后的衍生物。一般这些碱基在核酸中的含量稀少，在各种类型核酸中的分布也不均一。如 DNA 中的修饰碱基主要见于噬菌体 DNA，RNA 中以 tRNA 含修饰碱基最多。如在 tRNA 和 rRNA 中含有少量假尿嘧啶核苷（用 ψ 表示），在它的结构中戊糖的 C- 1不是与尿嘧啶的 N- 1相连接，而是与尿嘧啶 C- 5相连接。在 RNA 中除含有稀有碱基外，并且还存在异构化的核苷。

2. 核苷

核苷酸为核苷酸与磷酸残基构成的化合物，即核苷的磷酸酯，即核苷中的戊糖 5’碳原子上羟基被磷酸酯化形成核苷酸。核苷酸是核酸分子的结构单元。核酸分子中的磷酸酯键是在戊糖 C- 3’和 C- 5’所连的羟基上形成的，故构成核酸的核苷酸可视为 3’－核苷酸或 5’－核苷酸。DNA 分子中是含有 A，G，C，T 四种碱基的脱氧核苷酸；RNA 分子中则是含 A，G，C，U 四种碱基的核苷酸。

核苷是戊糖与碱基之间以糖苷键相连接而成。戊糖中 C- 1’与嘧啶碱的 N- 1或者与嘌呤碱的 N9 相连接，戊糖与碱基间的连接键是 N - C 键，一般称为 N- 糖苷键。

核酸是由众多核苷酸聚合而成的多聚核苷酸，相邻二个核苷酸之间的连接键即 3’，5’－磷酸二酯键。这种连接可理解为核苷酸糖基上的 3'位羟基与相邻 5'核苷酸的磷酸残基之间，以及核苷酸糖基上的 5'位羟基与相邻 3'核苷酸的磷酸残基之间形成的两个酯键。多个核苷酸残基以这种方式连接而成的链式分子就是核酸。无论是 DNA 还是 RNA，其基本结构都是如此，故又称 DNA 链或 RNA 链。

核酸中的主要核苷有八种。依磷酸基团的多少，有一磷酸核苷、二磷酸核苷、三磷酸核苷。核苷酸在体内除构成核酸外，尚有一些游离核苷酸参与物质代谢、能量代谢与代谢调节，如三磷酸腺苷（ATP）是体内重要能量载体；三磷酸尿苷参与糖原的合成；三磷酸胞苷参与磷脂的合成；环腺苷酸（cAMP）和环鸟苷酸（cGMP）作为第二信使，在信号传递过程中起重要作用；核苷酸还参与某些生物活性物质的组成，如尼克酰胺腺嘌呤二核苷酸（NAD+ ），尼克酰胺腺嘌呤二核苷酸磷酸（NADP+ ）和黄素腺嘌呤二核苷酸（FAD）。

寡核苷酸：这是与核酸有关的文献中经常出现的一个术语，一般是指 20~ 10 个核苷酸残基以磷酸二酯键连接而成的线性多核苷酸片段。但在使用这一术语时，对核苷酸残基的数目并无严格规定，在不少文献中，把含有 30 甚至更多个核苷酸残基的多核苷酸分子也称作寡核苷酸。寡核苷酸目前已可由仪器自动合成，它可作为 DNA 合成的引物、基因探针等，在现代分子生物学研究中具有广泛的用途。

3. 核糖

核酸中有两种戊糖，DNA 中为 D- 2- 脱氧核糖，RNA 中则为 D- 核糖（D- ribose）。在核苷酸中，为了与碱基中的碳原子编号相区别，核糖或脱氧核糖中碳原子标以 C- 1’，C- 2’ 等。脱氧核糖与核糖两者的差别只在于脱氧核糖中与 2’ 位碳原子连结的不是羟基而是氢，这一差别使 DNA 在化学上比 RNA 稳定得多。

RNA 中的戊糖（五碳糖）是 D－核糖（即在 2 号位上连接的是一个羟基），DNA 中的戊糖是 D－2－脱氧核糖（即在 2 号位上只连一个 H）。D－核糖的 C－2 所连的羟基脱去氧就是 D－2 脱氧核糖。戊糖 C－1 所连的羟基是与碱基形成糖苷键的基团，糖苷键的连接都是 β－构型。

二、发现 DNA 空间结构

美国生物学家沃森（Watson）和英国生物物理学家克里克（Crick）于 1953 年发现了 DNA 双螺旋结构，这一发现构成了现代生命科学的基础。

经过深入的科学研究，科学家发现，DNA具有复杂的空间结构，从目前认识的水平来看，DNA的空间结构分为DNA的二级结构、三级结构和四级结构。

1. DNA二级结构

DNA二级结构即双螺旋结构 DNA分子具有规则的双螺旋结构，是由两条相互平行且反向右旋的脱氧核苷酸长链所构成，分子中央的碱基互补配对原则以氢键相连。DNA独特的双螺旋结构和碱基互补配对能力使DNA的两条链“可分”，“可合”，半保留复制自如，“精确”复制的DNA通过细胞分裂等方式传递下去，使子代（或体细胞）含有与亲代相似的遗传物质。但“精确”复制并不是绝对不存在差错，复制差错率非常低（约10亿分之一），然而却导致基因发生突变，出现新基因，产生可遗传的变异，有利于生物的进化。20世纪50年代初Chargaff等人分析多种生物DNA的碱基组成发现的规则。DNA双螺旋模型的提出不仅揭示了遗传信息稳定传递中DNA半保留复制的机制，而且是分子生物学发展的里程碑。

DNA双螺旋结构特点如下。

（1）两条DNA互补链反向平行。

（2）由脱氧核糖和磷酸间隔相连而成的亲水骨架在螺旋分子的外侧，而疏水的碱基对则在螺旋分子内部，碱基平面与螺旋轴垂直，螺旋旋转一周正好为10个碱基对，螺距为3.4nm，这样相邻碱基平面间隔为0.34nm并有一个36°的夹角。

（3）DNA双螺旋的表面存在一个大沟和一个小沟，蛋白质分子通过这两个沟与碱基相识别。

（4）两条DNA链依靠彼此碱基之间形成的氢键而结合在一起。根据碱基结构特征，只能形成嘌呤与嘧啶配对，即A与T相配对，形成2个氢键；G与C相配对，形成3个氢键。因此G与C之间的连接较为稳定。

（5）DNA双螺旋结构比较稳定。维持这种稳定性主要靠碱基对之间的氢键以及碱基的堆集力。

生理条件下，DNA 双螺旋大多以 B 型形式存在。右手双螺旋 DNA 除 B 型外还有 A 型、C 型、D 型、E 型。此外还发现左手双螺旋 Z 型 DNA。Z 型 DNA 是 1979 年 Rich 等在研究人工合成的 CGCGCG 的晶体结构时发现的。Z- DNA 的特点是两条反向平行的多核苷酸互补链组成的螺旋呈锯齿形，其表面只有一条深沟，每旋转一周是 12 个碱基对。研究发现，在生物体内的 DNA 分子中确实存在 Z- DNA 区域，其功能可能与基因表达的调控有关。DNA 二级结构还存在三股螺旋 DNA，三股螺旋 DNA 中通常是一条同型寡核苷酸与寡嘧啶核苷酸- 寡嘌呤核苷酸双螺旋的大沟结合，三股螺旋中的第三股可以来自分子间，也可以来自分子内。三股螺旋 DNA 存在于基因调控区和其他重要区域，因此具有重要生理意义。

2. DNA 三级结构

二级结构是 DNA 空间结构的基础，DNA 三级结构是指 DNA 链进一步扭曲盘旋形成超螺旋结构。生物体内有些 DNA 是以双链环状 DNA 形式存在，如有些病毒 DNA，某些噬菌体 DNA，细菌染色体与细菌中质粒 DNA，真核细胞中的线粒体 DNA、叶绿体 DNA 都是环状的。环状 DNA 分子可以是共价闭合环，即环上没有缺口，也可以是缺口环，环上有一个或多个缺口。在 DNA 双螺旋结构基础上，共价闭合环 DNA 可以进一步扭曲形成超螺旋形。根据螺旋的方向可分为正超螺旋和负超螺旋。正超螺旋使双螺旋结构更紧密，双螺旋圈数增加，而负超螺旋可以减少双螺旋的圈数。几乎所有天然 DNA 中都存在负超螺旋结构。

3. DNA 的四级结构和染色体

在三级结构的基础上，形成了 DNA 的四级结构。DNA 的四级结构是 DNA 与蛋白质形成复合物。在真核生物中其基因组 DNA 要比原核生物大得多，如原核生物大肠杆菌的 DNA 约为 4.7×10^3kb，而人的基因组 DNA 约为 3×10^6 kb，因此真核生物基因组 DNA 通常与蛋白质结合，经过多层次反复折叠，压缩近 10 000 倍后，以染色体形式存在于平均直径为 5μm 的细胞核中。线性双螺旋 DNA 折叠的第一层次是形成核小体。犹如一串念珠，核小体由直径为 11nm×5.5nm 的组蛋白核心和盘绕在核心上的 DNA 构成。核心由组蛋白 H2A，H2B，H3 和 H4 各 2 分子组成，为八聚体，146 bp 长的 DNA 以左手螺旋盘绕在组蛋白的核心 1.75 圈，形成核小体的核心颗粒，各核心颗粒间有一个连接区，约有 60 bp 双螺旋 DNA 和 1 个分子组蛋白 H1 构成。平均每个核小体重复单位约占 DNA 200 bp。DNA 组装成核小体其长度约缩短 7 倍。在此基础上核小体又进一步盘绕折叠，最后形成染色体。

4. DNA 结构的多态性

Watson 和 Crick 所发现的 DNA 结构在生物学研究中有深远意义。这一发现是以在生理盐溶液中抽出的 DNA 纤维在 92% 相对温度下进行 X－射线衍射图谱为依据进行推设的。在这一条件下得出的 DNA 称 B 构象。实际上在溶液中的 DNA 的确呈这一构象，这也是最常见的 DNA 构象。但是，研究发现 DNA 的结构是动态的。在以钠、钾或铯作反离子，相对温度为 75% 时，DNA 分子的 X－射线衍射图给出的是 A 构象。这一构象不仅出现于脱水 DNA 中，还出现在 RNA 分子中的双螺旋区域的 DNA－RNA 杂交分子中。如果以锂作反离子，相对温度进一步降为 66%，则 DNA 是 C 构象。但是这一构象仅在实验室中观察到，还未在生物体中发现。这些 DNA 分子中 G- C 碱基对较少，这些分子将取 D 和 E 构象。这些研究证明，DNA 的分子结构不是一成不变的，在不同的条件下可以有所不同。但是，这些不同构象的 DNA 都有共同的一点，即它们都是右手双螺旋；两条反向平行的核苷酸链通过 Watson- Crick 碱基配对结合在一起；链的重复单位是单核苷酸；这些螺旋中都有两个螺旋沟，分为大沟与小沟，只是它们的宽窄和深浅程度有所不同。

但是，Wang 和 Rich 等人在研究人工合成的 CGCGCG 单晶的 X－射线衍射图谱时分别发现这种六聚体的构象与上面讲到的完全不同。它是左手双螺旋，在主链中各个磷酸根呈锯齿状排列，有如“之”字形一样，因此叫它 Z 构象。还有这一构象中的重复单位是二核苷酸而不是单核苷酸；而且 Z－DNA 只有一个螺旋沟，它相当于 B 构象中的小沟，它狭而深，大沟则不复存在。

Z－DNA 有什么生物学意义呢？应当指出 Z－DNA 的形成通常在

热力学上是不利的。因为 Z－DNA 中带负电荷的磷酸根距离太近了，这会产生静电排斥。但是，DNA 链的局部不稳定区的存在就成为潜在的解链位点。DNA 解螺旋却是 DNA 复制和转录等过程中必要的环节，因此认为这一结构位点与基因调节有关。比如 SV40 增强子区中就有这种结构，又如鼠类微小病毒 DNS 复制区起始点附近有 GC 交替排列序列。此外，DNA 螺旋上沟的特征在其信息表达过程中起关键作用。调控蛋白都是通过其分子上特定的氨基酸侧链与 DNA 双螺旋沟中的碱基对一侧的氢原子供体或受体相互作用，形成氢键从而识别 DNA 上的遗传信息的。大沟所带的遗传信息比小沟多。沟的宽窄和深浅也直接影响到调控蛋白质对 DNA 信息的识别。Z－DNA 中大沟消失，小沟狭而深，使调探蛋白识别方式也发生变化。这些都暗示 Z－DNA 的存在不仅仅是由于 DNA 中出现嘌呤－嘧啶交替排列之结果，也一定是在漫漫的进化长河中对 DNA 序列与结构不断调整与筛选的结果，有其内在而深刻的含意，只是人们还未充分认识而已。

DNA 构象的可变性，或者说 DNA 二级结构的多态性的发现拓宽了人们的视野。原来，生物体中最为稳定的遗传物质也可以采用不同的姿态来实现其丰富多彩的生物的奥妙，也让人们在这一领域中探索和攀越时减少疲劳和厌倦，乐而忘返，从而有更多更新的发现。

三、发现 RNA 的结构

科学家研究发现，RNA 在蛋白质合成过程中起着重要作用，其中转运核糖核酸，简称 tRNA，起着携带和转移活化氨基酸的作用；信使核糖核酸，简称 mRNA，是合成蛋白质的模板；核糖体核糖核酸，简称 rRNA，是细胞合成蛋白质的主要场所。RNA 的分子结构虽然相对简单，但仍然有较为复杂的结构，绝大部分 RNA 分子都是线状单链，但是 RNA 分子的某些区域可自身回折进行碱基互补配对，形成局部双螺旋。在 RNA 局部双螺旋中 A 与 U 配对、G 与 C 配对，除此以外，还存在非标准配对，如 G 与 U 配对。RNA 分子中的双螺旋与 A 型 DNA 双螺旋相似，而非互补区则膨胀形成凸出或者环，这种短的双螺旋区域和环称为发夹结构。发夹结构是 RNA 中最普通的二级结构形式，二级结构进一步折叠形成三级结构，RNA 只有在具有三级结构时才能成为有活性的分子。RNA 也能与蛋白质形成核蛋白复合物，RNA 的四级结构是 RNA 与蛋白质的相互作用。

(一) tRNA 结构

tRNA 约占总 RNA 的 15%，tRNA 主要的生理功能是在蛋白质生物合成中转运氨基酸和识别密码子，细胞内每种氨基酸都有其相应的一种或几种 tRNA，因此 tRNA 的种类很多，在细菌中约有 30~ 40 种 tRNA，在动物和植物中约有 50~ 100 种 tRNA。

1. tRNA 一级结构

tRNA 是单链分子，含 73—93 核苷酸，分子质量为 24 000～31 000，沉降系数 4S。含有 10% 的稀有碱基。如二氢尿嘧啶（DHU）、核糖胸腺嘧啶（rT）和假尿苷（ψ）以及不少碱基被甲基化，其 3’端为 CCA- OH，5’端多为 pG，分子中大约 30% 的碱基是不变的或半不变的，也就是说它们的碱基类型是保守的。

2. tRNA 二级结构

tRNA 二级结构为三叶草型，配对碱基形成局部双螺旋而构成臂，不配对的单链部分则形成环。三叶草型结构由 4 臂 4 环组成。氨基酸臂由 7 对碱基组成，双螺旋区的 3’末端为一个 4 个碱基的单链区-NCCA- OH 3’，腺苷酸残基的羟基可与氨基酸 α 羧基结合而携带氨基酸。二氢尿嘧啶环以含有 2 个稀有碱基二氢尿嘧啶（DHU）而得名，不同 tRNA 其大小并不恒定，在 8~ 14 个碱基之间变动，二氢尿嘧啶臂一般由 3~ 4 对碱基组成。反密码环由 7 个碱基组成，大小相对恒定，其中 3 个核苷酸组成反密码子（anticodon），在蛋白质生物合成时，可与 mRNA 上相应的密码子配对。反密码臂由 5 对碱基组成。额外环在不同 tRNA 分子中变化较大可在 4~ 21 个碱基之间变动，又称为可变环，其大小往往是 tRNA 分类的重要指标。TψC 环含有 7 个碱基，大小相对恒定，几乎所有的 tRNA 在此环中都含 TψC 序列，TψC 臂由 5 对碱基组成。

3. tRNA 的三级结构

20 世纪 70 年代初科学家用 X 线射衍技术分析发现 tRNA 的三级结构为倒 L 形。tRNA 三级结构的特点是氨基酸臂与 TψC 臂构成 L 的一横，- CCAOH3’末端就在这一横的端点上，是结合氨基酸的部位，而二氢尿嘧啶臂与反密码臂及反密码环共同构成 L 的一竖，反密码环在一竖的端点上，能与 mRNA 上对应的密码子识别，二氢尿嘧啶环与 TψC 环在 L 的拐角上。形成三级结构的很多氢键与 tRNA 中不变的核苷酸密切有关，这就使得各种 tRNA 三级结构都呈倒 L 形的。在 tRNA 中碱基堆积力是稳定 tRNA 构型的主要因素。

（二）mRNA

原核生物中 mRNA 转录后一般不需加工，直接进行蛋白质翻译。mRNA 转录和翻译不仅发生在同一细胞空间，而且这两个过程几乎是同时进行的。真核细胞成熟 mRNA 是由其前体核内不均一 RNA（heterogeneous nuclear RNA，hnRNA）剪接并经修饰后才能进入细胞质中参与蛋白质合成。所以真核细胞 mRNA 的合成和表达发生在不同的空间和时间。mRNA 的结构在原核生物中和真核生物中差别很大。

1. 原核生物 mRNA 结构特点

原核生物的 mRNA 结构简单，往往含有几个功能上相关的蛋白质的编码序列，可翻译出几种蛋白质，为多顺反子。在原核生物 mRNA 中编码序列之间有间隔序列，可能与核糖体的识别和结合有关。在 5’端与 3’端有与翻译起始和终止有关的非编码序列，原核生物 mRNA 中没有修饰碱基，5’端没有帽子结构，3’端没有多聚腺苷酸的尾巴。原核生物的 mRNA 的半衰期比真核生物的要短得多，现在一般认为，转录后 1min，mRNA 降解就开始。

2. 真核生物 mRNA 结构特点

真核生物 mRNA 为单顺反子结构，即一个 mRNA 分子只包含一条多肽链的信息。在真核生物成熟的 mRNA 中 5’端有 m7GpppN 的帽子结构，帽子结构可保护 mRNA 不被核酸外切酶水解，并且能与帽结合蛋白结合识别核糖体并与之结合，与翻译起始有关。3’端有 polyA 尾巴，其长度为 20~ 250 个腺苷酸，其功能可能与 mRNA 的稳定性有关，少数成熟 mRNA 没有 polyA 尾巴，如组蛋白 mRNA，它们的半衰期通常较短。

（三）rRNA 的结构

rRNA 占细胞总 RNA 的 80% 左右，rRNA 分子为单链，局部有双螺旋区域，具有复杂的空间结构，原核生物主要的 rRNA 有三种，即 5S，16S 和 23S rRNA，如大肠杆菌的这三种 rRNA 分别由 120，1 542 和 2 904 个核苷酸组成。真核生物则有 4 种，即 5S，5.8S，18S 和 28S rRNA，如小鼠，它们相应含 121，158，1 874 和 4 718 个核苷酸。rRNA 分子作为骨架与多种核糖体蛋白装配成核糖体。

所有生物体的核糖体都由大小不同的两个亚基所组成。原核生物核糖体为 70S，由 50S 和 30S 两个大小亚基组成。30S 小亚基含 16S 的 rRNA 和 21 种蛋白质，50S 大亚基含 23S 和 5S 两种 rRNA 及 34 种蛋白质。真核生物核糖体为 80S，是由 60S 和 40S 两个大小亚基组成。40S 的小亚基含 18S rRNA 及 33 种蛋白质，60S 大亚基则由 28S，5.8S 和 5S 3 种 rRNA 及 49 种蛋白质组成。

（四）发现其他 RNA 分子

20 世纪 80 年代以后由于新技术不断产生，人们发现 RNA 有许多新的功能和新的 RNA 基因。细胞核内小分子 RNA 是细胞核内核蛋白颗粒的组成成分，参与 mRNA 前体的剪接以及成熟的 mRNA 由核内向胞浆中转运的过程。核仁小分子 RNA 是类新的核酸调控分子，参与 rRNA 前体的加工以及核糖体亚基的装配。胞质小分子 RNA 的种类很多，其中 7S LRNA 与蛋白质一起组成信号识别颗粒（signal recognition particle，SRP），SRP 参与分泌性蛋白质的合成，反义 RNA（antisense RNA）由于它们可以与特异的 mRNA 序列互补配对，阻断 mRNA 翻译，能调节基因表达。核酶是具有催化活性的 RNA 分子或 RNA 片段。目前在医学研究中已设计了针对病毒的致病基因 mRNA 的核酶，抑制其蛋白质的生物合成，为基因治疗开辟新的途径，核酶的发现也推动了生物起源的研究。微 RNA 是一种具有茎环结构的非编码 RNA，长度一般为 20~ 24 个核苷酸，在 mRNA 翻译过程中起到开关作用，它可以与靶 mRNA 结合，产生转录后基因沉默作用，在一定条件下能释放，这样 mRNA 又能翻译蛋白质，由于 mRNA 的表达具有阶段特异性和组织特异性，它们在基因表达调控和控制个体发育中起重要作用。

（五）发现 RNA 组

随着基因组研究不断深入，蛋白组学研究逐渐展开，RNA 的研究也取得了突破性的进展，发现了许多新的 RNA 分子，人们逐渐认识到 DNA 是携带遗传信息分子，蛋白质是执行生物学功能分子，而 RNA 即是信息分子，又是功能分子。人类基因组研究结果表明，在人类基因组中约有 30 000～40 000 个基因，其中与蛋白质生物合成有关的基因只占整个基因组的 2%，对不编码蛋白质的 98% 基因组的功能有待进一步研究，为此 20 世纪末科学家在提出蛋白质组学后，又提出 RNA 组学。RNA 组是研究细胞的全部 RNA 基因和 RNA 的分子结构与功能。目前 RNA 组的研究尚处在初级阶段，RNA 组的研究将在探索生命奥秘中做出巨大贡献。

四、发现基因与基因组

科学家发现，基因是核酸分子的功能单位，是指能编码有功能的蛋白质多肽链或合成 RNA 所必需的全部核酸序列。一个基因通常包括编码蛋白质多肽链或 RNA 的编码序列，保证转录和加工所必需的调控序列和 5’ 端、3’ 端非编码序列。另外在真核生物基因中还有内含子等核酸序列。

基因组是指一个细胞或病毒所有基因及间隔序列，储存了一个物种所有的遗传信息。在病毒中通常是一个核酸分子的碱基序列，单细胞原核生物是它仅有的一条染色体的碱基序列，而多细胞真核生物是一个单倍体细胞内所有的染色体。如人单倍体细胞的 23 条染色体的碱基序列。多细胞真核生物起源于同一个受精卵，其每个体细胞的基因组都是相同的。基因组分为病毒基因组、原核生物基因组和真核生物基因组。

在高等真核生物中基因序列占整个基因组不到 10%，大部分是非编码的间隔序列。人类基因组研究结果发现在人的基因组中与蛋白质合成有关的基因只占整个基因组 2 %。真核生物基因组的最大的特点是出现分隔开的基因，在这类基因中有编码作用的序列称外显子，没有编码作用的序列称内含子，它们彼此间隔排列。

五、人类对核酸性质的基本认识

1. 核酸的化学性质

（1）酸效应。在强酸和高温的条件下，核酸完全水解为碱基、核糖或脱氧核糖和磷酸。在浓度略稀的无机酸中，最易水解的化学键被选择性地断裂，一般为连接嘌呤和核糖的糖苷键，从而产生脱嘌呤核酸。

（2）碱效应：

① DNA：当 PH 值超出生理范围（PH7～8）时，对 DNA 结构将产生更为微妙的影响。碱效应使碱基的互变异构态发生变化。这种变化影响到特定碱基间的氢键作用，结果导致 DNA 双链的解离，称为 DNA 的变性

② RNA：PH 较高时同样的变性发生在 RNA 的螺旋区域中，但通常被 RNA 的碱性水解所掩盖。这是因为 RNA 存在的 2`- OH 参与到对磷酸脂键中磷酸分子的分子内攻击，从而导致 RNA 的断裂。

（3）化学变性：一些化学物质能够使 DNA/RNA 在中性 PH 下变性。由堆积的疏水剪辑形成的核酸二级结构在能量上的稳定性被削弱，则核酸变性。

2. 核酸的物理性质

（1）核酸在热、光等物理因素的作用下 DNA 都会发生一些变化。

（2）黏性：DNA 的高轴比等性质使得其水溶液具有高黏性，长链的 DNA 分子又易于被机械力或超声波损伤，同时黏度下降。

（3）浮力密度：可根据 DNA 的密度对其进行纯化和分析。在高浓度分子质量的盐溶液（CsCl）中，DNA 具有与溶液大致相同的密度，将溶液高速离心，则 CsCl 趋于沉降于底部，从而建立密度梯度，而 DNA 最终沉降于其浮力密度相应的位置，形成狭带，这种技术成为平衡密度梯度离心或等密度梯度离心。

4. 核酸的水解

DNA 和 RNA 中的糖苷键与磷酸酯键都能用化学法和酶法水解。在很低 PH 条件下 DNA 和 RNA 都会发生磷酸二酯键水解。并且碱基和核糖之间的糖苷键更易被水解，其中嘌呤碱的糖苷键比嘧啶碱的糖苷键对酸更不稳定。在高 PH 时，RNA 的磷酸酯键易被水解，而 DNA 的磷酸酯键不易被水解。

水解核酸的酶有很多种，若按底物专一性分类，作用于 RNA 的称为核糖核酸酶，作用于 DNA 的则称为脱氧核糖核酸酶。按对底物作用方式分类，可分核酸内切酶与核酸外切酶。核酸内切酶的作用是在多核苷酸内部的 3’，5’磷酸二酯键，有些内切酶能识别 DNA 双链上特异序列并水解有关的 3’，5’磷酸二酯键。核酸内切酶是非常重要的工具酶，在基因工程中有广泛用途。而核酸外切酶只对核酸末端的 3’，5’磷酸二酯键有作用，将核苷酸一个一个切下，可分为 5’→3’外切酶，与 3’→5’外切酶。

5. 核酸的变性、复性和杂交

（1）变性。在一定理化因素作用下，核酸双螺旋等空间结构中碱基之间的氢键断裂，变成单链的现象称为变性。引起核酸变性的常见理化因素有加热、酸、碱、尿素和甲酰胺等。在变性过程中，核酸的空间构象被破坏，理化性质发生改变。

（2）复性。DNA 的热变性可通过冷却溶液的方法复原。变性 DNA 在适当条件下，可使两条分开的单链重新形成双螺旋 DNA 的过程称为复性。当热变性的 DNA 经缓慢冷却后复性称为退火。DNA 复性是非常复杂的过程，影响 DNA 复性速度的因素很多：DNA 浓度高，复性快；DNA 分子大复性慢；高温会使 DNA 变性，而温度过低可使误配对不能分离等等。最佳的复性温度为 Tm 减去 25℃，一般在 60℃左右。离子强度一般在 0.4mol/L 以上。

（3）杂交。不同核酸链之间的互补部分的复性称为杂交，即具有互补序列的不同来源的单链核酸分子，按碱基配对原则结合在一起。杂交可发生在 DNA- DNA、RNA- RNA 和 DNA- RNA 之间。杂交是分子生物学研究中常用的技术之一，利用它可以分析基因组织的结构，定位和基因表达等。

6. 核酸的大小和测定

一般来说，进化程度高的生物 DNA 分子应越大，能贮存更多遗传信息。但进化的复杂程度与 DNA 大小并不完全一致，如哺乳类动物 DNA 约为 3×109 bp，但有些两栖类动物、南美肺鱼 DNA 大小可达 1 010bp到 1 011bp。

常用测定 DNA 分子大小的方法有电泳法、离心法。凝胶电泳是当前研究核酸的最常用方法。

第三节　核酸与蛋白质是主辅关系

核酸是生命最本质的物质，蛋白体是生命的物质基础。核酸在生命中为什么比蛋白质更重要呢? 因为生命的重要性是能自我复制，而核酸就能够自我复制。蛋白质的复制是根据核酸所发出的指令使氨基酸根据其指定的种类进行合成，然后再按指定的顺序排列成所需要复制的蛋白质。世界上各种有生命的物质都含有蛋白体，蛋白体中有核酸和蛋白质，至今还没有发现有蛋白质而没有核酸的生命。但在有生命的病毒研究中，却发现病毒以核酸为主体，蛋白质和脂肪以及脂蛋白等只不过充作其外壳，作为与外界环境的界限而已，当它钻入寄生细胞繁殖子代时，把外壳留在细胞外，只有核酸进入细胞内 ，并使细胞在核酸控制下为其合成子代的病毒。这种现象，美国科学家比喻为人和汽车的关系。即把核酸比为人，蛋白质比作汽车，人驾驶汽车到处跑，外表上看，人车一体是有生命运动的东西，而真正的生命是人，汽车只是由人制造的载人的外壳。近来科学家还发现了一种类病毒，是能繁殖子代的有生命物体，其中只有核酸而没蛋白质，可见核酸是真正的生命物质。核酸不但是一切生物细胞的基本成分，还对生物体的生长、发育、繁殖、遗传及变异等重大生命现象起主宰作用。它在生物科学的地位，可用“没有核酸就没有生命”这句话来概括。没有核酸，就没有蛋白，也就没有生命。因此，我们说，核酸为生命之核，核酸与蛋白质是主辅关系。

第四节　核酸在维护生命健康中的重要作用

没有核酸，就没有蛋白，也就没有生命。核酸与生命健康是生命活动最核心的关系。

一、核酸代谢过程存在健康风险

食品中的核酸在肠道中将在酶的作用下分解成小分子核苷酸、核苷被吸收进细胞中，在细胞中进一步被分解成更小的分子碱基（包括嘧啶和嘌呤两类）。碱基或者用于合成核苷酸（连起来就成了核酸），或者参与其他代谢途径，或者降解排出体外。目前还没有发现嘧啶有何害处，但嘌呤无疑是导致人类尿酸增高和痛风的主要原因。核酸氧化分解→生成嘌呤→嘌呤在肝脏进一步氧化成为（2，6，8-三氧嘌呤）又称为尿酸，尿酸盐沉积到关节腔等组织引起痛风发作。

因此，核酸不是越多越好，同时，这也说明了为什么中老年易患痛风，因为年纪大了，大量的细胞死亡，而细胞内有大量的核酸，生成嘌呤，再生成尿酸，从而导致痛风发作。防治好痛风就是要防止核酸被氧化。

二、核酸在维护神经系统功能方面的重要作用

食物核酸提取物对痴呆症状的改善非常令人鼓舞。在大鼠实验中，如给大鼠脑注射RNA合成阻断剂，则所掌握的学习能力和记忆能力在5小时后丧失，但如在注射RNA合成阻断剂的同时注射拮抗阻断剂的物质，这种记忆丧失就不发生。美国哈佛大学的研究也表明，老年痴呆患者脑内神经纤维变化多的部位，RNA和蛋白质合成显著减少，因此发生记忆障碍。

三、核酸在维护循环系统功能的重要作用

核酸营养对循环系统的作用是抑制过氧化脂质的形成，抑制胆固

醇的生成，扩张血管，改善血流，纠正心肌代偿不良，促进血管壁再生，抑制血小板凝集。因此核酸被认为对脑血栓、心肌梗死、高血压和动脉粥样硬化症有较好的营养保健作用。

四、核酸是维持免疫功能的必需营养物质

从核酸对机体各系统的影响来看，免疫系统是最敏感也是最直接受影响的系统。1985年科学家就证实无核酸饮食或低核酸饮食配方饲喂的实验动物，其细胞免疫功能低下，条件致病菌就可使其感染。无核酸饮食致使T淋巴细胞发育障碍、功能低下，而没有细胞免疫反应的发生，同时影响T细胞依赖的体液免疫的产生；补充核酸营养后可恢复免疫系统的发育和免疫功能。实验表明，核酸是维持机体正常免疫功能和免疫系统生长代谢的必需营养物质。

五、核酸在延缓衰老方面的重要作用

衰老是机体各组织器官的退行性变化，关于衰老发生机制的学说很多，如自由基学说、免疫学说、内分泌学说、遗传学说等。脂质过氧化随年龄增大而增高，并伴有酶与非酶系统防御功能下降，导致体内自由基浓度升高。代谢性、退行性疾病的发生和发展与体内过氧化脂质含量高度正相关。饮食核酸能增加血浆里不饱和脂肪酸与ω-3、ω-6系列多不饱和脂肪酸的含量，多不饱和脂肪酸的增加可提高机体对抗自由基的能力。饮食核酸作为使遗传物质活泼代谢的原料，具有极强的抗生物氧化、消除体内自由基和全面增强免疫功能及性激素分泌的作用，因此在延缓衰老方面优势显著。

六、核酸在维护增殖细胞和肝功能方面的重要作用

饮食中补加核酸有助于肝脏再生和受损伤的小肠恢复功能。有无核酸饮食对比研究证明，一段时期内膳食中如缺乏核酸，将对大鼠肝脏的超微结构及功能造成不良影响，提示饮食核酸是维持肝脏处于正常生理状态的必需营养物质。血液中的红细胞、白细胞、血小板和血

浆蛋白等也都是代谢较快的增殖细胞系，加之它们中的大多数均无从头合成核酸的能力，因此它们的代谢和功能也都需要充足的核酸营养。再生障碍性贫血和抗癌药物、放疗、化疗等引起的贫血，即缺铁性贫血之外的贫血均需补充核酸营养，以改善骨髓造血功能和血液成分的代谢活力。

七、核酸在防癌抗癌方面的重要作用

人体每日约有数百万个癌状细胞出现，它们几乎全部被机体的免疫监视系统和核酸、维生素等食物成分在形成大的癌细胞克隆前排除掉。因此在日常生活中尽量避免致癌因子的作用，增加核酸等防癌因素的作用非常必要。

日本工业技术院产业技术融合领域研究所在《自然》杂志上发表论文称，已开发出了治疗白血病的人造核酸。这种人造核酸就像一把剪刀，可发现引起白血病的遗传基因并将其剪除。科研小组的成员、东京大学研究生院教授多比良和诚根据动物实验结果认为，这种人造核酸将来有望成为治疗白血病的主要药物。

这次研究的对象是慢性骨髓性白血病（MCL），患者的异常遗传因子是由两个正常的遗传因子连接而成的，新开发的人造核酸可以发现这种变异遗传基因并将其切断。科学家过去也发现过能找到特定的遗传因子序列并将其切断的分子，但在切断特定遗传因子序列的同时往往对正常细胞造成伤害。而新开发出的核酸只在发现异常遗传因子时才被激活，平时则潜伏不动。

科研小组用人体白血病细胞进行了动物实验。他们将可与人造核酸反应的细胞和不可与人造核酸反应的细胞分别注射到 8 只实验鼠的体内。移植后第 13 周时，不与人造核酸反应的细胞全部死亡，而与人造核酸反应的细胞全部存活，证明人造核酸在生物体内十分有效。

科研小组说，此人造核酸的临床应用尚有诸多问题要解决，将来很可能是把患者的骨髓细胞抽出来，经人造核酸处理后，再把正常细胞的骨髓输回患者体内。

八、核酸在治疗糖尿病方面的重要作用

非胰岛素依赖性糖尿病与生活方式和运动不足关系密切，目前尚无特效疗法，饮食疗法常常被应用于这类患者。如果在普通的饮食疗法的基础上，再加上核酸饮食，将收到更好的效果。其原因一是糖尿病患者血清中过氧化脂质增多，核酸及其代谢产物对其具有较强的清除作用；二是由于核酸的促细胞（包括促胰脏的胰岛素分泌细胞）代谢功能。除此之外，核酸的代谢产物腺苷还有抑制糖的分解作用，使糖在小肠内的吸收减缓。

九、核酸的其他作用

核酸还有以下作用：减肥、提高机体对环境变化的耐受力、显著抗疲劳、增强机体对冷热的抵抗力、促进摄入氧气的利用、促进小鼠生殖系统的发育等。对于婴儿、迅速成长期的孩子、老年体弱多病、全身感染、外伤手术者、肝功能不全以及白细胞、T 细胞、淋巴细胞降低人群等，可以额外补充核酸类物质。世界卫生组织规定，每天膳食中核酸的量不大于 2g，扣除食物中的核酸摄入量，每天补充小于 1.5g核酸是合适的。

第五节　天然核酸食物的选择

人的衰老是一个复杂的综合过程，是在遗传因素、社会因素、营养因素、医疗条件、环境因素、个人主观因素等综合因素作用下逐渐发展而形成的。迄今为止，有 300 多种学说来阐明衰老的机理。从分子生物学水平角度来看，核酸供给不足、细胞内的核酸损耗和变质，是人类衰老的重要原因。

任何核酸及其组成成分的缺乏或不足，都将导致人体细胞的老化、衰老、病变和死亡。美国佛兰克博士研究，发现有些中青年人，蛋白质、脂类、糖、维生素、无机盐、膳食纤维等人体所必需的营养素都得

到充分的供给，而仍然感到精神不振，未老先衰，对疾病的抵抗能力降低，容易疲劳，个别的人甚至走路都感到气喘等等，这些都是核酸供应不足的征兆。现代人的膳食中摄入核酸较少，又由于营养不平衡，导致某些人身体早衰及老年性疾病的发生，如高血胆固醇症、心、脑血管病、老年性关节炎、痴呆症、糖尿病肥胖病等。如果人体摄入的核酸营养不足，其他营养素也不能很好地进入细胞，为细胞所充分吸收和利用，致使细胞受损，各种疾病随之发生。但摄取核酸营养的同时，也要平衡其他营养素，只有在平衡膳食的基础上，核酸营养才能充分发挥作用。佛兰克博士经过数千例临床验证，确认补充核酸营养，对活化细胞，增强免疫机能，促进新陈代谢，健壮、抗衰、健美、健脑及防治多种功能性、退行性疾病有很大作用。核酸营养是人类抗衰保健的最佳途径，目前逐渐为人们所认识，核酸食品在国际上正在兴起。

核酸食品可分两大类，一类是利用和开发天然富含核酸的食物，另一类是将核酸添加于各类食品中，生产含一定量的核酸食品。富含核酸的天然食品有：鱼白（鱼精子）10 000mg/100g、每罐沙丁鱼含有0.6g 以上的核酸、蜜豆 485mg/100g、鸡肝 420mg/100g、小鱼干（生的）341mg/100g、红豆 306mg/100g、鲑鱼（生的）289mg/100g、鱿鱼280mg/100g、牡蛎（罐头）239mg/100g、鸡心 187mg/100g、豌豆（干的）173mg/100g、牛肾 134mg/100g、比目鱼（罐头）122mg/100g、乌贼（生的）100mg/100g、牛肉 100mg/100g。豆制品中的豆腐、豆腐干；芦笋、菠菜、萝卜、蘑菇、酵母、木耳、花粉、桔子、番茄、芹菜、香蕉、桃、草莓、凤梨、葡萄、柠檬、胡萝卜等也含有较多的核酸。羊奶中核酸的含量比牛奶和人乳都高，在羊奶的核苷酸中，三磷酸腺苷（ATP）的含量相当多。因此羊奶是较好的核酸食品。鱼类食品，特别是海产鱼含核酸量很高，所以多吃鱼，可获得较多的核酸。日本人平均寿命最高，达 81 岁。有专家分析，与日本人喜欢吃鱼有关，所以日本人有句俗话“鱼是万应良药”。

我国有些营养学家根据我国经济发展水平，设计了核酸饮食疗法食谱，比如每周吃 1~ 2 次沙丁鱼，吃 1~ 2 次鸡腿，1~ 2 次里脊肉，鸡翅膀或鸡脑，2~ 3 次小鱼干或任何其他一种鱼类，如带鱼、鲤鱼、比目鱼等；每周吃 2~ 4 次豆腐或豆制品。每天至少吃 1~ 2 种下列蔬菜：芦笋、菠菜、萝卜、碗豆、蘑菇、木耳、酵母等，水果应该经常吃，这样的食谱，可获得丰富的核酸。

另一类核酸食品，就是将富含核酸的生物组织，从中提取核酸，或用发酵法生产核酸，再辅以其他营养素，添加于各种食品中。我国核酸食品尚在起步。摄入含核酸丰富的食品或核酸食品，经消化吸收后，核酸中的嘌呤化合物成分，经分解代谢后可产生尿酸，使尿液和血液呈酸性。在一般情况下，尿酸可完全由尿排出，不在身体某些关节处积留，但对个别嘌呤代谢障碍的人，尿酸累积多了，可能会导致痛风病。因此，摄入核酸食品的同时，要多喝开水使尿酸从尿液中排出。此外还要多吃一些碱性食物，如果汁、蔬菜汁、柑桔、番茄、香蕉、葡萄、胡萝卜、芹菜、笋及其他蔬菜等，这些碱性食物，可以防止血液、尿液酸化，还可以获得多种维生素、无机盐、膳食纤维等，它们与核酸协同作用，可大大提高抗衰保健效果。

第九章 生命之能

新陈代谢是人体生命活动的本质和特征，包括物质代谢与相伴的能量代谢，简称代谢。在新陈代谢过程中，物质代谢是生命活动的基础和载体，能量代谢是生命活动的动力和表征，二者是统一的生命活动过程的两个基本方面。新陈代谢是生命存在的标志，一旦新陈代谢停止了，人体的生命也就停止了，人体就变成了尸体，最后被微生物分解掉，回归低级的物质形态。

人体的新陈代谢分为分解代谢和合成代谢，在分解代谢过程中，营养物质蕴藏的化学能便释放出来，化学能经过转化成为各种生命活动的能源。因此，分解代谢是代谢的放能反应。而在合成代谢则需要供给能量，因此，是吸能反应。在物质代谢过程中，物质的变化与能量的代谢是紧密联系着的。糖、脂肪、蛋白质三种营养物质，经消化转变成为可吸收的小分子营养物质而被吸收入血。在细胞中，这些营养物质经过同化作用（合成代谢）构筑人体的组成成分或更新衰老的组织，同时经过异化作用（分解代谢）分解为代谢产物。合成代谢和分解代谢是代谢过程中互相联系的、不可分割的两个侧面，二者是互相依存的，是生命存在过程的统一性与多样性的表现。在此，根据现代生命科学的成就对人体生命之能作普及性简述。

第一节 能量代谢

生物体内物质代谢过程中所伴随的能量释放、转移和利用等，称为能量代谢。能量代谢是是生命活动的动力，没有能量代谢，一切生命活动都将停止，物质代谢也就停止了，生命也不复存在。如果说在新陈代谢过程中以物质代谢为主，则能量代谢为辅，但辅绝对不是副。在生命过程中的这种主辅二元结构体系中，主辅生死相依，主离不开辅，辅也离不开主，这就是我们所理解的物质代谢和能量代谢的本质关系。

人体所需的能量来源于食物中的糖、脂肪和蛋白质，这些能源物质分子结构中的碳氢键蕴藏着化学能，在氧化过程中碳氢键断裂，生成 CO_2 和 H_2O，同时释放出蕴藏的化学能。这些能量的 50% 以上迅速转化为热能用于维持体温，并向体外散发。其余不足 50% 则以高能磷酸键的化学能形式贮存于体内，供人体利用。体内最主要的高能磷酸键化合物是三磷酸腺苷（ATP）。此外，还可有高能硫酯键等。人体利用 ATP 蕴藏的化学能去合成各种细胞组成分子、各种生物活性物质和其他一些物质；细胞利用 ATP 蕴藏的化学能去进行各种离子和其他一些物质的主动转运，维持细胞两侧离子浓度差所形成的势能；肌肉还可利用 ATP 所载荷的自由化学能进行收缩和舒张，完成多种机械功，实现化学能到机械能的转换。在人体生命过程中，除骨骼肌运动时所完成的机械功（外功）以外，其余的能量最后都转变为热能。例如心肌收缩所产生的势能（动脉血压）与动能（血液流速），均于血液在血管内流动过程中，因克服血流内、外所产生的阻力而转化为热能。在人体内，热能是最“低级”形式的能量，热能不能转化为其它形式的能，不能用来作功。

一、能量代谢及测量方法

生命是最高级的物质运动形式，人体的能量代谢必然遵守能量守恒定律，即在整个能量转化过程中，人体所利用的蕴藏于食物中的化学能与最终转化成的热能和所作的外功，按能量来计算是完全相等的。因此，依据能量守恒定律，如果测定在一定时间内人体所消耗的食物，或者测定人体所产生的热量与所做的外功，就可测算出整个人体的能量代谢率（单位时间内所消耗的能量）。测定整个人体单位时间内发散的总热量，通常有两类方法：直接测热法和间接测热法。

1. 直接测量法

直接测热法是测定整个人体在单位时间内向外界环境发散的总热量。此总热量就是能量代谢率。如果在测定时间内做一定的外功，应将外功（机械功）折算为热量一并计入。直接测热法的设备复杂，操作繁琐，使用不便，因而极少应用。

2. 定比定律和间接测热法

根据物质不灭定律，在一般化学反应中反应物的量与产物量之间呈一定的比例关系，这就是定比定律。例如，氧化 1mol 葡萄糖，需要 6mol 氧，同时产生 6molCO_2 和 6molH_2O，并释放一定量的能。同一种化学反应，不论经过什么样的中间步骤，也不论反应条件差异多大，这种定比关系仍然不变。例如，在人体内氧化 1mol 葡萄糖，同在体外氧化燃烧 1mol 葡萄糖一样，都需要消耗 6molCO_2 和 6molH_2O，而且产生的热量也相等。人体的生命活动是一系列生化反应集成，一般化学反应的这种基本规律同样适用于人体内营养物质氧化供能的反应（蛋白质的情况下有些出入），所以它成了能量代谢间接测热法的重要依据。

间接测热法就是利用化学反应的定比定律，查出一定时间内整个人体中氧化分解的糖、脂肪、蛋白质各有多少，然后据此计算出该段时间内整个机体所释放出来的热量。因此，间接测热法必须解决两个基本问题：一是作为营养物质的糖、脂肪和蛋白质氧化分解时产生的能量有多少（即食物的热价）；二要分清在总营养物质中糖、脂肪和蛋白质这三种营养物质分别氧化了多少，即糖、脂肪和蛋白质的氧化比是多少。

如果用在体外测定的一定量的糖、脂肪和蛋白质燃烧时所释放的热量同这三类物质在动物体内氧化到最终产物 CO_2 和水时所产生的热量相比较，结果证明，糖和脂肪在体外燃烧与在体内氧化分解所产生的热量是相等的。因此，我们将 1g 食物氧化（或在体外燃烧）时所释放出来的能量称为食物热价。食物在体外燃烧时释放的热量称为物理热价，食物经过生物氧化所产生的热量称为生物热价。糖（或脂肪）的物理热价和生物热价是相等的，而蛋白质的生物热价则小于它的物理热价。因为蛋白质在体内不能被彻底氧化分解，它有一部分以尿素的形式从尿中排泄的缘故。

3. 呼吸活动、呼吸商及其测定

除了营养物质和水以外，氧气是人体新陈代谢又一重要基础物质，人体依靠呼吸功能从外界摄取氧气以供各种营养物质氧化分解的需要，同时也将代谢终产物 CO_2 呼出体外，这就是人体的呼吸活动。

因此，我们可以把人体摄取氧气和呼出二氧化碳的量作为衡量生命活动的指标。据此我们把人体在一定时间内的 CO_2 产量与耗氧量的比值称为呼吸商。因而将各种营养物质氧化时的 CO_2 产量与耗氧量的比值称为某物质的呼吸商。严格说来，应该以 CO_2 和 O_2 的克分子（mol）比值来表示呼吸商。但是，因为在同一温度和气压条件下，容积相等的不同气体，其分子数都是相等的，所以通常都用容积数（ml 或 L）来计算 CO_2 与 O_2 的比值，即糖、脂肪和蛋白质氧化时，它们的 CO_2 产量与耗氧量各不相同，三者的呼吸商也不一样。

糖、脂肪和蛋白质无论在体内或体外氧化，它们的耗氧量与 CO_2 产量取决于该物质的化学组成，所以，在理论上任何一种营养物质的呼吸商都可以根据它的氧化最终产物（CO_2 和 H_20）化学反应式计算出来的。

糖的呼吸商值最大，也比较好计算。因为糖的一般分子式为 $(CH_2O)_n$，氧化时消耗的 O_2 和产生的 CO_2 分子数相等，呼吸商应该等于 1。

脂肪氧化时需要消耗更多的氧。在脂肪本身的分子结构中，氧的含量远较碳和氢少。因此，另外提供的氧不仅要用氧化脂肪分子中的碳，还要用来氧化其中的氢。所以脂肪的呼吸商将小于 1。现以甘油三酸酯为例：RQ（呼吸商）$=57molCO_2/80molO_2=0.71$

蛋白质的呼吸商较难测算，因为蛋白质在体内不能完全氧化，而且它氧化分解途径的细节，有些还不够清楚，所以只能通过蛋白质分子中的碳和氢被氧化时需氧量和 CO_2 产量，间接算出蛋白质的呼吸商，其计算值为 0.80。

在人的日常生活中，营养物质是由糖、脂肪和蛋白质混合而成。

所以，呼吸商常变动于 0.71~ 1.00 之间。人体在特定时间内的呼吸商要看哪种营养物质是当时的主要能量来源而定。若能源主要是糖类，则呼吸商接近于 1.00；若主要是脂肪，则呼吸商接近于 0.71。在长期病理性饥饿情况下，能源主要来自机体本身的蛋白质和脂肪，则呼吸商接近于 0.80。一般情况下，摄取混合食物时，呼吸商常在 0.85 左右。

在生命活动中，机体的组织、细胞不仅能同时氧化分解各种营养物质，而且也使一种营养物质转变为另一种营养物质。糖的转化为脂肪时，呼吸商可能变大，甚至超过 1.00。这是由于当一部分糖转化为脂肪时，原来糖分子中的氧即有剩余，这些氧可能参加机体代谢过程中氧化反应，相应地减少了从外界摄取的氧量，因而呼吸商变大。反过来，如果脂肪转化为糖，呼吸商也可能低于 0.71。这是由于脂肪分子中含氧比例小，当转化为糖时，需要更多的氧进入分子结构，因而机体摄取并消耗外界氧的量增多，结果呼吸商变小。另外，还有其它一些代谢反应也能影响呼吸商。例如，肌肉剧烈运动时，由于氧供不应求，糖酵解增多，将有大量乳酸进入血液。乳酸和碳酸盐作用的结果，会有大量 CO_2 由肺排出，此时呼吸商将变大。又如，肺过度通气、酸中毒等情况下，机体中与生物氧化无关的 CO_2 大量排出，也可现呼吸大于 1.00 的情况。相反，肺通气不足、碱中毒等情况下，呼吸商将降低。

应该测出在一定时间内机体中糖、脂肪和蛋白质三者氧化分解的比例。首先必须查清氧化了多少蛋白质，并且将氧化这些蛋白质所消耗的氧量和所产生的 CO_2 从机体在该时间内的总耗氧量和总 CO_2 产量中减去，算出糖和脂肪氧化（非蛋白质代谢）的 CO_2 产量和耗氧量的比值，即非蛋白呼吸商，然后才有可能进一步查清糖和脂肪各氧化了多少克。

尿中的氮物质主要是蛋白质的分解产物，因此可以通过尿氮来估算体内被氧化的蛋白质的数量。蛋白质的平均重量组成是：C50%，$O_2$23%，N16%，S1%。蛋白质中 16% 的 N 是完全随尿排出的。所以，1g 尿氮相当于氧分解 6.25g 蛋白质，测得的尿氮重量（g）乘以6.25，便相当于体内氧分解的蛋白质量。

间接测热法计算原则。实验测得的机体 24h 内的耗氧量和 CO_2 产量以及尿氮量。首先，由尿氮量算出被氧分解的蛋白质量。由被氧化的蛋白质量算出其产热量、耗氧量和 CO_2 产量；其次从总耗氧量和总 CO_2 产量中减去蛋白质耗氧量和 CO_2 产量，计算出非蛋白呼吸商。根据非蛋白呼吸商的氧热价计算出非蛋白代谢的产热量；最后，24h 产热量为蛋白质代谢的产热量与非蛋白代谢的产热量之和。此外，从非蛋白呼吸还可推算出参加代谢的糖和脂肪的比例。

二、基础代谢

基础代谢是指基础状态下的能量代谢。基础代谢率是指单位时间内的基础代谢，即在基础状态下，单位时间内的能量代谢。所谓基础状态是指人体处在清醒而又非常安静、不受肌肉活动、环境温度、食物及精神紧张等因素的影响时的状态。测定基础代谢率，要在清晨未进餐以前（即食后 12~ 14h）进行。前一日晚餐最好是清淡菜肴，而且不要吃得太饱，这样，过了 12~ 14h，胃肠的消化和吸收活动已基本完毕，也排除了食物的特殊动力作用的影响。测定之前不应做剧烈的活动，而且必须静卧半 h 以上。测定时平卧，全身肌肉要松驰，尽量排除肌肉活动的影响。这时还应要求受试者排除精神紧张的影响，如摒除焦虑、烦恼、恐惧等心理活动。室温要保持在 20~ 25℃之间，以排除环境温度的影响。基本条件下的代谢率，比一般安静时的代谢率可低些（比清醒安静时低 8%~ 10%）。基础代谢率以每小时，每平方米体表面积的产热量为单位，通常以 $kJ/m^2 \cdot h$ 来表示。要用每平方米体表面积而不用每公斤体重的产热量来表示，是因为基础代谢率的高低与体重并不成比例关系，而与体表面积基本上成正比。

若以每公斤体重的产热量进行比较，则小动物每公斤体重的产热量要比大动物高得多。若以每平方米体表面积的产热量进行比较，则不论机体的大小，各种动物每平方米每 24 小时的产热量很相近。因此，用每平方米体表面积标准来衡量能量代谢是比较合适的。

受试者体表面积的测定繁琐而不易进行，鉴于体表面积与身高、体重之间有一定的相关关系，因此，有人对一定的人群作过测定后，从身高、体重推算出体表面计算的经验公式。

最基本的是 Meeh 的算式：$S = KW2/3$。

式中，S 为体表面积，W 为体重(kg)，K 为不同种属动物的常数。

计算人的体表面积在 DuBois 的身长体重算式：$S = 0.425W \times 0.725H \times K$。

式中，S 为体表面积(m^2)，W 为体重(kg)，H 为身长。K 为不同人种的常数。

中国人的体表面积可根据下列许文生氏算式来计算：

体表面积（m^2）＝0.0061×身长（cm）＋0.0128×体重（kg）－0.1529。

其用法是，将受试者的身高和体重在相应两条列线的两点连成一直线，引直线与中间的体表面积列线的交点就是该人的体表面积。有意义的事实是肺活量、心输出量、主动脉和气管的横截面、肾小球过滤率等都与体表面积有一定的比例关系。

基础代谢率随性别、年龄等不同而有生理变化。当情况相同时，男子的基础代谢率平均比女子的高；幼年人比成年人的高；年龄越大，代谢率越低，但是，同一个体的基础代谢率，只在测定时的条件完全符合前述的要求，则有不同时日重复测定的结果基本上无差异。这就反映了正常人的基础代谢率是相当稳定的。

一般来说，基础代谢率的实际数值与上述正常的平均值比较，相差±10%～15%之内，无论较高或较低，都不属病态。当相差之数超过 20%时，才有可能是病理变化。在各种疾病中，甲状腺功能的改变总是伴有基础代谢率异常变化。甲状腺功能低下时，基础代谢率将比正常值低 20%～40%；甲状腺功能亢进时的基础代谢率将比正常值高出 25%～80%。基础代谢率的测量是临床诊断甲状腺疾病的重要辅助方法。其他如肾上腺皮质和垂体的功能低下时，基础代谢率也要降低。

当人体发热时，基础代谢率将升高。一般说来，体温每升高 1℃，基础代谢率可升高 13%。其他如糖尿病、红细胞增多症、白血病以及伴有呼吸困难的心脏病等，也伴有基础代谢率升高。当机体处于病理性饥饿时，基础代谢率将降低。其他如阿狄森病、肾病综合症以及垂体肥胖症也常伴有基础代谢率降低。

三、影响能量代谢的因素

影响能量代谢的因素有肌肉活动、精神活动、食物的特殊动力作用和环境温度等。

1. 肌肉活动

肌肉活动对能量代谢的影响最为显著。机体任何轻微的活动都可提高代谢率。人在运动或劳动时耗氧量显著增加，因为肌肉活动需要补给能量，而能量则来自大量营养物质的氧化，导致机体耗氧量的增加。机体耗氧量的增加与肌肉活动的强度呈正比关系，耗氧量最多达到安静时的10~ 20倍。肌肉活动的强度称为肌肉工作强度，也就是劳动强度。劳动强度通常用单位时间内机体的产热量来表示，也就是说，可以把能量代谢率作为评估劳动强度的指标。由于随之出现的无意识的肌紧张以及刺激代谢的激素释放增多等原因，产热量可以显著增加。因此，在测定基础代谢率时，受试者必须摒除精神紧张的影响。

2. 食物的特殊动力作用

在安静状态下摄入食物后，人体释放的热量比摄入的食物本身氧化后所产生的热量要多。例如摄入能产100kJ热量的蛋白质后，人体实际产热量为130kJ，额外多产生了30kJ热量，表明进食蛋白质后，机体产热量超过了蛋白质氧化后产热量的30%。食物能使机体产生“额外”热量的现象称为食物的特殊动力作用。糖类或脂肪的食物特殊动力作用为其产热量的4%~ 6%，即进食能产100kJ热量的糖类或脂肪后，机体产热量为104~ 106kJ。而混合食物可使产热量增加10%左右。这种额外增加的热量不能被利用来作功，只能用于维持体温。因此，为了补充体内额外的热量消耗，机体必须多进食一些食物补充这份多消耗的能量。

食物特殊动力作用的机制尚未完全了解。这种现象在进食后1h左右开始，并延续到7～8h。有人将氨基酸注入静脉内，可出现与经口给予相同的代谢率增值现象，这些事实使人们推想，食后的“额外”热量可能来源于肝处理蛋白质分解产物时“额外”消耗的能量。因此，有人认为，肝在脱氨基反应中消耗了能量可能是“额外”热量产生的原因。

3. 环境温度

人（裸体或只着薄衣）安静时的能量代谢，在 20～30℃的环境中最为稳定。实验证明，当环境温度低于 20℃时，基础代谢率开始有所增加，在 10℃以下，代谢率便显着增加。环境温度低时代谢率增加，主要是由于寒冷刺激反射地引起寒战以及肌肉紧张增强所致。在 20～30℃时代谢稳定，主要是由于肌肉松驰的结果。当环境温度为 30～45℃时，基础代谢率又会逐渐增加。这可能是因为体内化学过程的反应速度所有所增加的缘故，这时还有发汗功能旺盛及呼吸、循环功能增强等因素的作用。

第二节　人体能源物质之一——碳水化合物

人类食物中的营养物质包括糖类、蛋白质、脂肪三类供能物质和核酸、微量元素、水，无机盐、维生素等非供能物质或功能物质。

碳水化合物亦称糖类化合物，是自然界存在最多、分布最广的一类重要的有机化合物。葡萄糖、蔗糖、淀粉和纤维素等都属于糖类化合物。糖类化合物是一切生物体维持生命活动所需能量的主要来源。它不仅是营养物质，而且有些还具有特殊的生理活性。例如：肝脏中的肝素有抗凝血作用；血型中的糖与免疫活性有关。此外，核酸的组成成分中也含有糖类化合物——核糖和脱氧核糖。因此，糖类化合物对人体健康和医学来说，具有更重要的意义。

碳水化合物分为单糖、寡糖、淀粉、半纤维素、纤维素、复合多糖，以及糖的衍生物。糖的结合物有糖脂、糖蛋白、蛋白多糖三类。主要由绿色植物经光合作用而形成，是光合作用的初期产物。从化学结构特征来说，它是含有多羟基的醛类或酮类的化合物或经水解转化成为多羟基醛类或酮类的化合物。例如葡萄糖，含有一个醛基、六个碳原子，叫己醛糖。果糖则含有一个酮基、六个碳原子，叫己酮糖。它与蛋白质（蛋白质食品）、脂肪同为生物界三大基础物质，为生物的生长、运动（运动食品）、繁殖提供主要能源，是人类生存发展必不可少的重要物质之一。

一、人类发现碳水化合物

人类发现碳水化合物在人们知道碳水化合物的化学性质及其组成以前，碳水化合物已经得到很好的作用，如今含碳水化合物丰富的植物作为食物，利用其制成发酵饮料，作为动物的饲料等。一直到 18 世纪一名德国学者从甜菜中分离出纯糖和从葡萄中分离出葡萄糖后，碳水化合物研究才得到迅速发展。1812 年，俄罗斯化学家报告，植物中碳水化合物存在的形式主要是淀粉，在稀酸中加热可水解为葡萄糖。1884 年，另一科学家指出，碳水化合物含有一定比例的 C，H，O 三种元素，其中 H 和 O 的比例恰好与水相同为 2∶1，好像碳和水的化合物，故称此类化合物为碳水化合物，这一名称一直沿用至今。

碳水化合物是为人体提供热能的三种主要的营养物质中最廉价的营养物质。食物中的碳水化合物分成两类：人可以吸收利用的有效碳水化合物，如单糖、双糖、多糖和人不能消化的无效碳水化合物，如纤维素。

糖类化合物由 C，H，O 三种元素组成，分子中 H 和 O 的比例通常为 2∶1，与水分子中的比例一样，故称为碳水化合物。碳水化合物一般的化学表达式为 $C_6H_{12}O_6$，可用通式 $C_m(H_2O)_n$ 表示。因此，曾把这类化合物称为碳水化合物。但是后来发现有些化合物按其构造和性质应属于糖类化合物，可是它们的组成并不符合 $C_m(H_2O)_n$ 通式，如鼠李糖（$C_6H_{12}O_5 \cdot H_2O$）、脱氧核糖（$C_5H_{10}O_4$）等；而有些化合物如甲醛、乙酸（$C_2H_4O_2$）、乳酸（$C_3H_6O_3$）等，其组成虽符合通式 $C_m(H_2O)_n$，但结构与性质却与糖类化合物完全不同。所以，碳水化合物这个名称并不确切，但因使用已久，迄今仍在沿用。另外像碳酸（H_2CO_3）、碳酸盐（$XXCO_3$）、碳单质（C）、碳的盐化物（CO_2、CO）、水（H_2O）都不属于有机物，也就是不属于碳水化合物。

二、碳水化合物的生理功能

碳水化合物是生命细胞结构的主要成分及主要供能物质，并且有调节细胞活动的重要功能。人体中碳水化合物的存在形式主要有三种，葡萄糖、糖原和含糖的复合物，碳水化合物的生理功能与其摄入食物的碳水化合物种类和在机体内存在的形式有关。

（1）供给能量：每克葡萄糖产热16KJ（4千卡），人体摄入的碳水化合物在体内经消化变成葡萄糖或其他单糖参加机体代谢。每个人膳食中碳水化合物的比例没有规定具体数量，我国营养专家认为碳水化合物产热量占总热量的60%～65%为宜。平时摄入的碳水化合物主要是多糖，在米、面等主食中含量较高，摄入碳水化合物的同时，能获得蛋白质、核酸、脂类、维生素、矿物质、膳食纤维等其它营养物质。而摄入单糖或双糖如蔗糖，除能补充热量外，不能补充其它营养素。

（2）碳水化合物是构成机体组织的重要物质，并参与细胞的组成和多种活动。构成细胞和组织：每个细胞都有碳水化合物，其含量为2%～10%，主要以糖脂、糖蛋白和蛋白多糖的形式存在，分布在细脑膜、细胞器膜、细胞浆以及细胞间质中。

（3）节省蛋白质：食物中碳水化合物不足，机体不得不动用蛋白质来满足机体活动所需的能量，这将影响机体用蛋白质进行合成新的蛋白质和组织更新。因此，完全不吃主食，只吃肉类是不适宜的，因肉类中含碳水化合物很少，这样机体组织将用蛋白质产热，对机体没有好处。所以减肥病人或糖尿病患者最少摄入的碳水化合物不要低于150g主食。

（4）维持脑细胞的正常功能：葡萄糖是维持大脑正常功能的必需营养素，当血糖浓度下降时，脑组织可因缺乏能源而使脑细胞功能受损，造成功能障碍，并出现头晕、心悸、出冷汗、甚至昏迷。

（5）抗酮体的生成：当人体缺乏糖类时，可分解脂类供能，同时产生酮体。酮体导致高酮酸血症。

（6）解毒：糖类代谢可产生葡萄糖醛酸，葡萄糖醛酸与体内毒素（如药物、胆红素）结合进而解毒

（7）加强肠道功能：与膳食纤维有关。如防治便秘、预防结肠和直肠癌、防治痔疮等。

（8）碳水化合物中的糖蛋白和蛋白多糖有润滑作用。另外它可控制细脑膜的通透性。并且是一些合成生物大分子物质的前体，如嘌呤、嘧啶、胆固醇等。

膳食中碳水化合物过少，可造成膳食蛋白质浪费，组织蛋白质和脂肪分解增强以及阳离子的丢失等。膳食中缺乏碳水化合物将导致全身无力、疲乏、血糖含量降低，产生头晕、心悸、脑功能障碍等。严重者会导致低血糖昏迷。

膳食中碳水化合物比例过高，势必引起蛋白质和脂肪的摄入减少，也能对机体造成不良后果。当膳食中碳水化合物过多时，就会转化成脂肪贮存于身体内，使人过于肥胖而导致各类疾病如高血脂、糖尿病等。

三、食物推荐量和食物来源

根据中国膳食碳水化合物的实际摄入量和世界卫生组织、联合国粮农组织的建议，与2002年重新修订了我国健康人群的碳水化合物供给量为总能量摄入的55%～65%。同时对碳水化合物的来源也作了要求，即应包括复合碳水化合物淀粉、不消化的抗性淀粉、非淀粉多糖和低聚糖等碳水化合物；限制纯能量食物如糖的摄入量，提倡摄入营养素、能量密度高的食物，以保障人体能量和营养素的需要及改善胃肠道环境和预防龋齿的需要。

一般说来，对碳水化合物没有特定的饮食要求。主要是应该从碳水化合物中获得合理比例的热量摄入。另外，每天应至少摄入50～100g可消化（消化食品）的碳水化合物以预防碳水化合物缺乏症。

碳水化合物的主要食物来源有：蔗糖、谷物（如水稻、小麦、玉

米、大麦、燕麦、高粱等)、水果(水果食品)(如甘蔗、甜瓜、西瓜、香蕉、葡萄等)、坚果、蔬菜(蔬菜食品)(如胡萝卜、番薯等)等。

如果要控制碳水化合物的摄入，就必须明确碳水化合物的计算。食品营养标签中的碳水化合物是指每克产生能量为17kJ/g(4kcal/g)的部分，数值可由减法或加法获得。减法:食品总质量分别减去蛋白质、脂肪、水分、灰分和膳食纤维的质量，即是碳水化合物的量。加法:淀粉和糖的总和即为碳水化合物。总碳水化合物指碳水化合物和膳食纤维的总和。

四、人类不应该过度食用碳水化合物

膳食中碳水化合物的主要来源是植物性食物，如谷类、薯类、根茎类蔬菜和豆类，另外是食用糖类。碳水化合物只有经过消化分解成葡萄糖、果糖和半乳糖才能被吸收，而果糖和半乳糖又经肝脏转换变成葡萄糖。血中的葡萄糖简称为血糖，少部分血糖直接被组织细胞利用与氧气反应生成二氧化碳和水，放出热量供身体需要，大部分血糖则存在人体细胞中，如果细胞中储存的葡萄糖已饱和，多余的葡萄糖就会以高能的脂肪形式储存起来，多吃碳水化合物发胖就是这个道理!

过度食用碳水化合物的危害。有研究显示，某些碳水化合物含量丰富的食物会使人体血糖和胰岛素激增，从而引起肥胖，甚至导致糖尿病和心脏病，原因是这些碳水化合物食物的血糖负载很高。医学界的5个临床试验表明，低碳水化合物饮食和低脂饮食一样能有效促进快速减肥，并能预防糖尿病和心脏病等疾病。

100多年前，一位名叫威廉·邦庭的英国肥胖男子用低碳水化合物的饮食方法成功减肥。随后，他写了一本题为《给肥胖人士的信》的书，在公众中掀起热潮，但却遭到了医学界的嘲笑。一个多世纪以后的今天，邦庭的理论终于幸运地被证明是科学和有效的。20世纪70年代，心脏病专家罗伯特·阿特金斯博士证明碳水化合物含量高的食物会刺激胃口、增大食欲、使人发胖，而且还会诱发2型糖尿病。阿特金斯博士的实验还证明低碳水化合物饮食可以在短时间内促进体重下降。如今，许多人都热衷于采用“阿金斯饮食法”。

30年前，阿特金斯提出，面包、马铃薯和面食对人类健康无益的理论，被当时的营养学家斥为谬论。以前的医学营养界只认为脂肪是人类健康的罪魁祸首。然而越来越多的专家认为阿金斯的理论是有一定科学道理的，人类食用过多的碳水化合物的确对人体健康有害

米饭、面条、面包、土豆和香蕉等食品淀粉含量很高。而淀粉和糖属于碳水化合物。科学家发现，碳水化合物(膳食纤维除外) 进入人体后，转化为血糖，刺激胰岛素分泌，促进细胞利用血糖，燃烧提供能量(能量食品)；多余的血糖进入肝脏合成肝糖原和脂肪，血糖剩余的越多，合成的脂肪就越多而储存在体内。

血糖波动短期内使人产生饥饿感(“好吃”)；长期则使机体细胞对胰岛素敏感度下降，产生“胰岛素抵抗症”，于是血糖燃烧转化为能量的效率下降，人会变得没有力气(“懒做”)。“好吃懒做”就容易使人变得肥胖。

而肉类、鱼类、蛋类和植物油基本上不含碳水化合物，不会影响血糖(“血糖指数”为零)，因而不会刺激胰岛素分泌。总的来说，减肥的关键不在于直接控制热量，因为你控制不了，而是通过控制血糖，从而间接控制热量的摄入。

最能减肥的食物应符合三个标准：①含碳水化合物低；②血糖指数低；③营养素丰富。这三个标准在国际上叫做 low- carbs，中文译音“露卡素”。

按照“露卡素”标准，最适于减肥的食物有肉类、鱼类、蛋类、植物油和坚果；其次是种子、豆类、绿叶蔬菜(蔬菜食品)、低糖水果(水果食品)(如樱桃和柚子) 和高纤全谷类(谷类食品)(如燕麦)。而在各类减肥食物中，最佳的海鲜是深海鱼，最佳的坚果是可可豆，最佳的种子是大豆，最佳的根类是魔芋，最佳的蔬菜是西兰花，最佳的水果是樱桃。

某些复杂碳水化合物在我们饮食中所起的重要作用正引起我们更多的注意。而那些含有高纤维和营养丰富的谷物，蔬菜和豆类更引起

我们的兴趣。是什么原因呢？高纤维碳水化合物消化得比较慢，结果使体内血糖水平不会升高的太快。相比之下，低纤维碳水化合物消化得比较快，所以体内血糖水平会迅速升高。而血糖量的迅速升高导致体内产生更多的胰岛素，它是一种荷尔蒙，可帮助调节体内血糖水平。如果这样长此以往，必然会导致健康问题。

第三节　人体能源物质之二——脂肪

脂肪存在于人体和动物的皮下组织及植物体中，是生物体的组成部分和储能物质，亦为食油的主要成分。人体的脂肪含量取决于人体脂肪率，即是指人体脂肪与体重之百分比，以前判断个人胖瘦时，最简单的方法，就是使用身高及体重之比率（即 BMI，体重除以身高的平方值）。

一、发现脂肪对生命的重要性

脂肪对生命极其重要，它的功能众多几乎不可能一一列举。正是脂肪这样的物质在远古海洋中化分出界限，使细胞有了存在的基础，依赖于脂类物质构成的细胞膜，将细胞与它周围的环境分隔开。使生命得以从原始的浓汤中脱颖而出，获得了向更加复杂的形式演化的可能。因此，毫不夸张地说，没有脂肪这样的物质存在，就没有生命可言。

法国人谢弗勒首先发现，脂肪是由脂肪酸和甘油结合而成。因此可以把脂肪看作机体储存脂肪酸的一种形式，从营养学的角度看，某些脂肪酸对我们的大脑、免疫系统乃至生殖系统的正常运作来说十分重要，但它们都是人体自身不能合成的，我们必须从膳食中摄取，现在还认为，大量摄入这些被称为多不饱和脂肪酸的分子，有助于健康和长寿。同时一些非常重要的维生素需要膳食中脂肪的帮助我们才能吸收，如维生素 A，D，E，K 等。

另外，由于脂肪不溶于水，这就允许细胞在储备脂肪的时候，不需同时储存大量的水，相同重量的脂肪比糖分解时释放的能量多得多。这就意味着，储存脂肪比储存糖划算。如果在保持总储能不变的情况下，将我们的脂肪换成糖，那么体重很可能至少会翻番，这取决于你的肥胖程度。我们的脊椎动物祖先，显然看中了脂肪作为超高能燃料的巨大好处，为此进化出了独特的脂肪细胞以及由此而来的脂肪组织，也埋下了今日我们肥胖的祸根。

二、脂肪的重要生理功能

人体内的脂类，分成两部分，即脂肪与类脂。脂肪，又称为真脂、中性脂肪及三酯，是由一分子的甘油和三分子的脂肪酸结合而成。脂肪又包括不饱和与饱和两种，动物脂肪以含饱和脂肪酸为多，在室温中呈固态。相反，植物油则以含不饱和脂肪酸较多，在室温下呈液态。类脂则是指胆固醇、脑磷脂、卵磷脂等。

在自然界中，最丰富的是混合的甘油三酯，在食物中占脂肪的98%。所有的细胞都含有磷脂，它是细胞膜和血液中的结构物，在脑、神经、肝中含量特别高，卵磷脂是膳食和体内最丰富的磷脂之一。四种脂蛋白是血液中脂类的主要运输工具。

脂肪在人体具有重要生理功能。

（1）生物体内储存能量的物质并供给能量。1g 脂肪在体内分解成二氧化碳和水并产生 38KJ（9Kcal）能量，比 1g 蛋白质或 1g 碳水化合物高一倍多。

（2）构成一些重要生理物质，脂肪是生命的物质基础，是人体内的四大组成部分（核酸、蛋白质、脂肪、碳水化合物）之一。磷脂、糖脂和胆固醇构成细胞膜的类脂层，胆固醇又是合成胆汁酸、维生素 D_3 和类固醇激素的原料。

（3）维持体温和保护内脏、缓冲外界压力。皮下脂肪可防止体温过多向外散失，减少身体热量散失，维持体温恒定。也可阻止外界热能传导到体内，有维持正常体温的作用。内脏器官周围的脂肪垫有缓冲外力冲击保护内脏的作用。减少内部器官之间的摩擦 。

（4）提供必需脂肪酸。

（5）脂溶性维生素的重要来源 鱼肝油和奶油富含维生素 A，D，许多植物油富含维生素 E。脂肪还能促进这些脂溶性维生素的吸收

（6）增加饱腹感 脂肪在胃肠道内停留时间长，所以有增加饱腹感的作用。

（7）脂肪与儿童发育的关系密切。

1）智力发育的基础。脑需要 8 种营养素———脂肪、糖、蛋白质、维生素 A，B，C，E 和钙，按其重要性排列，脂肪排在第一位，蛋白质只排在第 5 位。成人和较大儿童膳食中脂肪所提供的能量应占 25%～30%，但母乳中脂肪所提供的能量却占到 50%，因为婴儿的脑及智力发育需要更多脂肪。

2）促进视觉发育、皮肤健康。在视觉的发育过程中也离不开脂肪，缺乏必需脂肪酸会使视力发育受影响；如果缺乏脂肪，皮肤会变得干燥，容易发生湿疹和伤口不易愈合等；缺乏脂肪还会使儿童生长发育迟缓，免疫力低下，容易发生感染性疾病。

3）性发育更需要脂肪。研究发现，女婴从诞生之日起，体内就带有控制性别的基因，这种基因在青春发育期来临之前，体内脂肪储量到达一定数量时，才能把遗传密码传递给大脑，从而产生性激素，促使月经初潮和卵巢功能的形成。当体内脂肪少于 17% 时，月经初潮就不会形成；只有体内脂肪含量超过 22% 时，才能维持女性正常排卵、月经、受孕以及哺乳功能。

必需脂肪酸缺乏，可引起生长迟缓、生殖障碍、皮肤受损等。另外，还可引起肝脏、肾脏、神经和视觉等多种疾病。

脂肪摄入过量将产生肥胖，并导致一些慢性病的发生。膳食脂肪总量增加，还会增大某些癌症的发生几率。过多的脂肪确实让我们行动不便，而且血液中过高的血脂，很可能引发高血压和心脏病的主要因素。

随着对人体的逐步了解，国外身体塑形方面的专家认为，求美者首先要分清两种脂肪：皮下脂肪和内脏脂肪。

美国哈弗医学院的医生提醒，皮下脂肪用吸脂的方法是最好处理

的，因为它们就位于皮肤层下，通常是直接导致腹部赘肉等肥胖部位的罪魁祸首。相反，环绕脏器的身体内脏脂肪是无法通过吸脂手术去除的，只能靠身体锻炼和节食来减少。内脏脂肪会产生一些干扰身体正常运转的激素和化学物质。

因此，对于患有显著肥胖症的人来说，吸脂并不是最好的解决方法，这也就解释了为什么吸脂并不等于减肥。吸脂整形在大众中的受欢迎程度越来越高，也就更容易被误解为减肥利器。想吸脂，还得先分清自己的肥胖类型和状态，单纯的身体表面局部肥胖用吸脂来塑形，才是比较合适的。

如何快速消掉脂肪呢？不管全身哪一部分，如果堆积了过多的脂肪，就会变成“负担”，特别是在艳阳似火的夏天，是展示美眉们迷人身材的大好时机，但偏偏多余的脂肪总是显得那么碍眼，影响到整体的形象。而我们都知道高纤维的食物具有促进肠胃蠕动，排除体内毒素，消除脂肪的功效，是女性朋友们美容瘦身必不可少的食物。所以丢掉你口中的巧克力，多食用一些高纤维的蔬菜吧！有几种蔬菜给读者推荐。

红薯：其中富含蛋白质、淀粉、果胶、纤维素、氨基酸、维生素及多种矿物质，有“长寿食品”之誉。具有抗癌、保护心脏、预防肺气肿、糖尿病、减肥等功效。而其中的纤维素能够有效的阻止糖类变为脂肪，从而达到瘦身的功效。

竹笋：竹笋具有低脂肪、低糖、多纤维的特点，食用竹笋不仅能促进肠道蠕动，帮助消化，去积食，防便秘，并有预防大肠癌的功效。竹笋含脂肪、淀粉很少，属天然低脂、低热量食品，是肥胖者减肥的佳品。

芹菜：芹菜里含有大量的纤维素，含有一种能够使脂肪加速分解、消失的化学物质，同时可以促进肠胃蠕动，对便秘有很好的效果。

香菇：香菇具有高蛋白、低脂肪、多糖、多种氨基酸和多种维生素的营养特点，其中含有高量的多样性纤维，能够有效的促进肠胃蠕动，从而达到瘦身效果。

三、人体脂肪的来源和营养价值

除食用油脂含100%的脂肪外，含脂肪丰富的食品为动物性食物和坚果类。动物性食物以畜肉类含脂肪最丰富，且多为饱和脂肪酸；一般动物内脏除大肠外含脂肪量皆较低，但蛋白质的含量较高。禽肉一般含脂肪量较低，多数在10%以下。鱼类脂肪含量基本在10%以下，多数在5%左右，且其脂肪含不饱和脂肪酸多。蛋类以蛋黄含脂肪最高，约为30%左右，但全蛋仅为10%左右，其组成以单不饱和脂肪酸为多。除动物性食物外，植物性食物中以坚果类含脂肪量最高，最高可达50%以上，不过其脂肪组成多以亚油酸为主，所以是多不饱和脂肪酸的重要来源。

脂类是油、脂肪、类脂的总称。食物中的油脂主要是油和脂肪，一般把常温下是液体的称作油，而把常温下是固体的称作脂肪。脂肪由C，H，O三种元素组成。脂肪是由甘油和脂肪酸组成的三酰甘油酯，其中甘油的分子比较简单，而脂肪酸的种类和长短却不相同。脂肪酸分三大类：饱和脂肪酸、单不饱和脂肪酸、多不饱和脂肪酸。脂肪可溶于多数有机溶剂，但不溶解于水，是一种或一种以上脂肪酸的甘油脂。

脂肪的营养价值取决于以下因素：

(1) 消化率。一种脂肪的消化率与它的熔点有关，含不饱和脂肪酸越多熔点越低，越容易消化。因此，植物油的消化率一般可达到100%。动物脂肪，如牛油、羊油，含饱和脂肪酸多，熔点都在40℃以上，消化率较低，约为80%～90%。

(2) 必需脂肪酸含量。植物油中亚油酸和亚麻酸含量比较高，营养价值比动物脂肪高。

(3) 脂溶性维生素含量。动物的贮存脂肪几乎不含维生素，但肝脏富含维生素A和D，奶和蛋类的脂肪也富含维生素A和D。植物油富含维生素E。这些脂溶性维生素是维持人体健康所必需的。

四、发现欧米伽3的重要作用

20世纪70年代，科学家发现生活在格陵兰岛的爱斯基摩人很少患心血管疾病，人们对ω- 3脂肪酸研究开始逐步深入。各国科学家纷纷进入到ω- 3脂肪酸的研究中，科学研究表明，ω- 3脂肪酸具有抗炎症、抗血栓形成、降低血脂、舒张血管的特性。

脂肪酸和维生素、氨基酸一样，是人体最重要的营养素之一。ω- 3脂肪酸是人类必需的营养物质，但人的体内不能自身合成，必须从食物中获得。ω- 3多不饱和脂肪酸是人体自身无法合成的、必须从食物中摄取的两种必需脂肪酸之一，另一种则是ω- 6脂肪酸。ω- 3类脂肪酸(EPA/DHA) 能减少血液脂质并增强细胞功能。ω- 3脂肪酸有很多种，其中有两种最重要的ω- 3脂肪酸——EPA（Eicosapentaenoicacid，含5个不饱和键）和DHA（Docosahexaenoicacid，含6个不饱和键)。最早在一些鱼类中发现了ω- 3脂肪酸，DHA俗称“脑黄金”，是神经系统细胞生长及维持的一种主要元素，也是大脑和视网膜的重要构成成分；EPA是鱼油的主要成分，在疏导、清理心血管方面具有不可替代的作用。

联合国粮农组织在1993年10月发表的有关食用油脂的建议书中确认，作为必需脂肪酸的ω- 3脂肪酸在细胞膜结构中起着重要作用，同时也是类二十碳烷（花生酸类）的前体。联合国粮农组织还建议，两种必需脂肪酸摄入的比例是，饮食中ω- 6脂肪酸与ω- 3脂肪酸的比例应该为5：1或者10：1，超过10：1的个人应该摄取更多富含ω- 3脂肪酸的食物，例如绿叶蔬菜、豆类植物、鱼和其他海产品。

必需脂肪酸对胎儿及婴儿的生长发育极其重要，特别是对脑部和视力的发育极为重要。因此，怀孕时补充EPA和DHA能有助于孕妇的健康和胎儿的正常发育，补充DHA对于婴幼儿的视力及神经发育非常关键。在怀孕期间营养良好的妇女每天在母婴组织当中大约沉积2.2g必需脂肪酸。特别注意的是在怀孕和哺乳期要确保足够的必需脂肪酸摄入以满足胎儿和婴儿发育的需要。

在植物如亚麻中含有 ALA，它是一种在人体内可部分转化为 DHA 和 EPA 的 ω- 3 脂肪酸。海藻油中通常仅能提供 DHA。专家认为，来源于鱼类和鱼油的 DHA 和 EPA 比 ALA 更有益于健康，DHA 和 EPA 仅存在于富含脂肪的鱼和海藻中，而亚麻和植物源的 ω- 3 脂肪酸仅能提供 ALA——EPA 和 DHA 的前体物质及能量来源。

ω- 3 脂肪酸对健康有很多益处，研究显示食用具有长链 ω- 3 脂肪酸的食物与减少冠心病的风险有关，研究显示 ω- 3EPA 和 DHA 能促进甘油三酯的降低有益心脏健康，2004 年，美国国家食品药品监督管理局（FDA）发表公告，宣布“ω- 3 脂肪酸是合格的健康食品，可以降低冠心病的发病风险”。还有研究表明 ω- 3 脂肪酸可有助于其他一些状况——类风湿关节炎、抑郁和其他病症。

ω- 3 脂肪酸表现出降低死于心血管疾病风险的趋势。鱼油可减少心律失常，心脏病后的患者在补充 ω- 3 脂肪酸后能减少再发的风险，每周吃鱼一至两次能显著降低中风的危险。

来自鱼油的 ω- 3 脂肪酸能降低血压，同时鱼油能减少甘油三酯 20%～50%。大量研究发现 ω- 3 脂肪酸能减少关节僵硬和关节疼痛。它还能促进抗炎药物的疗效。研究提示食物或补充的 ω- 3 脂肪酸能提高骨骼密度。

研究者发现在 ω- 3 脂肪酸水平较高的饮食文化中抑郁的发生率相对较低。ω- 3 脂肪酸能加强抗抑郁药物的疗效，同时 ω- 3 脂肪酸能有助于减少双向情感障碍的抑郁症状。

ω- 3 脂肪酸能够增加一些抗癌药物的细胞毒性。在几种结肠癌细胞系中，ω- 3 脂肪酸联合 5- 氟尿嘧啶可以增加其抑制生长的作用。有研究表明，EPA 和 DHA 可以增加肿瘤对放射治疗的敏感性，减少放疗导致的黏膜和上皮损伤。通过羧化酶Ⅱ下调 EPA 的合成可以减少肿瘤血管生成、炎症以及肿瘤转移。ω- 3 脂肪酸可以与化疗或放疗产生协同作用，从而通过增加氧化应激来杀死肿瘤细胞。在此过程中，ω- 3 脂肪酸可以减少肿瘤血管生成、减轻炎症、避免肿瘤转移。

ω- 3 脂肪酸还在治疗及减少其他疾病中有一定作用。这些疾病包括疼痛、糖尿病肾脏损伤、肥胖、皮肤病、肿瘤、克罗恩病及红斑狼疮。作用机制为：①促进中性或酸性胆固醇自粪排出，抑制肝内脂质及脂蛋白合成，能降低血浆中胆固醇、甘油三酯、LDL、VLDL，增加HDL。②参与花生四烯酸（Eicosatetraeonicacid）代谢。生成前列腺素类化合物 PGI3 及 TXA3。花生四烯酸的代谢物为前列环素（PGI2）和血栓素（TXA2）；PGI2 可舒张血管及抗血小板聚集、防止血栓形成；TXA2 则可使血管痉挛、促进血小板聚集和血栓形成。PGI3 的作用与 PGI2 相同；但 TXA3 却不具 TXA2 的作用。因此 EPA 和 DHA 具有舒张血管、抗血小板聚集和抗血栓作用。

关于人体能源物质之三——蛋白质。蛋白质可氧化分解放出能量，可转化为糖类或脂类，也可合成其他生物活性物质。合成蛋白是主要用途，约占 75%，而蛋白质提供的能量约占人体所需总能量的 10%～15%。关于蛋白质我们已经在第七章《蛋白质为生命之基》作了介绍，此处不再赘述。

第十章　人体中的微量元素

微量元素不仅在生命活动过程中具有十分重要的作用，而且在防病抗病、防癌治癌、延年益寿等方面也起着非常重要的作用，科学界对微量元素进行了非常深入的研究，取得了一系列的重要成果，推动了人类健康事业的不断发展。

第一节　人类对微量元素的基本认识

自然界存在的 90 多种元素中，微量元素约有 30 种，按生物需要情况的不同，可分为人或动物生理必须的，不可少的，并非不可少或有毒的。世界卫生组织公布的被认为是人体必需的微量元素有 14 种，即铁、碘、锌、锰、钴、铜、钼、硒、铬，镍、锡、硅、氟和钒。

微量元素是相对宏量元素（常量元素）来划分的，根据寄存对象的不同可以分为多种类型，目前较受关注的主要是两类，一种是人体中的微量元素，凡是占人体总重量的 0.01% 以下的元素，如铁、锌、铜、锰、铬、硒、钼、钴、氟等，称为微量元素；另一种是岩石中的微量元素。微量元素亦称“微量营养元素”，是指生物营养所必需，但每日只需微量的无机元素，包括人和动物组织中含量在万分之一以下的元素，以及植物生活所必需但需要量在培养液中少于百万分之一的元素。

微量元素占人体总质量的 0.03% 左右。这些微量元素在体内的含量虽小，但在生命活动过程中的作用是十分重要的。目前多数科学家比较一致的看法，认为生命必需的元素共有 28 种，在 28 种生命元素中，按体内含量的高低可分为宏量元素（或常量元素）和微量元素。

微量元素占人体总质量的 0.03% 左右。这些微量元素在体内的含量虽小，但在生命活动过程中具有十分重要的作用。

第二节　生物体中的微量元素

一、植物体中的微量元素

植物体除需要钾、磷、氮等元素作为养料外，还需要吸收极少量的铁、硼、砷、锰、铜、钴、钼等元素作为养料，这些需要量极少的，但是又是生命活动所必须的元素，叫做微量元素。

二、人体中的微量元素

人体是由 60 多种元素所组成。根据元素在人体内的含量不同，可分为宏量元素和微量元素两大类。凡是占人体总重量的万分之一以上的元素，如碳、氢、氧、氮、钙、磷、镁、钠等，称为常量元素；凡是占人体总重量的万分之一以下的元素，如铁、锌、铜、锰、铬、硒、钼、钴、氟等，称为微量元素（铁又称半微量元素）。微量元素在人体内的含量真是微乎其微，如锌只占人体总重量的百万分之三十三，铁也只有百万分之六十。

第三节　微量元素的生理功能

分子生物学的研究揭示，微量元素通过与蛋白质和其他有机基团结合，形成了酶、激素、维生素等生物大分子，发挥着重要的生理生化功能。微量元素首先构成了体内重要的载体与电子传递系统。铁存在于血红蛋白与肌红蛋白之中，在它们执行载氧与贮氧的过程中，铁扮演了十分重要的角色。

酶是生命的催化剂，迄今体内发现的 1 000 余种酶中，约有 50%

到70%需要微量元素参加或激活，它们在细胞酶系统中功能相当广泛：从弱离子效应到构成高度特殊的化合物——金属酶与非金属酶。谷胱甘肽过氧化物酶是典型的非金属酶，它具有抑制自由基生成、清除过氧化物、保护细胞膜完整性等作用。该酶分子中含有4个硒原子。锌不仅是碳酸酚酶、DNA聚合酶、RNA聚合酶等几十种酶的必需成分，而且同近百种酶的活性有关。锰作为离子性较强的微量元素则是有效的激活剂，可催化金属活化酶。

微量元素还参与了激素与维生素的合成。众所周知，碘为甲状腺激素的生物合成所必需的，而锌在维持胰岛素的主体结构中亦不可缺少，每个胰岛素分子结合2个锌原子。

维生素B12是胸腺嘧啶核糖核苷酸合成以及最终DNA生物合成与转录所必需的甲基转移的辅酶。该分子中螯合有一个钴原子的环状结构部分，含有它的化合物——类咕琳辅酶是已知最有效的生物催化剂之一，在许多酶中起着不寻常的分子重排作用。

核酸是遗传信息的携带者。微量元素对核酸的物理、化学性质均可产生影响。多种RNA聚合酶中含有锌，而核昔酸还原酶的作用则依赖于铁。

微量元素在人体内的生理功能主要有：

（1）协助宏量元素的输送，如含铁血红蛋白有输氧功能；

（2）体内各种酶的组成成分和激活剂，已知体内千余种酶大都含有一个或多个微量金属元素；

（3）参与激素作用，调节重要生理功能，如碘参与甲状腺素的合成；

（4）一些微量元素可影响核酸代谢。核酸是遗传信息载体。它含有浓度相当高的微量元素，如铬、钴、铜、锌、镍、钒等。这些元素对核酸的结构、功能和DNA的复制都有影响。

大多数微量元素的功能是作为酶的辅因子或辅基的成分，以下列3种方式之一起作用：

（1）必需微量元素可能已具有催化某化学反应的遗传活性，但被酶蛋白大大增强了，铁和铜是这种情况；

（2）微量金属离子可能与底物和酶的活性部位生成复合物，因而将后二者拉在一起，并使之处于活性形式；

（3）必需金属离子的功能可能是在催化循环的某些点上作为有力的收回电子的试剂。常把表现活性时需要金属离子的酶叫做金属酶。

微量元素虽然在人体内的含量不多，但与人的生存和健康息息相关，对人的生命起至关重要的作用。它们的摄入过量、不足、不平衡或缺乏都会不同程度地引起人体生理的异常或发生疾病。微量元素最突出的作用是与生命活力密切相关，仅仅像火柴头那样大小或更少的量就能发挥巨大的生理作用。值得注意的是这些微量元素通常情况下必须直接或间接由土壤供给，但大部分人往往不能通过饮食获得足够的微量元素。

根据科学研究，到目前为止，已被确认与人体健康和生命有关的必需微量元素有18种，即有铁、铜、锌、钴、锰、铬、硒、碘、镍、氟、钼、钒、锡、硅、锶、硼、铷、砷等。每种微量元素都有其特殊的生理功能。尽管它们在人体内含量极小，但它们对维持人体中的一些决定性的新陈代谢却是十分必要的。一旦缺少了这些必需的微量元素，人体就会出现疾病，甚至危及生命。目前，比较明确的是约30%的疾病直接是微量元素缺乏或不平衡所致。如缺锌可引起口、眼、肛门或外阴部红肿、丘疹、湿疹。又如铁是构成血红蛋白的主要成分之一，缺铁可引起缺铁性贫血。国外曾有报道：如果机体内含铁、铜、锌总量减少，均可减弱免疫机制（抵抗疾病力量），降低抗病能力，助长细菌感染，而且感染后的死亡率亦较高。微量元素在抗病、防癌、延年益寿等方面都起着非常重要的作用。

第四节　几种重要的微量元素

一、硒

硒是一种化学元素，化学符号是Se，一种非金属。可以用作光敏材料、电解锰行业催化剂、动物体必需的营养元素和植物有益的营养元素等。

1. 中国硒资源分布特点

硒是从燃烧黄铁矿以制取硫酸的铅室中发现的，是贝齐里乌斯发现铈、钍后1817年发现的又一个化学元素。他命名这种新元素为selenium。他还发现硒的同素异形体，还原硒的氧化物，得到橙色无定形硒，缓慢冷却熔融的硒得到灰色晶体硒，在空气中让硒化物自然分解得到黑色晶体硒。

中国是一个既有丰富硒资源，又存在大面积硒缺乏地区，这也是国际学者对中国感兴趣的原因。硒与它的同族元素硫相比，在地壳中的含量少得多。硒成单质存在的矿是极难找到的，目前全球唯一硒独立成矿的地区位于中国湖北恩施市新塘乡鱼塘坝。目前已发现的富硒地区有湖北恩施（世界硒都）、陕西安康（中国硒谷）、安徽石台大山村（天下第一富硒村）、贵州开阳、贵州水城、浙江龙游、山东枣庄、四川万源、江西丰城等。但是，这些富硒区域中有的面积小，有的地区又同时伴生铅、汞等不良矿物质，不适合人体直接食用，目前真正具有开发价值的主要是陕西安康和湖北恩施。

据统计，全世界42个国家和地区缺硒，中国有72%的地区处于缺硒和低硒生态环境之中。由于独特的地质地理环境，使得位于秦巴山深处的安康，成为世界上面积最大、富硒地层最厚、最宜开发利用的富硒区，属于中国罕见富硒区。在这一纬度带上的区域被称为中国硒谷。在这一区域生长的植被，含有充足的硒元素，可以满足人们缺硒的需求。据地质学家考证，中国72%的地区属于缺硒地区，粮食等天然食物硒含量较低；华北、东北、西北等大中城市都属于缺硒地区，中国22个省市的广大地区，约7亿人生活在低缺硒地区。中国营养学会对我国13个省市做过一项调查表明，成人日平均硒摄入量为26~32μg，离中国营养学会推荐的最低限度50μg相距甚远。一般植物性食品含硒量比较低。因此，开发经济、方便、适合长期食用的富硒食品已经势在必行。湖北恩施市，全球唯一探明硒矿所在地，境内硒矿蕴藏量居世界第一，全球微量元素大会的举办地。

2. 硒的基本生理作用

由于硒是动物和人体中一些抗氧化酶（谷胱甘肽过氧化物酶）和硒- P蛋白的重要组成部分，在体内起着平衡氧化还原氛围的作用，研究证明具有提高动物免疫力作用，在国际上硒对于免疫力影响和癌症预防的研究是该领域的热点问题，因此，硒可作为动物饲料微量添加剂，也在植物肥料中添加微量元素肥，提高农副产品含硒量。硒已被作为人体必需的微量元素，目前，中国营养学会推荐的成人摄入量为每日50~250μg，而中国2/3地区硒摄入量低于最低推荐值。科学家测定，有些疾病，特别是肿瘤、高血压、内分泌代谢病、糖尿病、老年性便秘都与缺硒有关。中国著名营养学家于若木指出："人体缺硒是关系到亿万人民健康的大事，我们应当象补碘那样抓好补硒工作，特别注意抓老年人的补硒工作，当务之急要做好两件大事，一是各种舆论媒体应当向居民普及宣传有关硒与人体健康的知识，使居民提高对如何防止缺硒的认识；二是着手开发与生产高硒产品，加大力度推广富硒产品。"硒被国内外医药界和营养学界尊称为"生命的火种"，享有"长寿元素""抗癌之王""心脏守护神""天然解毒剂"等美誉。硒在人体组织内含量为千万分之一，但它却决定了生命的存在，对人类健康的巨大作用是其他物质无法替代的。缺硒会直接导致人体免疫能力下降，临床医学证明，威胁人类健康和生命的四十多种疾病都与人体缺硒有关，如癌症、心血管病、肝病、白内障、胰脏疾病、糖尿病、生殖系统疾病等等。据专家考证，人需要终生补硒。无论是动物实验还是临床实践，都说明了应该不断从饮食中得到足够量的硒，不能及时补充，就会降低祛病能力。人应该像每天必须摄取淀粉、蛋白质和维生素一样，每天必须摄入足够量的硒。因此，补硒已经成为我们追寻健康的一种潮流，也是势在必行的健康使命。

硒在人体内必不可少，硒元素是人体最重要的微量元素之一。硒对人体健康作出了不可磨灭的贡献。因此，为保证身体健康，含硒高的食物应该多吃。

硒的作用有很多，归纳起来有十种。

（1）提高人体免疫机能。硒能增强免疫系统对进入体内的病毒、异物及体内病变的识别能力，提高免疫系统细胞增殖、抗体合成以及血液中抗体的水平，提高免疫系统细胞吞噬、杀菌的能力，从而提高机体免疫功能，从根本上提高对疾病的抵抗能力。因此，人体应该适当多吃含硒高的食物以补硒。

（2）防癌抗癌。硒可用来防癌抗癌，硒的营养状态与癌症密切相关。现已证实土壤、农作物中含硒量越低，居民癌症死亡率越高；摄取硒越少的人群，癌症死亡率就越高；血液中硒含量越低，癌症死亡率就越高。硒能抑制多种致癌物质的致癌作用。硒是癌细胞的杀伤剂，在体内能形成抑制癌细胞分裂和增殖的内环境。癌症手术后，补硒可明显控制病情恶化，减轻化疗、放疗的毒副作用，帮助抗癌药物提高疗效。

（3）防治心脑血管疾病。缺硒损伤心肌，补硒保护心肌。心肌梗塞病人补硒，能促进心功能指标的改善。补硒能降低血液黏稠度、降低血脂，明显降低胆固醇、甘油三脂和低密度脂蛋白水平，同时明显提高高密度脂蛋白水平，减少血栓形成。我国已有百家医院运用硒治疗高血压、冠心病、心肌炎等心脑血管疾病，均获得满意疗效。由于对心脏很好的保护作用，硒被誉为“心脏的守护神”，食补含硒高的食物有助保护心脏。

（4）保护肝脏。硒对人体的作用最初就是从证实硒对肝脏有很强的保护作用而发现的。人体肝是一个硒库，肝脏中硒浓度显著高于其他组织器官。硒是营养性肝坏死的主要保护因子。肝病越严重，血硒含量越低。硒能防治肝炎、预防脂肪肝等。科技人员大量调查显示，酒精肝病、肝炎、肝硬化、肝腹水等肝损伤患者体内的硒比正常人明显偏低。适量补硒能最终把大约 90% 的乙肝病毒除掉。硒是嗜酒者的保护神，适量补硒可以起到加速酒精分解代谢作用，进而保护肝脏。

（5）抗氧化、延缓衰老。人体内氧化损伤是人患病、衰老的重要原因。硒能激活人体自身抗氧化系统中的重要物质，控制和解消氧化损伤，从而防止疾病，延长人类寿命。硒的抗氧化效力比维生素 E 高 500 倍。抗衰老研究发现，血硒水平高低决定着人的寿命。中国科学家调查发现百岁老人的硒水平是一般人的 3~ 6 倍。

（6）参与糖尿病的治疗。缺硒可引起一些胰岛细胞合成及分泌胰岛素功能的原发性损害，补硒可保护胰岛。糖尿病并发症在体内的病理反应是广泛糖基化作用和氧化损伤，抑制氧化和非酶糖化可以减轻或延缓糖尿病的并发症，而硒对其有明显抑制作用。

（7）保护、修复细胞。硒在整个细胞质中对机体代谢活动产生的抗氧化物，发挥消解和还原作用，保护细胞膜结构免受氧化物的损害。保护细胞，就保护了人体心、肝、肾、肺等重要脏器。实践证明，硒能防治胃病及消化系统疾病，对消化系统有很好的保健作用。

（8）保护眼睛。硒能提高视力，防治眼疾。如果人的眼睛长期缺乏硒的摄入，就会发生视力下降和许多眼疾如白内障、视网膜病、假性近视、夜盲症等。没有足够的硒，就不能及时清除晶状体中的脂质过氧化物，造成晶状体混浊，形成白内障。因此，有眼疾病的人可以多吃含硒高的食物。

（9）提高红细胞的携氧能力。硒保护血液中的红细胞，红细胞中的血红蛋白就不会被氧化，其携氧能力就强，就能把充足的氧供给机体每一个细胞，使每一个细胞都能维持正常功能。因此，也解决了脑力劳动者大脑缺氧的问题，减少了抑郁、疲劳等现象。

（10）解毒、防毒、抗污染。硒作为带负电荷的非金属离子，在人体内可以与带正电荷的有害金属离子结合，把能诱发癌变的铅、铝、汞、镉、铊等有害金属离子排除体外。硒可及时清除体内废物、垃圾、毒素，创造体内“绿色环境”。硒能减轻化学致癌物、农药和间接致癌物的毒副作用。由此，硒获得了“天然解毒剂”的美名。所以，为排除体内毒素，可适量食用含硒高的食物。

3. 硒的生理功能的科学研究

硒的作用比较宽泛，但其原理主要是两个：第一、组成体内抗氧化酶，能保护细胞膜免受氧化损伤，保持其通透性；第二、硒- P蛋白具有螯合重金属等毒物，降低毒物毒性作用。

硒被科学家称之为人体微量元素中的“防癌之王”（原称“抗癌之王”）科学界研究发现，血硒水平的高低与癌的发生息息相关。大量的调查资料说明，一个地区食物和土壤中硒含量的高低与癌症的发病率有直接关系，例如：此地区的食物和土壤中的硒含量高，癌症的发病率和死亡率就低，反之，这个地区的癌症发病率和死亡率就高，事实说明硒与癌症的发生有着密切关系。同时科学界也认识到硒具有预防癌症作用，是人体微量元素的“防癌之王”。

美国亚利圣那大学癌症中心 Clark 教授对 1 312 例癌症患者进行 13 年对照试验。结果表明每日补硒 200 μg，癌症死亡率下降 50%，癌症总发病率下降 37%，其中肺癌下降 46%，肠癌下降 58%，前列腺癌下降 63%。2003 年美国食品药品管理局（FDA）明示：“硒能降低患癌风险”和“硒可在人体内产生抗癌变作用”。

在中国硒有防癌抗癌作用已被写入中学化学教课书以及高等院校医药教材，“硒能抑制癌细胞生长及其 DNA RNA 和蛋白质合成，抑制癌基因的转录，干扰致癌物质的代谢”。

抗氧化作用：硒是谷胱甘肽过氧化物酶（GSH- Px）的组成成分，每摩尔的 GSH- Px 中含 4g 原子硒，此酶的作用是催化还原性谷胱甘肽（GSH）与过氧化物的氧化还原反应，所以可发挥抗氧化作用，是重要的自由基清除剂（是维生素 E 的 50~500 倍）。在体内，GSH- Px 与维生素 E 抗氧化的机制不同，两者可以互相补充，具有协同作用。

科学证实正是由于硒的高抗氧化作用，适量补充能起到防止器官老化与病变，延缓衰老，增强免疫，抵御疾病，抵抗有毒害重金属，减轻放化疗副作用，防癌抗癌。

增强免疫力：有机硒能清除体内自由基，排除体内毒素、抗氧化、能有效抑制过氧化脂质的产生，防止血凝块，清除胆固醇，增强人体免疫功能。

防止糖尿病：硒是构成谷胱甘肽过氧化物酶的活性成分，它能防止胰岛 β 细胞氧化破坏，使其功能正常，促进糖份代谢、降低血糖和尿糖，改善糖尿病患者的症状。

防止白内障：视网膜由于接触电脑辐射等较多，易受损伤，硒可保护视网膜，增强玻璃体的光洁度，提高视力，有防止白内障的作用。

防止心脑血管疾病：硒是维持心脏正常功能的重要元素，对心脏肌体有保护和修复的作用。人体血硒水平的降低，会导致体内清除自由基的功能减退，造成有害物质沉积增多，血压升高、血管壁变厚、血管弹性降低、血流速度变慢，送氧功能下降，从而诱发心脑血管疾病的发病率升高，然而科学补硒对预防心脑血管疾病、高血压、动脉硬化等都有较好的作用。

防止克山病、大骨节病、关节炎：缺硒是克山病、大骨节病、两种地方性疾病的主要病因，补硒能防止骨髓端病变，促进修复，而在蛋白质合成中促进二硫键对抗金属元素解毒。对这两种地方性疾病和关节炎患者都有很好的预防和治疗作用。

解毒、排毒：硒与金属的结合力很强，能抵抗镉对肾、生殖腺和中枢神经的毒害。硒与体内的汞、铅、锡、铊等重金属结合，形成金属硒蛋白复合而解毒、排毒。

防治肝病、保护肝脏：中国医学专家于树玉在历经16年的肝癌高发区流行病学调查中发现，肝癌高发区的居民血液中的硒含量均低于肝癌低发区，肝癌的发病率与血硒水平呈负相关。她在江苏启东县对13万居民补硒证实，补硒可使肝癌发病率下降35%，使有肝癌家史者发病率下降50%。

综上所述，硒是人体必需的，又不能自制，因此世界卫生组织建议每天补充200 μg 硒，可有效预防多种疾病的高发。世界营养学家、生物化学会主席，巴博亚罗拉博士称：硒是延长寿命最重要的矿物质营养素，体现在它对人体的全面保护，我们不应该在生病时才想到它。

4. 人体缺硒危害的科学研究

硒是人体必需的微量元素。中国营养学会也将硒列为人体必需的15种营养素之一，国内外大量临床实验证明，人体缺硒可引起某些重要器官的功能失调，导致许多严重疾病发生，全世界40多个国家处于缺硒地区，中国22个省份的几亿人口都处于缺硒或低硒地带，这些地区的人口肿瘤、肝病、心血管疾病等发病率很高，人体缺硒会造成多种疾病，最典型的是我国黑龙江克山县地方病——克山病，大骨节病、癌症、心血管疾病、白内障、胞囊纤维变性、高血压、甲状腺肿大、免疫缺失、淋巴母细胞性贫血、视网膜斑点退化、肌营养不良、溃疡性结肠炎、关节炎以及人体的衰老都与人体缺硒有着直接的联系。研究表明，低硒或缺硒人群通过适量补硒不但能够预防肿瘤、肝病等的发生，而且可以提高机体免疫能力，维护心、肝、肺、胃等重要器官正常功能，预防老年性心脑血管疾病的发生。

(1) 硒与心脏疾病。对克山病的研究拉开了人们对硒深入探索的大幕，在随后的多年中，研究人员发现，在美国和芬兰等国高硒地区冠心病、高血压的发病率比低硒地区明显低，脑血栓、风湿性心脏病、全身动脉硬化的死亡率在高硒地区明显低于低硒地区，这些结果均表明，硒在维持心血管系统正常结构和功能上起着重要作用，缺硒是导致心肌病、冠心病、高血压、糖尿病等高发的重要因素。而补硒则有利于减少多种心脑血管疾病的发生、改善患者症状、提高患者对抗疾病的能力。

硒元素对心脏疾病的医理作用:

抗氧化，清垃圾。心脑血管疾病的产生与体内脂质过氧化有关。患者血浆中有害的脂质过氧化物浓度增高，就会使血液中部分有形物在血管壁上沉积，形成冠状动脉粥样斑块，由此引起冠心病、心脑血管疾病。这就如同生锈的管道容易存积污垢从而影响管道畅通的道理一样。而硒可以清除这种脂质过氧化物，保护动脉血管壁上细胞膜的完整，阻止动脉粥样硬化，起到减少血栓形成，预防心肌梗塞的作用

调血脂，防血栓。胆固醇是健康的大敌，当血液中胆固醇增高时，容易形成动脉硬化斑块，这些斑块在动脉壁内堆积，使动脉管腔狭窄，阻塞血液流入相应部位，引起动能缺损，引发多种心脑血管疾病。而硒依靠其强大的抗氧化功能，可调节体内胆固醇及甘油三酯，降低血液黏度，预防心血管病的发生。

保护、修复血管。血管壁的老化是心血管疾病发生的重要的因素。之所以中风和猝死的人士以中老年人居多，其中最大的原因就在于人到中老年之后，因为血管壁的逐渐老化导致弹性下降，血管壁变得非常脆弱，所以稍微受到外界的不良影响就特别容易崩溃、出血，造成血栓、脑溢血等。而血管老化并非不可阻止，因为促使血管加速衰老的物质就是有害自由基，通过清除自由基，就能延缓血管壁衰老。硒是强抗氧化剂，它能及时清除体内的有害自由基，防止人体血管老化，

预防中风等心血管疾病的发生。

调节免疫，增强抵抗力。心脑血管疾病患者补硒可有效调节身体免疫功能，提高患者对心脑血管疾病的抵御能力，防止并发症的产生。

(2) 硒与癌症。如果人缺硒，身体患肿瘤的机率大大增加，体内缺硒的肿瘤患者多有远处转移、多发性肿瘤、肿瘤分化不良、恶性程度高及生存期短的可能；在与肿瘤的对抗中，硒具有举足轻重的作用，近几十年，经科学家系统、深入的研究、开发，人们已经能够应用硒来防癌、抗癌以及解除癌症病人的痛苦，延长癌症病人的生命，由于硒在防治肿瘤方面所显示出的强大作用，台湾正义出版社将硒冠以"抗癌之王"的称号。

硒元素对癌症的医理作用:

改善免疫功能，提高抵抗力。肿瘤患者免疫功能下降是比较突出的现象，同时免疫力下降也是肿瘤发生、发展的重要的因素之一，而抗肿瘤免疫主要是细胞免疫，因此提高机体的细胞免疫功能十分重要。研究表明，硒显著地影响免疫系统所包含的全部三种调节机制，即细胞免疫、体液免疫和非特异免疫。硒还能促进淋巴细胞产生抗体，使血液免疫球蛋白水平增高或维持正常，因此临床中给肿瘤患者适量补硒，可有效提高患者机体免疫功能，增强机体防癌和抗癌能力。

提高机体抗氧化能力。肿瘤病人广泛存在抗氧化不平衡，体内有害自由基过剩，硒可以通过一系列含硒酶，使许多脂质过氧化物、过氧化氢等得到有效的清除。

阻断肿瘤血管形成，防止肿瘤复发、转移。硒能抑制肿瘤血管形成，预防肿瘤生长，转移。肿瘤转移和生长，依赖于自身建立血管生成抑制因子。而硒对阻断肿瘤血管形成有促进作用，营造抗"肿瘤新生血管"形成的环境，从而抑制"肿瘤新生血管网"的形成与发展，切断肿瘤细胞的营养供应渠道。由于肿瘤得不到营养来源，会逐渐枯萎、消亡；同时由于切断了肿瘤的代谢渠道，肿瘤组织自身废物不能排出，肿瘤逐渐变性坏死，其机制可形象地比喻为"断敌粮草"。

直接杀伤肿瘤细胞。硒增高癌细胞中环腺苷酸（CAMP）的水平，形成抑制癌细胞分裂和增殖的内环境，起到抑制肿瘤细胞 DNA、RNA

及蛋白质合成，使肿瘤细胞在活体内增值力减弱、控制肿瘤细胞的生长分化的作用，从而抑杀癌细胞。体外研究可以看到，加硒后使培养中的肝癌细胞在形态上表现出细胞核固缩、核破裂、核消失的比例明显升高。

(3) 硒与肝病。硒是人体必需的微量元素，在人体中，肝脏是含硒量最多的器官之一，多数肝病患者体内均存在硒缺乏现象，并且病情愈重缺硒愈严重。硒被认为是肝病的天敌、抗肝坏死保护因子，国内外多项研究均表明，乙肝迁延不愈与缺硒有很大关系，肝病患者补硒有很好的效果。

硒元素与肝病的医理作用：

增强免疫功能，防止肝病反反复复。肝病患者普遍免疫功能低下，这就直接造成了机体识别以及抑制病毒能力的下降，其最明显的表现就是体内的病毒难于完全清除，病情容易反复发作，而硒是强效免疫调节剂，可作为免疫系统的非特异刺激因素，刺激体液免疫和细胞免疫系统，增强机体的免疫功能，提高肝脏自身的抗病能力，从而有助于防止肝病病情的反复发作。另外，硒还可通过提高免疫功能来改善肝病患者的多种体表症状，如甲、乙型肝炎患者补硒能够在相对较短的时间内，大大改善食欲不振、明显乏力，面容灰暗等症状。

提高抗氧化能力，预防肝纤维化。肝病患者体内普遍缺硒，而硒的缺乏，一方面会造成免疫功能降低，一方面还会引起机体内抗氧化系统遭到破坏而使有害物质“自由基”的清除受到障碍，过多的自由基会造成肝脏损伤，从而会引起肝病病情的恶化，而硒是一种强抗氧化剂，可通过谷胱甘肽过氧化物酶完成抗氧化作用，保护肝细胞的结构完整，清除自由基，加快脂质过氧化物的分解，保护肝脏，促进肝功能恢复，防止肝纤维化的出现。特别提醒：肝纤维化几乎是肝病向肝硬化、肝癌转化的必经之路，抑制肝纤维化的发生，对防止肝硬化具有重要意义。

阻断病毒突变，加速病体康复。肝病多是病毒引起，而病毒在人体缺硒时极易变异，从而变本加厉地对人体产生伤害。美国和欧洲科学家合作进行的研究显示，人类的流行性感冒病毒在缺乏硒的动物身上会变得更凶猛、更危险，这是由于变异的病毒不但会逃避身体免疫监控，还会降低治疗药物的作用，影响治疗效果。研究发现，硒是唯一与病毒感染有一定直接关系的营养素，补硒有利于阻断病毒的变异，加速病体的康复。

解毒除害，保护肝脏。硒具有良好的解毒功能，能拮抗多种有毒重金属物质(如汞、铅、苯、砷等）和一些有害化合物，从而减少环境中有毒物质对肝脏的伤害。

与药物协同、效果事半功倍。在肝病治疗中会用到一些药物，明知其有毒副作用，却又不得不用，如何增强药物效果、缩短病程呢?研究发现：当硒与药物联合使用时，可能会出现良好的协同或相加效应，从而有利于改善药物的毒副作用，提高药物的疗效。

(4）硒与胃病。人体内的硒含量越低，胃部患病的可能性越大，浅表性胃炎患者体内含硒量往往比健康人要低，血液中含硒量低的萎缩性胃炎患者“癌变”的可能性大大增加，多数胃癌病人处于硒缺乏状态。

硒元素与胃病的医理作用：人体内硒水平的降低，会造成免疫功能缺失及抗氧化能力的下降，引起胃粘膜屏障不稳定，黄嘌呤氧化酶在应急情况下会持续升高，造成胃粘膜缺血性损伤，氧自由基增多，导致胃炎、胃溃疡等消化系统病变。硒是一种天然抗氧化剂，能有效抑制活性氧生成，清除人体代谢过程中所产生的垃圾——自由基，阻止胃粘膜坏死，促进粘膜的修复和溃疡的愈合，预防癌变。所以，每天服用一定量的硒将有助于慢性胃病患者控制病情，缓解胃病症状。

(5）硒与放化疗。放化疗患者机体免疫功能的衰退，有可能会进一步促使肿瘤失去免疫监控，加速增殖。这就是为什么很多肿瘤患者经放、化疗后，病情一时有所好转，但很快又恶化，导致边治疗、边扩散、边转移，同时，患者经放、化疗后机体抗感染能力也会大大减弱，从而增加了许多危及生命的并发症的发生。硒是一种优良的放化疗辅助剂，肿瘤患者在放化疗期间服用硒可以起到多方面的作用。

硒元素与放化疗的医理作用：补硒可以提高放化疗患者机体的免疫力，使患者机体有足够能力顺利完成放化疗，免疫力的提高也有利于帮助肿瘤患者尽快康复，同时预防肿瘤的转移与复发，另外，长期适当地服用硒对人体不会产生任何的副作用，可以连续使用。

补硒不但可减少恶心、呕吐、肠胃功能紊乱，食欲减退、严重脱发等放化疗时的毒副反应，还可减轻化疗引起的白细胞的下降程度。由化疗药物所致的骨髓毒副反应主要是使细胞脂质氧化，过多的过氧化物堆积，引起基质细胞的损伤，由此累及骨髓的贮血和造血功能。硒是有效的抗氧化剂，服用硒可增强人体抗氧化功能，抑制过氧化反应，分解过氧化物，清除自由基和修复细胞损伤，调节机体代谢及增强免疫功能。临床研究证实，在化疗前后服用较大剂量的硒制剂，白细胞总数及中性粒细胞数与不用硒制剂比较显著提高，这比用粒细胞刺激因子一类昂贵药物要经济得多。

补硒能预防放化疗时出现耐药性：长期的放化疗，肿瘤细胞容易产生耐药性。当肿瘤细胞受到放化疗攻击时，一部分肿瘤细胞死亡，一部分逃脱了死亡，并在细胞内建立了抵御放化疗的强大工事，使再次放化疗的效果明显下降。而在化疗的同时补硒，可以显著降低肿瘤细胞对化疗的耐药性，使肿瘤细胞始终对化疗保持敏感，易于治疗。

硒能解除癌症患者化疗药物的毒性作用，在化疗药物中我们常用的磷酰氨、顺铂、氨甲碟呤、阿霉素、长春新碱和强的松等，在杀死癌细胞的同时，能引起许多副作用。进一步降低了人体的免疫功能，大大地限制了化疗药物的应用，能不能找到一种既能保持化疗药物的疗效，又能限制毒副作用的化疗性伴侣呢？国内外科学家苦苦探索，最终发现，最理想的伴侣就是硒，以硒作为解毒剂，可以加大化疗药物的剂量，使药力大大提高。

(6) 硒与糖尿病。糖尿病对许多人特别是中老年朋友来讲已不太陌生。它被人们称为“富贵病”，并和肿瘤、心血管疾病一道被列为对现代人危害最大的三大慢性疾病。最近的医学研究表明，糖尿病患者体内普遍缺硒，其血液中的硒含量明显低于健康人。补充微量元素硒有利于改善糖尿病病人的各种症状，并可以减少糖尿病病人各种发症的产生机率。糖尿病患者补硒有利于控制病情，防止病情的加深、加重。

硒与糖尿病的医理作用：糖尿病患者补硒有利于营养、修复胰岛细胞，恢复胰岛正常的分泌功能。人体内必须有胰岛素的参与，葡萄糖才能被充分有效地吸收和利用，当胰岛素分泌不足或者身体对胰岛素的需求增多造成胰岛素的相对不足时，就会引发糖尿病。胰岛素分泌不足最直接的原因就是能够产生胰岛素的胰岛细胞受损或其功能没有发挥。而补硒可以保护、修复胰岛细胞免受损害，维持正常的分泌胰岛素的功能。医学专家提醒：营养、修复胰岛细胞，恢复胰岛功能，让其自行调控血糖才是治疗糖尿病的根本。

清除自由基是预防和治疗糖尿病及其并发症的主要途径。人体在新陈代谢的过程中会产生许多有害的物质自由基，其强烈的引发脂质过氧化作用就是糖尿病产生的重要原因之一。另外，糖尿病病人的高血糖也会引发体内自由基的大量产生，从而损伤人体内各种生物膜导致多系统损伤，出现多种并发症，后果极为严重。如何有效预防和减轻并发症呢，硒有着巨大的潜力，大量医学研究发现，糖尿病病人补硒以后可以提高机体抗氧化能力，阻止这种攻击损害，保护细胞的膜结构，使胰岛内分泌细胞恢复、保持正常分泌与释放胰岛素的功能。

增强糖尿病患者自身抗病力是防止并发症的重要手段。硒是强免疫调节剂，人体中几乎每一种免疫细胞中都含有硒，补硒可增强人体的体液免疫功能、细胞免疫功能和非特异性免疫功能，从而整体增强机体的抗病能力，这对处于免疫功能低下状态的糖尿病患者，无疑是增加了一道抗感染及预防并发其它疾病的坚固防线。

(7) 硒与其他疾病。

硒与视力。视力是人类观察事物，从事工作、学习、生活、娱乐和情感交流的主要机能。视力好坏，已成为许多重要职业的基本条件。硒能催化并消除对眼睛有害的自由基物质，从而保护眼睛的细胞膜。若人眼长期处于缺硒状态，就会影响细胞膜的完整，从而导致视力下降和许多眼疾如白内障、视网膜病、夜盲病等的发生。

硒与脑功能。硒对脑功能是非常重要的，硒缺乏使一些“神经递质”的代谢速率改变，同时体内产生大量的有害物质自由基也无法得到及时清除，从而影响人体的脑部功能，而增加硒不但会减少儿童难以治愈的癫痫的发生，也可以有效地减轻焦虑、抑郁和疲倦，这种效果在缺硒人群中最明显。

硒与甲状腺疾病。硒与人体内分泌激素关系密切，其中人体甲状腺中含硒量高于除肝、肾以外的其它组织，硒在甲状腺组织中具有非常重要的功能，可以调节甲状腺激素的代谢平衡，缺硒会造成甲状腺功能紊乱。

硒与前列腺疾病。低硒地区的前列腺疾病发病率远远高于高硒地区，在前列腺病理演变过程中，元素镉起了重要作用，随着年龄的增长和环境的影响以及低硒导致了内分泌等的失调，使前列腺聚集镉而引发前列腺增生甚至肿瘤。而硒有抑制镉对人体前列腺上皮的促生长作用，从而减轻病情。

硒与男性健康。男性不育症患者精液中硒水平普遍偏低，研究发现：精液中硒水平越高，精子数量越多，活力越强。人类精子细胞含有大量的不饱和脂肪酸，易受精液中存在的氧自由基攻击，诱发脂质过氧化，从而损伤精子膜，使精子活力下降，甚至功能丧失，造成不育。硒具有强大的抗氧化作用，可清除过剩的自由基，抑制脂质过氧化作用。男性不育症患者精液硒水平低，自然会削弱机体自身对精液中存在的氧自由基的清除和脂质过氧化的抑制，从而导致患者精子活力低下，死亡率高，引发不育症。

5. 推荐摄入量

硒对人体的重要生理功能越来越为各国科学家所重视，各国根据本国自身的情况都制定了硒营养的推荐摄入量。美国推荐成年男女硒的每日摄入量（RDI）分别为 70μg/天和 55μg/天，而英国则为 75μg/天和 60μg/天。中国营养学会推荐的成年人摄入量为 50～200μg/天。

6. 硒的吸收代谢

成人体内硒的总量在 6~ 20 mg。硒遍布各组织器官和体液，肾中浓度最高。在组织内主要以硒和蛋白质结合的复合物形式存在。硒主要在小肠吸收，人体对食物中硒的吸收率为 60%~ 80%。经肠道吸收进入体内的硒经代谢后大部分经尿排出。尿硒是判断人体内硒盈亏状况的良好指标。硒的其他排出途径为粪、汗。硒在体内的吸收、转运、排出、贮存和分布会受许多外界因素的影响。主要是膳食中硒的化学形式和量。另外，性别、年龄、健康状况，以及食物中是否存在如硫、重金属、维生素等化合物也有影响。动物实验表明，硒主要在十二指肠被吸收，空肠和回肠也稍有吸收，胃不吸收。经尿排出的硒占硒排出量的 50%～ 60%，在摄入高膳食硒时，尿硒排出量会增加，反之减少，肾脏起着调节作用。

一些食品中含硒较高，如海产品、食用菌、肉类、禽蛋、西兰花、紫薯、大蒜等食物。营养学家也提倡通过硒营养强化食物补充有机硒，如富硒大米、富硒鸡蛋、富硒蘑菇、富硒茶叶、富硒麦芽、硒酸酯多糖、硒酵母等。现在国内开展这方面研究的机构有中国科技大学、中国科学院南京土壤研究所、中国科学院地理资源研究所、中国农业大学、中国农业科学院、中国环境科学院、上海农业科学院和南京农业大学等。国际企业有新西兰的 SouthStar、英国的 GrowHow、美国 All-Tech。近年来，一些硒强化产品不断涌现，美国科学家制成了富硒果汁、富硒牧草、富硒奶，澳大利亚科学家制成了富硒小麦、富硒啤酒、富硒饼干和富硒牛肉干，中国科学家研究的富硒水果、富硒谷物、富硒大闸蟹、富硒烟草也丰富了国际硒营养强化领域的应用。

硒的摄取与土壤的硒含量关系超过与饮食方式的关系。美国和加拿大的土壤含有足够的硒。对美国的素食者和严格素食者的研究发现他们摄取了足够的硒。很多食物中都有硒，但巴西坚果、全粒谷物(全麦面包、燕麦粥、大麦)、白米和豆类中含量特别多。蛋类略高于肉类，每 100 克食物中，猪肉含硒 10.6 μg，鸡蛋含硒 15 μg，鸭蛋含硒 30.7 μg，鹅蛋含硒 33.6 μg，人参含硒 15 μg，花生含硒 13.7 μg。植物性食物的硒含量决定于当地水土中的硒含量。例如，中国高硒地区所产粮食的硒含量高达每 kg4～ 8 mg，而低硒地区的粮食是每 kg 0.006 mg，二者相差 1 000 倍。食物中硒含量测定值变化很大，例如（除谷物外以鲜重计）：内脏和海产品 0.4～ 1.5 mg/kg；瘦肉 0.1～ 0.4 mg/kg；谷物 0.1～ 0.8 mg/kg；奶制品 0.1～ 0.3 mg/kg；水果蔬菜 0.1 mg/kg。

生理需要。在 2000 年制订的《中国居民膳食营养素参考摄入量》18 岁以上者的推荐摄入量为 50 μg/d，适宜摄入量为 50～ 250 μg/d，可耐受最高摄入量为 400 μg/d。

7. 补硒方法

根据 2000 年制订的《中国居民膳食营养素参考摄入量》，明确提出：18 岁以上者硒元素推荐摄入量为 50μg/天，适宜摄入量为 100μg/天，可耐受最高摄入量为 400μg/天。

含硒的食物有内脏和海产品 0.4~ 1.5mg/kg；瘦肉 0.1~ 0.4mg/kg；谷物 0.01~ 0.04mg/kg；奶制品 0.1~ 0.3mg/kg；水果蔬菜 0.1mg/kg。

备受青睐的为天然有机植物活性硒，如 100μg 植物活性硒（富硒玉米粉），从富硒技术改良的土壤中吸收硒元素的纯粮食品，经过生长过程中的光合作用和体内生物转化作用，在体内以硒代氨基酸形态存在，人体吸收率达 99% 以上，既满足了人体硒元素需要，又解决了硒的吸收和代谢率偏低难题。

补硒不能过量。因为过量的摄入硒可导致中毒，出现脱发、脱甲等。中国大多数地区膳食中硒的含量是足够而安全的。临床所见的硒过量而致的硒中毒分为急性、亚急性及慢性。最主要的中毒原因就是机体直接或间接地摄人、接触大量的硒，包括职业性、地域性原因，饮食习惯及滥用药物等。所以补硒要严格精确摄入量建议服用有国家认证的补硒品。

8. 硒中毒的临床表现

急性中毒通常是在摄入了大量的高硒物质后发生，每日摄入硒量高达 400~800mg/kg 体重可导致急性中毒。主要表现为运动异常和姿势病态、呼吸困难、胃胀气、高热、脉快、虚脱并因呼吸衰竭而死亡。致死性中毒死亡前大多先有直接心肌抑制和末梢血管舒张所致顽固性低血压。其特征性症状为呼气有大蒜味或酸臭味、恶心、呕吐、腹痛、烦躁不安、流涎过多和肌肉痉挛。

急性硒中毒的患儿一般都有头晕、头痛、无力、嗜睡、恶心、呕吐、腹泻、呼吸和汗液有蒜臭味、上呼吸道和眼结膜有刺激症状。重者有支气管炎、寒战、高热、出大汗、手指震颤以及肝肿大等表现。急性硒中毒的特征是脱头发和指甲、皮疹、发生周围神经病、牙齿颜色呈斑驳状态。实验室检查，白细胞增多，尿硒含量不高，2~3 天后症状逐渐好转。误服亚硒酸钠者，产生多发性神经炎和心肌炎，应与急性硒中毒鉴别以防误诊。

慢性硒中毒往往是由于每天从食物中摄取硒 2 400～3 000μg，长达数月之久才出现症状。表现为脱发、脱指甲、皮肤黄染、口臭、疲劳、龋齿易感性增加、抑郁等。一般慢性硒中毒都有头晕、头痛、倦怠无力、口内金属味、恶心、呕吐、食欲不振、腹泻、呼吸和汗液有蒜臭味，还可有肝肿大、肝功能异常，自主神经功能紊乱，尿硒增高。长期高硒使小儿身长、体重发育迟缓，毛发粗糙脆弱，甚至有神经症状及智能改变。慢性硒中毒的主要特征是脱发及指甲形状的改变。

二、锌

锌是人体必需的微量元素之一，在人体生长发育、生殖遗传、免疫、内分泌等重要生理过程中起着极其重要的作用，被人们冠以“生命之花”“智力之源”“婚姻和谐素”的美称 。锌存在于众多的酶系中，如碳酸酐酶、呼吸酶、乳酸脱氢酸、超氧化物歧化酶、碱性磷酸酶、DNA 和 RNA 聚中酶等中，是核酸、蛋白质、碳水化合物的合成和维生素 A 利用的必需物质。具有促进生长发育，改善味觉的作用。缺锌时易出现味觉嗅觉差、厌食、生长缓慢与智力发育低于正常等表现。锌缺乏容易引起食欲不振、味觉减退、嗅觉异常、生长迟缓、侏儒症，智力低下、溃疡、皮节炎、脑腺萎缩、免疫功能下降、生殖系统功能受损，创伤愈合缓慢、容易感冒、流产、早产、生殖无能、头发早白、脱发、视神经萎缩、近视、白内障、老年黄斑变性、老年人加速衰老、缺血症、毒血症、肝硬化。

锌参与体内碳酸酐酶、DNA 聚合酶、RNA 聚合酶等许多酶的合成及活性发挥，也与许多核酸及蛋白质的合成密不可分。如果体内的锌供给充足，胱氨酸、蛋氨酸、谷胱甘肽、内分泌激素等合成代谢就能够正常进行。因而，可维持中枢神经系统代谢、骨骼代谢，保障、促进儿童体格(如身高、体重、头围、胸围等)生长、大脑发育、性征发育及性成熟的正常进行。

锌能帮助维持正常味觉、嗅觉功能，促进食欲。这是因为维持味觉的味觉素是一种含锌蛋白，它对味蕾的分化及有味物质与味蕾的结合有促进作用。一旦缺锌时，会出现味觉异常，影响食欲，造成消化功能不良。

提高免疫功能，增强对疾病的抵抗力。锌是对免疫力影响最明显的微量元素，除直接促进胸腺、淋巴结等免疫器官发育、行使功能外，还有直接抗击某些细菌、病毒的能力，从而减少患病的机会。

参与体内维生素A的代谢和生理功能，对维持正常的暗适应能力及改善视力低下有良好的作用。

锌还保护皮肤粘膜的正常发育，能促进伤口及黏膜溃疡的愈合，防止脱发及皮肤粗糙、上皮角化等。

三、铬

铬是人体必需的微量元素之一，18世纪末由法国化学家Louis Vauquelin首次发现并命名，在机体的糖代谢和脂代谢中发挥特殊作用。但在随后的100多年中，这种矿物质元素被认为是一种有害元素，甚至是致癌物质，其应用也局限于印染、制革、化工等行业。直至1957年，Schwarz和Mertz观察到铬在糖代谢中的作用，提出葡萄糖耐量因子假说，并通过实验逐步证实，Cr_3是啤酒酵母中葡萄糖耐量因子（Glucose Tolerance Factor, GTF）的活性组成部分。随后用鼠和人进行的大量研究表明：三价铬主要通过协同和增强胰岛素的作用，从而影响糖类、脂类、蛋白质和核酸等的代谢，影响动物的生长、繁殖、产品品质及抗应激、抗病能力，并认为铬（Cr_3）是人和动物机体必需的微量元素。后来，Mertz证实了GTF是以尼克酸—三价铬—尼克酸为轴心，谷氨酸、甘氨酸和半胱氨酸为配体的物质。他还证实了铬的生物化学作用主要是作为胰岛素的增强剂，通过胰岛素影响糖、蛋白质、脂肪和核酸的代谢。从而证明了铬是人和动物的必需微量元素之一。此后，许多学者对铬的代谢、生物学功能及在养殖业中应用作了大量的研究，取得了一些积极的成果和可喜的发现。人体内铬几乎都是3

价的，它很稳定，人体内约含铬 6mg，它广泛地存在于人体骨骼、肌肉、头发、皮肤、皮下组织、主要器官（肺除外）和体液之中。人体对无机铬的吸收利用率极低，不到 1%；人体对有机铬的利用率可达 10%～25%，正常成人需求量 20～50μg /d，儿童、孕妇和老人为 50～110μg /d，糖尿病患者和肥胖人群为 50～200μg /d。铬在天然食品中的含量较低，均以三价的形式存在。啤酒酵母、废糖蜜、干酪、蛋、肝、苹果皮、香蕉、牛肉、面粉、鸡以及马铃薯等为铬的主要来源。人们主要从食物、饮水和空气摄取一小部分铬。

铬与脂类代谢的关系，国内外都做过广泛的研究，补铬可通过调节各种脂蛋白含量和胆固醇的代谢而对机体的脂类代谢产生有益的调节和改善作用；动物补铬可降低血清甘油三酯和总胆固醇的含量，并提高高密度脂蛋白（HDL）的含量。铬可能通过两种机制调节脂类代谢，一是口粮补铬可提高胰岛素活性（缺铬时活性降低，并通过糖代谢诱发脂类代谢紊乱），调节脂类代谢、改善机体血脂状况，因而和人类冠心病、高脂血症及动脉硬化等的发生有关；二是铬可加强脂蛋白酶（LPL）和卵磷脂胆固醇酰基转移酶（LCAT）的活性，LPL 和 LCAT 对于合成 HDL 有重要作用，机体缺铬则 HDL 的合成减少，含量下降。

一些证据表明，铬能增加胆固醇的分解和排泄。Abraham 等糖尿病人的铬性化营养证明铬不仅能降低兔主动脉上胆固醇的沉积，而且能清除沉积于主动脉上的胆固醇。Page（1993）在生长肥育猪口粮中添加不同水平的吡啶羧酸铬，猪血清中胆固醇水平显著降低。Lein（1996）在生长猪饲粮中添加 200μg/L 的铬（GrPic），血清甘油三脂和低密度脂蛋白胆固醇显著下降（$P< 0.05$），酐和高密度脂蛋白（HDL）显著提高（$P< 0.05$）。Pahe 等（1991）报道在产蛋鸡口粮中添加 200μg/L 吡啶羧酸铬，血液中胆固醇减少，但蛋黄中胆固醇未发生变化。综合有关研究结果，铬可能通过两个途径调节脂类代谢，一方面当动物体缺铬时，胰岛素的生物学活性降低，糖耐量受损，且通过糖代谢引发脂类代谢紊乱，补铬后胰岛素活性增强，降低主动脉上胆固醇的沉积，调节脂类代谢，从而改善血脂状况；另一方面，铬能够增强脂蛋白酶和卵磷脂胆固醇酰基转移酶的活性，从而增强了高密

度脂蛋白的合成，动物体缺铬时，上述两种酶的活性降低，高密度脂蛋白合成减少，导致血液中高密度脂蛋白下降。老年人缺铬时易患糖尿病和动脉粥样硬化，还可引起高血脂病、动脉粥状硬化，生长迟缓以及缩短寿命等。补铬有逆转上述现象的作用。

四、氟

氟与疾病和健康的研究已有近百年的历史，氟以少量且不同浓度存在与土壤、水及动植物中，所有食物均含有氟，但吸收率有所不同，人体中的氟主要来源于饮水。氟是一种必需但非常敏感的元素，多了少了都会致病，它对人体的安全范围比其他微量元素要窄得多。成年人体内含氟约为 2.9g，比锌略多，仅次于硅和铁。

第五节　微量元素的营养和毒害作用

微量元素和其他元素一样，受体内平衡机制的调节和控制。摄入量不足，会发生某种元素缺乏症，但摄入量过多，也会发生微量元素积聚而出现急、慢性中毒，甚至成为潜在的致癌物质。微量元素的营养和毒害作用的研究，目前主要集中在下述几个方面：

(1) 微量元素在体内的含量（高限、低限和正常值范围）、分布和靶器官；

(2) 摄入量过多或过少对人体健康的影响以及与常见疾病的相关性；

(3) 各元素间的相互作用；

(4) 从微量元素的角度去探索中医药传统理论、中药的微量元素特征与药效的关系；

(5) 微量元素强化的食物、药品的真正需求量以及保证安全的足够补充量的问题。

第六节　人体微量元素的来源

人体微量元素的来源有两种途径

1. 岩石风化后通过土壤、水、食物进入机体

近年来证实生物体的化学组成同所生存地区的地质环境有密切关系。微量元素过多或缺乏而引起的疾病，往往具有明显的地区性。如缺碘地区出现的地方性甲状腺肿和含氟过多地区常出现的地方性氟中毒。

2. 人为来源

如对矿产的开发、冶炼和利用，使这些元素进入人类环境，通过空气、水土、壤和食物进入人体。

第十一章　生命之气

大气是指在地球周围聚集的一层很厚的由大气分子组成的大气圈。像鱼类生活在水中一样，人类生活在地球大气的底部，并且一刻也离不开大气。大气为地球生命的繁衍、发展提供了必不可少的环境，它的状态和变化，时时处处影响到人类的活动与生存，大气为生命之火，没有了大气，生命之火就会熄灭。在简述人类认识大气的科学成果基础上，明确保护大气是人类延续的重要保障。

第一节　地球大气的演变

地球大气是伴随着地球的形成过程，经过了亿万年的不断“吐故纳新”，才演变成现在这个样子。地球大气的演变过程可以分为三个阶段。

一、原始大气

大约在50亿年前，大气伴随着地球的诞生就神秘地“出世”了。也就是拉普拉斯所说的星云开始凝聚时，地球周围就已经包围了大量的气体了。原始大气的主要成分是氢、氦 、二氧化碳和甲烷等。当地球形成以后，由于地球内部放射性物质的衰变，进而引起能量的转换。这种转换对于地球大气的维持和消亡都是有作用的，再加上太阳风的强烈作用和地球刚形成时的引力较小，使得原始大气很快就消失掉了。

二、次生大气

地球生成以后，由于温度的下降，地球表面发生冷凝现象，而地球内部的高温又促使火山频繁活动，火山爆发时所形成的挥发气体，就逐渐代替了原始大气，而成为次生大气。次生大气的主要成分是二氧化碳、甲烷、氮、硫化氢和氨等一些分子量比较重的气体。这些气体和地球的固体物质之间，互相吸引，互相依存，气体没有被地球偌大的离心力所抛弃。

三、现今大气

随着太阳辐射向地球表面的纵深发展，光波比较短的紫外线强烈的光合作用，使地球上的次生大气中生成了氧，而且氧的数量不断地增加。有了氧，就为地球上生命的出现提供了极为有利的"温床"。经过几十亿年的分解、同化和演变，生命终于在地球这个襁褓中诞生了。现今大气虽然是由多种气体组成的混合物，但主要成分是氮，其次是氧，另外还有一些其他的气体，如二氧化碳、稀有气体等，但数量则极其微小的。

大气是在地球诞生后，由于火山活动逐渐从地壳中渗透出来的。在原始大气中，氧的含量非常少，而二氧化碳很多。后来，绿色植物出现在陆地上，通过光合作用，逐渐使原始大气变成了现在的样子。过去人们认为地球大气是很简单的，直到19世纪末才知道地球上的大气是由多种气体组成的混合体，并含有水汽和部分杂质。它的主要成分是氮、氧、氩等。在80~ 100km以下的低层大气中，气体成分可分为两部分：一部分是"不可变气体成分"，主要指氮、氧、氩三种气体。这几种气体成分之间维持固定的比例，基本上不随时间、空间而变化。另一部分为"易变气体成分"，以水汽、二氧化碳和臭氧为主，其中变化最大的是水汽。总之，大气这种含有各种物质成分的混合物，可以大致分为干洁空气、水汽、微粒杂质和新的污染物。

大气层就好像是一条毛毯，均匀地包住了整个地球，使整个地球就好象处在一个温室之中。白天灼热的太阳发出强烈的短波辐射，大气层能让这些短波光顺利地通过，而到达地球表面，使地表增温。晚上，没有了太阳辐射，地球表面向外辐射热量。因为地表的温度不高，所以辐射是以长波辐射为主，而这些长波辐射又恰恰是大气层不允许通过的，故地表热量不会丧失太多，地表温度也不会降得太低。这样，大气层就起到了调节地球表面温度的作用，这就是大气的保温作用。

第二节　大气圈的结构与大气压

一、大气圈的结构

就整个地球来说，愈靠近核心，组成物质的密度就愈大。大气圈是地球的一部分，若与地球的固体部分相比较，密度要比地球的固体部分小得多，全部大气圈的重量大约为数 5×10^{15}，不到地球总重量的百分之一；以大气圈的高层和低层相比较，高层的密度比低层要小得多，而且越高越稀薄。假如把海平面上的空气密度作为 1，那么在 240km 的高空，大气密度只有它的千万分之一；到了 1 600km 的高空就更稀薄了，只有它的千万亿分之一。整个大气圈质量的 90% 都集中在高于海平面 16km 以内的空间里。再往上去当升高到比海平面高出 80km 的高度，大气圈质量的 99.999% 都集中在这个界限以下，而所剩无几的大气却占据了这个界限以上的极大的空间。

探测结果表明，地球大气圈的顶部并没有明显的分界线，而是逐渐过渡到星际空间的。高层大气稀薄的程度虽说比人造的真空还要“空”，但是在那里确实还有气体的微粒存在，比星际空间的物质密度要大得多，它们已不属于气体分子了，而是原子及原子再分裂而产生的粒子。以 80~ 100km 的高度为界，在这个界限以下的大气，尽管有稠密稀薄的不同，但它们的成分大体是一致的，都是以氮和氧分子为主，这就是空气。而在这个界限以上，到 1 000km 上下，就变得以氧为主了；再往上到 2 400km 上下，就以氦为主；再往上，则主要是氢；在3 000km以上，便稀薄得和星际空间的物质密度差不多了。

自地球表面向上，大气层延伸得很高，可到几千公里的高空。根据人造卫星探测资料的推算，在 2 000~ 3 000km 的高空，地球大气密度便达到每立方厘米一个微观粒子这一数值，和星际空间的密度非常相近，这样 2 000~ 3 000km 的高空可以大致看作是地球大气的上界。

按照大气在铅直方向的各种特性，将大气分成若干层次。按大气温度随高度分布的特征，可把大气分成对流层、平流层、中间层、热层和散逸层；也可称为对流层、平流层、中间层、暖层和外层。按大气各组成成分的混和状况，可把大气分为均匀层和非均匀层。按大气电离状况，可分为电离层和非电离层。按大气的光化反应，可分为臭氧层。按大气运动受地磁场控制情况，可分有磁层。

按物理性质，整个地球大气层按其成分、温度、密度等物理性质在垂直方向上的变化，世界气象组织把它分为五层，自下而上依次是：对流层、平流层、中间层、暖层和散逸层。

近地面的大气层主要通过吸收地面辐射而升温，气温随高度的增加而递减，下部热，上部冷，空气垂直对流运动显著，故称对流层（troposphere）。对流层厚度因纬度和季节的不同而不同：热带较厚，寒带较薄；夏季较厚，冬季较薄。赤道地区对流层厚度可达 16～18km，中纬度地区约 10～12km，两极地区约 7～8km。

自地球表面向上，随高度的增加空气愈来俞稀薄。大气的上界可延伸到2 000～3 000km的高度。在垂直方向上，大气的物理性质有明显的差异。根据气温的垂直分布、大气扰动程度、电离现象等特征，一般将大气分为五层。

1. 对流层

对流层是大气的最下层。它的高度因纬度和季节而异。就纬度而言，低纬度平均为 17～18km；中纬度平均为 10～12km；高纬度仅 8～9km。就季节而言，对流层上界的高度，夏季大于冬季。对流层的主要特征如下。

（1）气温随高度的增加而递减。平均每升高 100m，气温降低 0.65℃。其原因是太阳辐射首先主要加热地面，再由地面把热量传给大气，因而愈近地面的空气受热愈多，气温愈高，远离地面则气温逐渐降低。

（2）空气有强烈的对流运动。地面性质不同，因而受热不均。暖的地方空气受热膨胀而上升，冷的地方空气冷缩而下降，从而产生空气对流运动。对流运动使高层和低层空气得以交换，促进热量和水分传输，对成云致雨有重要作用。

(3) 天气的复杂多变。对流层集中了75%大气质量和90%的水汽，因此伴随强烈的对流运动，产生水相变化，形成云、雨、雪等复杂的天气现象。

2. 平流层

自对流层顶向上55km高度，为平流层。其主要特征如下。

(1) 温度随高度增加由等温分布变逆温分布。平流层的下层随高度增加气温变化很小。大约在20km以上，气温又随高度增加而显著升高，出现逆温层。这是因为20～25km高度处，臭氧含量最多。臭氧能吸收大量太阳紫外线，从而使气温升高。

(2) 垂直气流显著减弱。平流层中空气以水平运动为主，空气垂直混合明显减弱，整个平流层比较平稳。

(3) 水汽、尘埃含量极少。由于水汽、尘埃含量少，对流层中的天气现象在这一层很少见。平流层天气晴朗，大气透明度好。

3. 中间层

从平流层顶到85km高度为中间层。其主要特征如下。

(1) 气温随高度增高而迅速降低，中间层的顶界气温降至－83℃～－113℃。因为该层臭氧含量极少，不能大量吸收太阳紫外线，而氮、氧能吸收的短波辐射又大部分被上层大气所吸收，故气温随高度增加而递减。

(2) 出现强烈的对流运动。这是由于该层大气上部冷、下部暖，致使空气产生对流运动。但由于该层空气稀薄，空气的对流运动不能与对流层相比。

4. 暖层

从中间层顶到800km高度为暖层。暖层的特征如下。

(1) 随高度的增高，气温迅速升高。据探测，在300km高度上，气温可达1 000℃以上。这是由于所有波长小于0.175μm的太阳紫外辐射都被该层的大气物质所吸收，从而使其增温的缘故。

(2) 空气处于高度电离状态。这一层空气密度很小，在 270km 高度处，空气密度约为地面空气密度的百亿分之一。由于空气密度小，在太阳紫外线和宇宙射线的作用下，氧分子和部分氮分子被分解，并处于高度电离状态，故暖层又称电离层。电离层具有反射无线电波的能力，对无线电通讯有重要意义。

5. 散逸层

暖层顶以上，称散逸层。它是大气的最外一层，也是大气层和星际空间的过渡层，但无明显的边界线。这一层，空气极其稀薄，大气质点碰撞机会很小。气温也随高度增加而升高。由于气温很高，空气粒子运动速度很快，又因距地球表面远，受地球引力作用小，故一些高速运动的空气质点不断散逸到星际空间，散逸层由此而得名。据宇宙火箭资料证明，在地球大气层外的空间，还围绕由电离气体组成极稀薄的大气层，称为“地冕”。它一直伸展到 22 000km 高度。由此可见，大气层与星际空间是逐渐过渡的，并没有截然的界限。地冕也就是地球大气向宇宙空间的过渡区域。人们形象地把它比作是地球的“帽子”。

如果按照大气的化学成分来划分。这种划分是以距海平面 90km 的高度为界限的。在 90km 高度以下，大气是均匀地混合的，组成大气的各种成分相对比例不随高度而变化，这一层叫做均质层。在 90km 高度以上，组成大气的各种成分的相对比例，是随高度的升高而发生变化的，比较轻的气体如氧原子、氦原子、氢原子等越来越多，大气就不再是均匀的混合了，因此，把这一层叫做非均质层。

如果按照大气被电离的状态来划分，可分为非电离层和电离层。在海平面以上 60km 以内的大气，基本上没有被电离处于中性状态，所以这一层叫非电离层。在 60km 以上至 1 000km 的高度，这一层大气在太阳紫外线的作用下，大气成分开始电离，形成大量的正、负离子和自由电子，所以这一层叫做电离层，这一层对于无线电波的传播有着重要的作用。

二、大气压

在任何表面上，由于大气的重量所产生的压力，也就是单位面积上所受到的力，叫做大气压。其数值等于从单位底面积向上，一直延伸到大气上界的垂直气柱的总重量。气压是重要的气象要素之一。

在气象工作中通用的气压单位有毫米和毫巴两种。

（1）毫米(mm)：是用水银柱高度来表示气压高低的单位。例如，气压为760mm，表示当时的大气压强与760mm高的水银柱所产生的压强相等(1mmHg= 133.322Pa)。

（2）毫巴(mb)：用单位面积上所受水银柱压力大小来表示气压高低的单位。物理学上，压强的单位是用“巴”表示的：每平方厘米面积上受到1dyn的力，称为1b。在气象上，嫌这个单位太小，取1 000 000dyn/cm^2 为1b，以巴的千分之一作为气压的单位，称为1mb。1b = 1000mb，1mb= 1000dyn/cm(1mb= 10^{2}Pa)。

第三节　大气化学成分与大气污染治理

一、大气化学成分

干洁空气是指大气中除去水汽、液体和固体微粒以外的整个混合气体，简称干空气。它的主要成分是氮、氧、氩、二氧化碳等，其容积含量占全部干洁空气的99.99%以上。其余还有少量的氢、氖、氪、氙、臭氧等（见表11－1）。

表11－1　成份表

气体	按容积百分比/（%）	按质量百分比/（%）	分子量
氮	78.084	75.52	28.0134
氧	20.948	23.15	31.9988
氩	0.934	1.28	39.948
二氧化碳	0.033	0.05	44.0099

水汽在大气中含量很少，但变化很大，其变化范围在0%～4%之间，水汽绝大部分集中在低层，有一半的水汽集中在2km以下，四分

之三的水汽集中在 4km 以下，10~ 12km 高度以下的水汽约占全部水汽总量的 99%。大气中的水汽来源于下垫面，包括水面、潮湿物体表面、植物叶面的蒸发。由于大气温度远低于水面的沸点，因而水在大气中有相变效应。水汽含量在大气中变化很大，是天气变化的主要角色，云、雾、雨、雪、霜、露等都是水汽的各种形态。水汽能强烈地吸收地表发出的长波辐射，也能放出长波辐射，水汽的蒸发和凝结又能吸收和放出潜热，这都直接影响到地面和空气的温度，影响到大气的运动和变化。

大气中的水分通过降水进入土壤，滋养地面万物，土壤中水一方面通过植物的呼吸和蒸发以及土壤本身的蒸发排放到大气中，另一部分与植物和有机物的碳、氮、硫、磷元素产生生物化学反应，通过呼吸与分解又向大气排放二氧化碳，第三部分成为地表河流与地下水，在他们流向海洋的过程中遇到动物排泄的粪便，产生生物化学反应，这些反应物与陆地上的碳、氮、硫、磷一起流入海洋，成为海洋生物的养分的一个来源，海洋生物的呼吸与分解又把二氧化碳排放到大气中。大气中二氧化碳的另一个来源是人类燃烧矿物化石（煤、石油、天然气等）。大气的二氧化碳通过光合作用成为陆地植物，海洋浮游植物的成分，同时上述生物向大气排放氧气。

大气中除了气体成分以外，还有很多的液体和固体杂质、微粒。杂质是指来源于火山爆发、尘沙飞扬、物质燃烧的颗粒、流星燃烧所产生的细小微粒和海水飞溅扬入大气后而被蒸发的盐粒，还有细菌、微生物、植物的孢子花粉等。它们多集中于大气的底层。

液体微粒，是指悬浮于大气中的水滴、过冷水滴和冰晶等水汽凝结物。大气中杂质、微粒聚集在一起，直接影响大气的能见度。但它能充当水汽凝结的核心，加速大气中成云致雨的过程；它能吸收部分太阳辐射，又能削弱太阳直接辐射和阻挡地面长波辐射，对地面和大气的温度变化产生了一定的影响。

大气中除了气体成份之外，还有各种各样的固体、液体微粒。悬浮着液体、固体粒子的气体称为气溶胶，悬浮在气体介质中沉降速度很小的液体和固体粒子称为气溶胶粒子，简称气溶胶，包括尘埃、烟粒、海盐颗粒、微生物、植物孢子、花粉等，不包括云、雾、冰晶、雨雪等水成物。最小的气溶胶粒子基本上由燃烧产生，如燃烧的烟粒、工业的粉尘、森林火灾、火山爆发等，也有宇宙尘埃。大粒子和巨粒子的气溶胶粒子可由风刮起的尘埃、植物孢子和花粉或海面波浪气泡破裂产生。

气溶胶粒子可以吸附或溶解大气中某些微量气体，产生化学反应，污染大气。气溶胶粒子还能吸附和散射太阳辐射，改变大气辐射平衡状态，或影响大气能见度。

二、大气污染

随着人类社会生产力的高度发展，各种污染物大量地进入地球大气中，这就是人们所说的“大气污染”。大气污染对大气物理状态的影响，主要是引起气候的异常变化。这种变化有时是很明显的，有时则以渐渐变化的形式发生，为一般人所难以觉察，但任其发展，后果有可能非常严重。大气是在不断变化着的，其自然的变化进程相当缓慢，而人类活动造成的变化祸在燃眉，已引起世界范围的殷切关注，世界各地都已动员了大量人力、物力，进行研究、防范、治理。控制大气污染，保护环境，已成为当代人类一项重要事业。

大气中污染物已经产生危害，受到人们注意的污染物大致有一百种左右，主要污染物如表 11－2 所示。

表 11－2

分类	成份
粉尘微粒	碳粒、飞灰、碳酸钙、氧化锌、二氧化铅
硫化物	SO_2、SO_3、H_2SO_4（雾）、H_3S 等
氮化物	NO、NO_2、NH_3 等
卤化物	Cl_2、HCl、HF 等
碳氧化物	CO、CO_2 等
氧化剂	O、过氧酰基硝酸脂（PAN）等

其中影响范围广，对人类环境威胁较大的主要是煤粉尘、二氧化碳、一氧化碳、碳化氢、硫化氢和氨等。从污染物来源看，主要有燃料燃烧时从烟囱排出的废气与汽车排气和工厂漏掉跑掉的毒气，而烟囱与汽车废气占总污染物的百分之七十之多。

三、温室效应

研究表明，随着温室气体的不断排放，地球大气的“温室效应”会越来越强。温室气体主要由水蒸气、二氧化碳、甲烷、氮氧化物、氟里昂等成分组成，其中甲烷的温室效应是二氧化碳的20倍，且在大气中的浓度呈现出快速增长的趋势。研究预测随着温室气体的大量排放，全球气温将普遍上升。同时，地球生态系统将面临中纬度地区生态系统和农业带向极区迁移和生物多样性降低的威胁，突发性的气候灾难频度增强，这些都将直接影响人类的生存与发展。

四、大气治理

近年来，随着全球人口的增长和人类活动的加剧，人类向大气中排放的温室气体越来越多，使大气中温室气体的含量成倍增加。专家指出，这些温室气体将通过气候系统控制自然能量的流向，从而影响全球气候的变化。事实上，人类排放到大气中的气体无一例外都要通过自然过程来消除，而消除过程本身则要通过破坏现有的气候、环境及生态系统来完成。人类愈发认清，在环境污染的肇事者名单中，无人可以逃脱；而在环境恶化的受害人名单中，也没谁可以幸免。每一个人不仅仅是环境污染的受害者，也是环境污染的制造者，更是环境污染的治理者。环境保护不仅仅是一个口号、一个话题，它更是一门系统科学，更是一种意识、一种理念、一种生活方式。环境保护不但需要政府和专家学者，也需要公众的广泛参与，环境保护要从娃娃抓起，让每一个公民从小养成保护环境的习惯，政府的理念要坚定，宣传要细化到位，打持久战。

第四节 氧气是生命之火

一、氧的发现

氧，元素名来源于希腊文，原意为“酸形成者”。1774 年英国科学家普里斯特利用透镜把太阳光聚焦在氧化汞上，发现一种能强烈帮助燃烧的气体。拉瓦锡研究了此种气体，并正确解释了这种气体在燃烧中的作用。氧是地壳中最丰富、分布最广的元素，在地壳的含量为 48.6%。单质氧在大气中占 23%。氧有三种稳定同位素：氧 16、氧 17 和氧 18，其中氧 16 的含量最高。

氧元素是由英国化学家约瑟夫·普利斯特里与瑞典药剂师及化学家舍勒于 1774 年分别发现。但是普利斯特里却支持燃素学说。另有说法认为氧气首先由中国人马和首先发现。

1777 年，法国化学家拉瓦锡提出燃烧的氧化学说，指出物质只能在含氧的空气中进行燃烧，燃烧物重量的增加与空气中失去的氧相等，从而推翻了全部的燃素说，并正式确立质量守恒定律。从严格意义上讲，发现氧元素的为瑞典化学家舍勒，而确定氧元素化学性质的为法国化学家拉瓦锡。

氧（Oxygen）是一种化学元素，其原子序数为 8，相对原子质量为 16.00。由符号“O”表示。氧很容易与几乎所有其它元素形成化合物（主要为氧化物）。在标准状况下，两个氧原子结合形成氧气，是一种无色无嗅无味的双原子气体，化学式为 O_2。如果按质量计算，氧在宇宙中的含量仅次于氢和氦，在地壳中，氧则是含量最丰富的元素。氧不仅占了水质量的 89%，也占了空气体积的 20.9%。

现在日文里氧气的名称仍然是“酸素”。而台语受到台湾日治时期的影响，也以“酸素”之日语发音称呼氧气。氧气的中文名称是清朝徐寿命名的。他认为人的生存离不开氧气，所以就命名为“养气”即

"养气之质"，后来为了统一就用"氧"代替了"养"字，便叫这"氧气"。

二、人类对氧气的性质的认识

氧气通常条件下是呈无色、无臭和无味的气体，密度 1.429g/L，1.419g/cm^3（液），1.426g/cm^3（固），熔点- 218.4℃，沸点- 182.962℃，在- 182.962℃时液化成淡蓝色液体，在- 218.4℃时凝固成雪状淡蓝色。在元素周期表中属于ⅥA 族元素固体在化合价一般为 0 和- 2。电离能为 13.618 电子伏特。除惰性气体外的所有化学元素都能同氧形成化合物。大多数元素在含氧的气氛中加热时可生成氧化物。有许多元素可形成一种以上的氧化物。氧分子在低温下可形成水合晶体 O_2，H_2O 和 O_2，H_2O_2，后者较不稳定。氧气在空气中的溶解度是 4.89 毫升/100 毫升水（0℃），是水中生命体的基础。氧在地壳中丰度占第一位。干燥空气中含有 20. 946% 体积的氧；水有 88. 81% 重量的氧组成。除了 O16 外，还有 O17 和 O18 同位素。

1. 氧的物理性质

氧为无色气体；无臭，无味；有强助燃力。

氧的单体形态有氧气（O_2）和臭氧（O_3）。氧气在标准状况下是无色无味无臭，能帮助燃烧的双原子的气体。液氧呈淡蓝色，具有顺磁性。氧能跟氢化合成水。臭氧在标准状况下是一种有特殊臭味的蓝色气体。

新的氧单质（O_4）：O_4 是意大利的一位科学家合成的一种新型的氧分子，一个分子由四个氧原子构成。振荡会发生爆炸，产生氧气：O_4 ⟶振荡⟶$2O_2$ 它的氧化性比 O_2 强的多，在大气中含量极少。

2. 氧的化学性质

氧的非金属性和电负性仅次于氟，除了氦氖氩氪氟所有元素都能与氧起反应，这些反应称为氧化反应，而反应产生的化合物称为氧化物。一般而言，绝大多数非金属氧化物的水溶液呈酸性，而碱金属或碱土金属氧化物则为碱性。此外，几乎所有的有机化合物，可在氧中剧烈燃烧产生二氧化碳与水蒸气。

实验证明，除黄金外的所有金属都能和氧发生反应生成金属氧化物，比如铂在高温下在纯氧中被氧化生成二氧化铂，黄金一般认为不能和氧发生反应，但是有三氧化二金和氢氧化金等化合物，其中金为 + 3 价；氧气不能和氯、溴、碘发生反应，但是臭氧可以氧化它们。

三、氧与生命

氧气是许多生物化学过程的基本成分，因此，氧也就成了担负空间任何任务是需要大量装载的必需品之一。医疗上用氧气疗法医治肺炎、煤气中毒等缺氧症。

氧元素占整个地壳质量的 48.6%，是地壳中含量最多的元素，它在地壳中基本上是以氧化物的形式存在的。每一千克的海水中溶解有 2.8mg 的氧气，而海水中的氧元素差不多达到了 88%。就整个地球而言，氧的质量分数为 15.2%。无论是人、动物还是植物，他们的生物细胞都有类似的组成，其中氧元素占到了 65% 的质量。

构成有机体的所有主要化合物都含有氧，包括蛋白质、碳水化合物和脂肪。构成动物壳、牙齿及骨骼的主要无机化合物也含有氧。由蓝藻、藻类和植物经过光合作用所产生的氧气化学式为 O_2，几乎所有复杂生物的细胞呼吸作用都需要用到氧气。动物中，除了极少数之外，皆无法终身脱离氧气生存。对于厌氧性生物来说，氧气是有毒的。这类生物曾经是早期地球上的主要生物，直到 25 亿年前 O_2 开始在大气层中逐渐积累。氧元素的另一个同素异形体是臭氧。在高海拔形成的臭氧层能够隔离来自太阳的紫外线辐射。但是接近地表的臭氧则是一种污染，这些臭氧主要存在于光化学烟雾中。

四、氧中毒

“氧中毒”一般发生在长期吸氧的病人中。尽管适当吸氧能提高人体细胞新陈代谢能力、增强人体免疫力，但长期吸入高浓度氧气也会发生肺泡表面活性物质减少，引发肺泡内渗液，出现肺水肿，出现头昏、面色苍白、心跳加快等诸多问题。更为严重的是，氧中毒当时不容易被觉察，往往在 2~ 3 天后才会发生临床症状，此时再进行抢救往往容易贻误时间。一些家庭用氧者往往不注意吸入氧气的浓度和时间，认为氧浓度越高越好，吸氧的时间越长越好。这就增大了氧中毒的危险性。氧中毒有肺型氧中毒、脑型氧中毒（惊厥型氧中毒）和眼型氧中毒等类型。

(一) 肺型氧中毒

1. 症状

症状类似支气管肺炎。其表现及通常的发展过程为：最初为类似上呼吸道感染引起的气管刺激症状，如胸骨后不适（刺激或烧灼感）伴轻度干咳，并缓慢加重；然后出现胸骨后疼痛，且疼痛逐渐沿支气管树向整个胸部蔓延，吸气时为甚；疼痛逐渐加剧，出现不可控制的咳嗽；休息时也伴有呼吸困难。在症状出现的早期阶段结束暴露，胸疼和咳嗽可在数小时内减轻。

2. 体征

肺部听诊，常没有明显的阳性体征；后期症状严重时，可以出现散在的湿罗音或支气管呼吸音。氧压越高，这些症状和体征的潜伏期越短。

3. 实验室检查

⑴ X线检查：可发现肺纹理增粗，或肺部片状阴影。

⑵ 肺活量测定：肺活量减少是肺型氧中毒最灵敏的指标。

(二) 脑型氧中毒（惊厥型氧中毒）

惊厥型氧中毒：惊厥型氧中毒的表现，大体上可分为连续的四个阶段。

⑴ 潜伏期：潜伏期长短与吸入气中的氧压呈负相关，但并不呈线性。氧压增高，潜伏期缩短。

⑵ 前驱期：表现包括：① 面部肌肉抽搐，最常见，主要为面肌及口唇颤动。②植物神经症状：有出汗、流涎、恶心、呕吐、眩晕、心悸和面色苍白等。③感觉异常：可有视野缩小、幻视、幻听、幻嗅、口腔异味和肢端发麻等。④情绪异常：烦躁、忧虑或欣快等。⑤ 前驱

期末期可出现极度疲劳和呼吸困难，少数情况下可能有虚脱发生。及时发现前驱症状并立即采取措施，脱离高压氧环境，对于预防氧惊厥的发生非常重要。需要注意的是，具体患者往往只出现一项或几项前驱期症状，有时甚至无明显前驱症状直接出现惊厥。

⑶ 惊厥期：前驱期后，很快出现惊厥。①癫痫大发作样全身强直或阵发性痉挛，每次持续 2 min 左右。②在人发作前有时会发出一声短促的尖叫，神志丧失，有时伴有大小便失禁。③脑电图变化：出现于惊厥发生前，电压升高和频率加快，出现棘状波和梭状波（spindle - like waves）。

⑷ 昏迷期：如果在发生惊厥后仍处于高氧环境，即进入昏迷期。实验动物表现为昏迷不醒，偶尔局部有轻微抽搐，呼吸困难逐渐加重，再继续下去则呼吸微弱直至停止。人员在惊厥过后即使及时脱离高压氧环境，也有一段时间意识模糊或精神和行为障碍，一般在 1～2h 后即可恢复，少数可熟睡数小时。不留明显后遗症。

（三）眼型氧中毒

眼型氧中毒主要表现为视网膜萎缩。早产婴儿在恒温箱内吸氧时间过长，视网膜有广泛的血管阻塞、成纤维组织浸润、晶体后纤维增生，可因而致盲。

（四）发病机理

发病机理目前仍未完全明了，主要有以下几个观点。

（1）高压氧对组织、器官的直接毒性作用。当我们找不到更具体确切的损伤机理时，暂时考虑是氧的直接毒性作用。

（2）生物膜受损。在高压氧条件下，肺泡壁的分泌细胞（Ⅱ型细胞）内板层小体的膜受损，肺表面活性物质的合成、分泌及功能均下降，造成肺表面张力增加，导致肺不张。

（3）有关酶受抑制。高压氧下许多酶的活性受抑制如谷氨酸脱羧酶和 Na^{+} - K^{+} - ATP 酶。

（4）氧自由基的作用。氧自由基是一类具有高度化学反应活性的含氧基团。正常时，机体内产生的氧自由基主要由体内的抗氧化系统清除。机体暴露于高压氧下，产生过多的氧自由基，且大大超过机体抗氧化系统清除的能力。氧自由基主要造成以下两方面的损伤：①生物膜脂质过氧化；②破坏蛋白质的多肽链，酶都是蛋白质，其活性受影响。自由基学说能在分子水平上解释氧中毒的许多现象。

（5）神经一体液因素。

（6）脑内的某些肽类物质的作用，如B内啡肽和精氨酸加压素。

（五）发病原因

简单地说，发病原因就是吸入了过多的氧，而高压氧暴露的压力和时程是引起氧中毒的两个主要因素。

（1）潜水中呼吸高压氧。

1）使用氧气轻潜水装具潜水时，超过规定深度。

2）使用空气通风式潜水装具潜水时，在水下停留时间过长。

3）用氦氧装具进行较大深度潜水时，如果没有按规定配制相应氧浓度的混合气，或误将较浅处吸用的气体在深处使用。

（2）加压舱内呼吸高压氧：超过规定的压力一时间限制。

（六）影响因素

（1）个体差异与个体日差异：不同的个体对高浓度氧的敏感性差别很大。即使同一个体，其对氧的耐受力在不同状态下有很大波动。

（2）CO_2：增加吸入气中 CO_2 浓度促进氧惊厥。

（3）劳动强度：劳动强度加大促使氧中毒的发生。

（4）温度：高温可降低机体对高压氧的耐受性。低温在一定程度上可增加耐受性，但若太低引起肌肉颤抖，消耗的能量增多，则耐受性也将降低。

（5）精神因素：情绪波动、精神紧张、睡眠不足等都能降低机体对高压氧的耐受性。

（七）潜水时发生氧中毒的救治：

（1）迅速离开高气压环境：出现前驱症状时立即上升出水，已惊厥时则应及时派潜水员下水救护，但要控制好上升速度（< 10 m/min），以防止肺气压伤。

（2）出水后救治：卸除装具，平卧休息，保持安静，注意保暖，继续观察，防突发惊厥。

(3) 抗惊厥治疗：对出现惊厥者用药，应选择对心肺功能影响较小的药物，可用4%水合氯醛50ml灌肠，2 h后皮下注射吗啡，可反复应用，每天不超过4次。也可肌肉或静脉注射0.2～0.3 g异戊巴比妥。因氧惊厥常伴有一定程度的肺脏损伤，禁用吸入性麻醉药。

(八) 加压舱内发生氧中毒的救治

(1) 在通过面罩吸氧的舱内，迅速摘除面罩，呼吸舱内压缩空气，并按空气常规减压。

(2) 在纯氧舱内，先用压缩空气进行通风，降低舱内氧分压，然后逐渐减压出舱。

(3) 出现惊厥时，应注意以下几点。

1) 防止跌倒摔伤或舌被咬破，必要时可适当使用止痉剂。

2) 应注意患者呼吸状况，惊厥时容易发生喉头痉挛而屏气，此时不能减压，以防声门关闭造成肺气压伤。只有待节律性呼吸恢复，呼吸道通畅后，才可按规定减压。

3) 离开高压氧环境，仍有惊厥者，进行抗惊厥治疗。

4) 对肺型氧中毒，轻者，回到正常环境后数小时即可恢复；重者，做肺部透视监测，数日可恢复。

两型氧中毒都有肺部损伤，应常规使用抗菌素治疗。

(九) 氧中毒的预防

氧中毒是能够很好预防的，一方面要加强平时对有关人员的教育，使其对氧中毒的症状，尤其是前驱症状有所了解和警惕，另一方面在用氧的过程中，要严格遵守各项操作规则。具体预防措施有以下几个方面。

(1) 氧敏感试验让受试者在280 kPa下吸纯氧30 min，如出现惊厥前驱症状，则氧敏感试验阳性，不能选做潜水员或潜艇舰员。

(2) 严格控制吸氧的压强- 时程。

(3) 间歇吸氧。即将吸氧分阶段进行，在两次吸氧之间吸空气5～10 min。事实证明，较短的间歇时间能够预防较长吸氧时间内可能引致的氧中毒，从而可以延长吸氧的总时程，达到最大限度利用氧的目的。

(4) 控制发病因素。

1) 保证供氧装置处于良好状态，严格操作规程。

2) 了解潜水员或患者的日常生活、作息制度和精神状态。

3) 吸氧时，尽量减少不必要的体力活动。

4) 吸氧期间，医务人员应密切关注，以便发现情况及时处理。

五、氧效应

氧效应指 X 射线和 γ 射线照射时，由于氧分压的高低或存在与否所出现的生物学效应的增减现象。G. Sch－warz（1909）在通过压迫人的皮肤使血行发生障碍时，发现了可使皮肤的放射线伤害减轻的氧效应，这是人工控制放射线效应的最早的例子。从细菌到高等生物，都能看到这种现象，说明在放射线间接作用时，细胞内产生的游离基与机体物质的反应是受氧的影响。对于 LET（线性能量传输）高的放射线（中子、α 线、质子），氧效应不显著。其实氧是催化人衰老的物质，当空气中达到一定数量时会氧中毒。氧气也是导致细胞的线粒体突变的罪魁祸首之一。

氧效应在医学中的应用。氧效应是放射生物学中具有重要意义的一个方面。早在 1921 年，Holthusen 已经注意到无氧时蛔虫卵对射线有一定的拮抗作用。1953 年，英国的 Gray LH 和他的同事首先提出“氧效应”的概念，立即引起了放射生物学家的极大关注。前已述及，电离辐射过程中产生的自由基引起生物体的各种损伤。如果有氧存在，氧就与自由基 R 作用而产生有机的过氧化物自由基 R00。R00 是靶物质的一种不可修复的形式。氧使受照射后物质的化学成分发生变化，如没有氧存在，上述反应就不产生，而且很多被电离的靶分子可自行修复。从这一意义而言，氧可以被认为能“固定”放射损伤，这就是所谓的氧效应。氧效应的确切作用机理尚不完全了解，而且看法也有不同，但认为氧作用在自由基上这一点是一致的。临床放射学家已经重视氧效应对肿瘤辐射敏感性的影响，并已在实践中发现它对放疗具有较大的作用。开展氧自由基抗癌治疗所用药物为过氧化氢 H_2O_2，其进入人体，最重要的一步反应就是在过氧化氢酶 CAT 作用下，生成水并放出氧。一般人只看到这个 O_2 可以增加组织供氧，缓解缺氧，增加组织氧化供能。在 H_2O_2 抗癌治疗中，这个 O_2 还能在自由基损伤癌细胞后，将这个损伤固定下来，使之无法修复，增加癌细胞的死亡率。这样，H_2O_2 抗癌就有了两方面机理：①氧自由基攻击癌细胞，造成损伤；②氧效应将定损伤固定下来。即 H_2O_2 不仅提供氧自由基，还提供氧，实在难得。

现在正在研究中的增加组织氧合的措施。

(1) 高压氧仓中进行放射治疗。

(2) 在照射同时，在常压下，让病人吸入含 95% 氧与 5% CO_2 的混合气体，可引起呼吸频率增加，促使末梢血管扩张，氧扩散增加。

(3) 采用传递修饰剂，如氟碳乳剂（FC）。由于它能携带大量的氧，并能在进入肿瘤组织的乏氧区而放出氧。

(4) 血红蛋白携氧能力增强化合物，如 BW12C，BW589C。

(5) 钙离子拮抗剂如肉桂苯哌嗪、氟桂嗪，通过抑制细胞呼吸而达到提高肿瘤细胞氧张力的作用。

(6) 利用每次照射后乏氧细胞转变成氧合细胞的规律，采用小剂量分次照射。

六、氧溶解

空气中的氧在水中成为溶解氧。水中的溶解氧的含量与空气中氧的分压、水的温度都有密切关系。在自然情况下，空气中的含氧量变动不大，故水温是主要的因素，水温愈低，水中溶解氧的含量愈高。

溶解氧是指溶解在水里氧的量，通常记作 DO，用每升水里氧气的毫克数表示。水中溶解氧的多少是衡量水体自净能力的一个指标。它跟空气里氧的分压、大气压、水温和水质有密切的关系。在 20℃、100kPa 下，纯水里大约溶解氧 9mg/L。有些有机化合物在喜氧菌作用下发生生物降解，要消耗水里的溶解氧。如果有机物以碳来计算，根据 $C+O_2=CO_2$ 可知，每 12g 碳要消耗 32g 氧气。当水中的溶解氧值降到 5mg/L 时，一些鱼类的呼吸就发生困难。水里的溶解氧由于空气里氧气的溶入及绿色水生植物的光合作用会不断得到补充。但当水体受到有机物污染，耗氧严重，溶解氧得不到及时补充，水体中的厌氧菌就会很快繁殖，有机物因腐败而使水体变黑、发臭。

溶解氧值是研究水自净能力的一种依据。水里的溶解氧被消耗，要恢复到初始状态，所需时间短，说明该水体的自净能力强，或者说水体污染不严重。否则说明水体污染严重，自净能力弱，甚至失去自净能力。

第十二章 长寿密码

长寿是世界各民族的共同追求。中国历史上，秦始皇、汉武帝等帝王，也不能免俗地求仙、服用灵丹妙药，以求长生。长寿问题的研究是我国中医的重大课题，中国古代经典对人的长寿作出了初步的研究、总结和推测。近代生命科学诞生以来，通过不断的研究和科学发现，逐步揭示了长寿的秘密。生命科学研究发现，百岁以上的老人有一种共同的基因突变，科学家表示这一发现有助于找到减缓人类老化的方法。我们将拯救自己的生命，提倡树立科学健康观、健康价值观、科学健康模式、健康饮食路线、维护和提高自愈能力以及构建长久健康模式的方法，是为了人类的健康长寿。

第一节 中国古人和现代科学对长寿时限的理解

人生存多久才算长寿？据中国古籍记载，人的自然寿命（天年）当在百岁以上，这是中国古人对长寿时限的理解。

明·张介宾《类经·卷一·摄生类一》注："百岁者，天年之概。"俗语有"百年以后"，即指死亡。中医经典著作《素问·上古天真论》云："余闻上古之人，春秋皆度百岁，而动作不衰。……所以能年皆度百岁而动作不衰者，以期德全不危也。"《灵枢·天年》云："黄帝曰：人之寿百岁而死，何以致之？……百岁，五脏皆虚，神气皆去，形骸独居而终矣。"

《尚书·洪范》篇云，"五福：一曰寿。"汉·孔安国《传》（《注》）云："百二十年。"唐·孔颖达等《正义》（《疏》）云："人之大期，百年为限。世有长寿云'百二十年'者，故《传》以最长者言之，未必有正文也。"

中国古人又将寿命的长短分为上、中、下三等，但具体长寿年龄说法有以下几种。

《左传·僖公三十二年》云："尔何知？中寿，尔墓之木拱矣。"唐·孔颖达等《正义》云："上寿百二十岁，中寿百，下寿八十。"《养生经》云："黄帝曰：上寿百二十，中寿百年，下寿八十。"《庄子·盗跖》云："人上寿百岁，中寿八十，下寿六十。"《太平经·解承负诀》云："凡人有三寿，应三气，太阳、太阴、中和之命也。上寿一百二十，中寿八十，下寿六十。"《吕氏春秋·孟冬纪第十》云："人之寿，久之不过百，中寿不过六十。"

近代生命科学的创立和发展，对人类寿命极限的认识采用了新的方法，得到较为广泛认同的推断寿命极限的方法有五种。

按生长期推断：法国生物学家巴丰指出，哺乳动物的寿命约为生长期的5～7倍，这就是通称的巴丰寿命系数。人的生长期为20～25年，预计寿命可达100～175年。

按生命周期推断：俄罗斯莫斯科海洋生物研究所所长穆尔斯基和莫斯科大学数学系教授库兹明指出，人的生命周期时间是15.15的倍数，例如人的第一个生命周期是诞生时期，第二个时期是正常妊娠天数266天的15.15倍，即约11年——统计数字表明，人在11岁时体质最弱；用11再乘以15.15，为167岁，他们认为这个就是人类的寿命极限。

按细胞分裂推断：美国佛罗里达大学遗传学研究中心的海弗利克博士在实验室条件下对人体细胞进行实验，发现人体的成纤维细胞在体外分裂50次左右中止，"50次"被视为培养细胞的"传代次数"，也即"海弗利克限度"，细胞的每次分裂周期约为2.4年，因此人类寿命可能为120岁左右。

按性成熟时间推断：一般哺乳动物的寿命是性成熟期的8～10倍，人类的性成熟期为14～15年，寿命因此可达110～150年。

按剩余寿命推断：这是一种较新的衡量方法，是将某一时期仍在生的人士的平均年龄与当时的平均寿命相比。

此外还有些推算方法，认为人类的寿命应该更长，可达200～300

岁，而平均寿命大大低于此数是因为人经常受到各种“意外”的影响。又如俄罗斯科学家的“800 岁”之说，则是建立在通过抗氧化物控制自由基的活动，以达到长寿效果。

第二节　长寿因素与长寿传奇

长寿是古今中外各界人士一直探寻的艰难课题。中国的中医学总结出了以下四种能让人长寿因素。

第一因素：低温

因为环境温度低，生命能量释放较慢。若能将人的体温降低 2℃ ~ 3℃，人的寿命可由 70 岁延长到 150 岁，生活在寒带的人寿命会长 10~ 30年。因此，延长人的寿命，可用降低体温的方法。

第二因素：微饿

细胞死亡是衰老的重要因素，而轻微饥饿会激发体内的潜能，使之拯救细胞不死。做到“轻微饥饿”则不是简单、盲目地节食，而是食少而精，如吃低热量、高营养，特别是高维生素的食物。

第三因素：多病

体弱多病者往往长寿。随着现代医学的发展，体弱多病者长寿已成不争的事实。据医学研究人体患某些疾病痊愈后，反而增强了对该病的抵御能力。生活中常有这样的人，年轻时体弱多病，年老后却老当益壮。

第四因素：职业

文化工作者即乐队指挥、僧侣、画家以及牧人等寿命较长。从医学和生理方面讲，写字、作画有利于改善皮质和植物神经功能，促进血液循环，缓解精神紧张和神经功能紊乱，排除忧愁和烦恼，消除疲劳和七情劳损。坚持练习书画，对培养审美趣味、陶冶情操、休养脑筋、增进健康，起着潜移默化的作用。

低温、微饿、多病和职业这四种长寿因素到底有多大作用？我们可以从古今中外长寿者的传奇故事得到印证，从这些长寿者的生活环境和生活方式来看，低温、微饿、多病和职业是人类长寿的四种重要因素。这些长寿者的传奇故事发生在地球的寒带和温带，从事的职业主要是科学与艺术，出生的年代都在20世纪初以前，在这里低温、微饿和文化工作等因素作用明显。

据传中医师李清云，有说生年是1677年，逝于1933年，即他活了256岁，是个素食主义者。更详细的说法是，在他100岁时曾因在中医中药方面的杰出成就，而获政府的特别奖励；200岁的时候仍常去讲学；还说他曾娶过24个妻子，育有180位后人；而他的去世也一样传奇—据说当天上午仍在山间采药，下午就无疾而终了。果真如此，他的一生经历了康熙、雍正、乾隆、嘉庆、道光、咸丰、同治、光绪、宣统九代清帝，直至民国，是极为罕见的超级寿星，但这些数据已经近乎神话传说。

历史上最长寿的女人，有确凿文件证明的、有史以来最长寿的女人是法国的詹妮·路易·卡门(Jeanne Louise Calment)，生于1875年2月21日，死于1997年8月4日，享年122岁164天。

历史上最长寿的男人：是日本人的泉重千代，生于1864年6月29日，死于1986年2月21日，享年120岁237天。

在世的最长寿的人是一名黎巴嫩名叫哈米达·穆索尔玛尼的妇女的个人文件表明她出生于1877年，2012年已经128岁，这使得她有望成为世界最长寿之人。

有证书的最长寿的人之一是中国四川省乐山五通桥120岁的杜品华老人，在2002年116岁时，获得了上海大世界吉尼斯总部颁发的证书，被确认为世界上最长寿的人。

有证书的最长寿的人之二是2005年，《吉尼斯世界纪录大全》宣布当时114岁的波多黎各公民埃米利亚诺·梅尔卡多·德尔托罗为世界上最长寿的人，2012年的8月21日他在位于波多黎各伊莎贝拉镇的家中度过了115岁生日。

格鲁吉亚老妪安季萨·赫维恰娃2012年10月6日逝世。她一直自称出生于1880年，是“世界上最长寿的人”。

从上面的资料可以看出，不管是活着的，还是已经死了的，到目前为止，没有确切的资料表明谁是最长寿的人。

历来有不少名人因在其短短的一生中迸发出惊人的能量而被后世人所铭记，其实，历史上伟大的名人也有许多人是非常长寿的，并且在成就上毫不逊色，其中的一些更因其长久的人生轨迹获得了额外精深的思索结论以及迟来的成绩。

这里谨罗列活过耄耋之年的名人以览于诸位。

柏拉图，享年 80 岁（公元前 427—公元前 347），希腊三贤之一，客观唯心论的忠实推导者。

索福克勒斯（公元前 496—公元前 406），终结了埃斯库罗斯的垄断，永远的悲剧之父。

米开朗琪罗（1475—1564），他始终坚称自己只是一名雕塑家（文艺复兴艺术三杰之一）。

提香（1490—1576），他画板上的裸女比你在浴室里见到的还多。

伏尔泰（1694—1778），启蒙运动的主要领导者，影响 18 世纪资产阶级革命。

布丰（1707—1788），法国博物学家，对近代科技小品的创作影响极大。

歌德（1749—1832），一部《浮士德》可以写 60 年。

华兹华斯（1770—1850），英国浪漫诗的先驱。

雨果（1802—1885），法兰西浪漫主义的领袖人物，作品《巴黎圣母院》《悲惨世界》等享誉全球。

斯陀夫人（1811—1896），写一本书引发一场战争的小妇人。

列夫·托尔斯泰（1828—1910），古今文坛的不二巨匠，俄罗斯文化的良心。

哈代（1840—1928），《无名的裘德》使他成名，英国最受欢迎的作家之一。

叶芝（1856—1939），爱尔兰诺奖得主，少见的长寿诗人。

萧伯纳（1856—1950），英国诺贝尔奖得主，著有《人与超人》《巴巴拉少校》。

泰戈尔（1861—1941），印度全能型天才，中国人民的朋友，诺奖实至名归。

绥拉菲摩维奇（1863—1949），鲁迅曾翻译的《铁流》即出自他的笔下。

伏尼契（1864—1960），因《牛虻》而闻名于世的爱尔兰女作家。

纪德（1869—1951），《伪币制造者》的制造者。

丘吉尔（1874—1965），战争鬼才也是文学天才，诺奖得主。

毛姆（1874—1965），英国著名作家，《月亮与六便士》系其代表作。

雅娜·卡尔曼特（1875—1997），法国长寿者，活到122岁，年龄被吉尼斯世界纪录确证，是经确证的世界上最长寿的人。

黑塞（1877—1962），德国作家，《荒原狼》为他赢得诺奖。

海伦·凯勒（1880—1968），二十世纪最伟大的残疾人，杰出的励志作家。

毕加索（1881—1973），有史以来第一个活着亲眼看到自己的作品被收藏进卢浮宫的艺术家。

莫里亚克（1885—1970），读过《在路上》一定不会对他陌生。

阿加莎·克里斯蒂（1890—1976），作品印数巨多的女侦探小说家。

托尔金（1892—1973），顶级魔幻史诗《指环王》的作者，一系列卖座影片以之为蓝本。

博尔赫斯（1899—1986），作家中的作家，短篇《小径分岔的花园》比他本人更有名。

冰心（1900—1999），其诗取道于诗哲泰戈尔，却比后者活得更长。

郑集（1900—2010），中国生化学家、营养学的奠基者。

巴金（1904—2005），著作等身的一代文学家，他的认识超越了岁数。

贝克特（1906—1999），荒诞派文学的缔造者，凭《等待戈多》叩开诺奖大门。

马哈福兹（1911—2006），在埃及，他让人想到太阳。

尤奈斯库（1912—1994），荒诞派的代表人物，《秃头歌女》的确不同凡响。

光未然（1913—2002），激情四射的现代诗人，我们讲《黄河大合唱》好比讲一段传奇。

杜拉斯（1914—1996），伟大的情人就是那种 64 岁还能令 24 岁大学生拜倒其下的一类人。

阿瑟·米勒（1915—2005），以《推销员之死》为人所知的剧作家，很难把他同梦露联想到一块。

索尔·贝洛（1915—2005），诺奖青睐美国人，《洪堡的礼物》。

荣毅仁（1916—2005），中华人民共和国前任主席、杰出的企业家。

莱辛（1919— ），新科诺奖得主，敢说敢做的奇女子，2008 年到处都是她的小说。

塞林格（1919—2010），《麦田里的守望者》作家。

哈利（1921—2008），黑人作家，描述黑人成长史的《根》同《飘》齐名。

罗布·格里耶（1922—2008），新小说的创始人和代表，电影大师，《橡皮》已入经典名著之林。

约翰·布莱恩（1922— ），愤怒的青年同样可以作出绝佳的成就，不幸被文学奖遗漏。

第三节　人类长寿的可能性及长寿者的生理、心理特点

经过近 30 年的研究发现，活到百岁除了有地域、环境、体力活动等原因，最重要的还是内因起作用，如果让人少得病、不得病就可以“制造”大量的长寿者。百岁寿星们的基本特点也是如此。

通过对各种医疗、健康、养生、食疗等长寿方法分析，我们认为只有能预测、防治全身上百种身心智常见病才是长寿的好方法。在这

里需要特别强调的是，百岁以上寿星并不是依靠药物等获得健康长寿的，他们依靠的主要是日常食物，所以说，如果把他们巧合的科学食疗变成科学，就能“制造”大量的百岁寿星。人类在不断发展、进步之中。创新能实现百岁等人类的诸多梦想和奇迹！人类的进步是源于创新！

数万年来，人类的寿命极限只有100多岁，所以有些人觉得这是自然规律，永远都不会改变。延长生命有没有可能性呢？从理论上说，目前只是延长寿命的科学技术还没有发展起来而已，它还处在“幼年时期”。海拉细胞是美国妇女海莉耶塔·拉克斯（Henrietta Lacks）的宫颈癌细胞，此妇女在1951年死于该癌症。HeLa细胞系是不死的、永生的，并可以无限分裂下去，都被世界各地的研究所不间断地培养。可惜这种细胞是癌细胞，但是说明细胞在一些条件下可以长生不老，未来可能会让海拉细胞脱离癌细胞的特性而保留长生不老的特性。

2012年诺贝尔生理学和医学奖授予细胞核重编程技术，被称为细胞“返老还童”技术，科学家将成年人的细胞还原为多能干细胞。据媒体报道，自然界中一些动物可以通过冬眠来减少能量消耗，从而度过冬季，但人类可以冬眠吗？科学家认为，肥尾鼠狐猴是一种能够冬眠的灵长类动物，我们可以从肥尾鼠狐猴身上寻找答案，通过研究一些小型灵长类动物来挽救一些人的生命。如果我们可以从这种小动物身上发现灵长类生物的冬眠“诀窍”，那么人类也有可能研发出不可思议的“冬眠”技术。

由于肥尾鼠狐猴类灵长类动物与人类的基因非常相似，这些动物可能有一天教会我们如何冬眠，通过冬眠技术可以为人类文明发展提供巨大的帮助，比如我们可以在遥远的太空旅行任务中使用，长达数光年的恒星际旅行需要很长时间，进入冬眠的宇航员可以延缓新陈代谢，完成长距离星际航行；医学上也可以使用冬眠技术，将一些患不治之症的病人冬眠，等将来医学能解决这个问题时让其复苏。来自北卡罗来纳州达勒姆的杜克狐猴保育中心研究人员克里斯·史密斯认为，肥尾鼠狐猴类灵长类动物具有不可思议的特点，冬眠是一种延长寿命的途径。

从生物学角度来看，冬眠是个非常有意义的过程，如果人类能做到这一点，那么这对人类文明发展的意义是不可估量的。史密斯认为对于一些身患重病或者绝症的病人，如果不进行器官移植，就要面临死亡，每一次呼吸、每一次心跳都显得非常宝贵，如果将病人进入冬眠状态，那么呼吸降低的同时也会减少心跳次数，就有更多的时间来等待器官移植。

来自芝加哥大学的研究人员艾伦从1989年起就开始研究深度睡眠问题，结果显示虽然深度睡眠更有助于深空飞行，但是冬眠技术也可以在一定程度上促进人类寿命的延长。

医学专家通过案例研究分析，更长寿的人群具有10个明显的象征性生理特点。

1. 出生时你的母亲很年轻

美国芝加哥大学的博士夫妇利奥尼德和纳塔利娅观察发现，一个人出生时母亲年龄如果不到25岁，他活到100岁的几率，是出生时母亲超过25岁者的两倍。换言之，如果你是一位育龄女性，要想未来的孩子长寿，应将生育大事安排在25岁之前，别当大龄妈妈。相比之下，父亲的年龄对下一代的寿命影响较小。

2. 52岁以后才开始绝经

对于女性，多项研究表明，绝经期自然推迟意味着寿命增加。美国耶鲁大学医学院一位叫作简·米恩金的妇产科教授做了解释：绝经期推迟会大大降低女性罹患心脏病的风险，从而得以延年。

3. 心跳缓慢，每秒钟1次

绝大多数人安静时的心率在每分钟60~ 100次之间，心跳次数越少，身体就越健康，寿命也越长。心脏学博士莱斯利认为，较慢的心率意味着你的心脏还年轻，无需太过卖力地工作就可完成输送血液的生理使命。

4. 更年期后腹部平坦

美国衰老研究所公布的一项最新研究成果显示，腰部过于丰满的更年期女性，面临的死亡风险较常人高出20%。长寿的人都不肥胖，尤其是男性，多数偏于消瘦。

5. 腿部健壮

腿部肌肉力量差预示着步入老年后身体虚弱，腿部健壮能预防髋骨骨折，由于髋骨骨折会引发各类并发症，多达20%的患者会在一年内辞世。美国科学家甚至将走路作为判断人体健康的一个指标：70岁以上老人一次可步行约400米，说明其健康情况至少能让他多活6年，每次走的距离越长，速度越快，走得越轻松，他的寿命也就越长。由此可以悟出一个长寿秘诀来：养好你的双腿，活过百岁的可能性将会大大提高。

6. 手劲较大

美国科学家对近6 000名男女进行了40多年的跟踪研究，发现长寿者通常拥有较大的握力。英国研究人员分析了5万多人的健康资料后得出类似结论，握力最弱者在跟踪调查期间的死亡风险比握力最强者高出67%，握力每增加1kg，死亡的风险减少大约3%。

7. 体内维生素D水平高

美国阿迪特·金德博士表示，每毫升血液中的维生素D含量应至少保持在30μg以上。维生素D不仅可以减少骨质疏松症，还能降低罹患癌症、心脏病以及传染病的风险。

8. 反应敏捷

英国研究人员提出，一个人做出反应的时间是最好的长寿指示器，比通过血压、锻炼或量体重来预测寿命更加准确。就过早夭亡的可能性而言，反应迟钝的男人和女人比反应迅速的人高出2倍多。

9. 酷爱运动

国外一项针对2 600名男女的最新研究结果表明，每天坚持步行30分钟的人，不管其体内脂肪含量有多高，其长寿几率是那些每天步行少于30分钟的人的4倍。

10. 不打鼾

打鼾俗称打呼噜，对健康威胁较大，尤其是恶性呼噜，不仅呼噜声大，而且总是打着打着就不出气儿了，过了十几秒甚至几十秒后才随着一声很大的呼噜声又打起鼾来，打几声呼噜后又出现刚才发生的憋气现象，医学上叫做阻塞性睡眠呼吸暂停综合征。轻者降低睡眠质量，使你白天上班头晕、眼胀、记忆力下降，或者诱发血压上升、性格改变、性欲下降，重者则可危及心、脑等生命器官的安全，甚至猝死，自然难以长寿。国外科学家一项历时18年的研究证实了这一点：不打鼾者的寿命大约相当于睡眠呼吸暂停综合征患者的3倍多。

长寿者除了具备这些生理特点外，还必须具备重要的心理素质。研究人员以新英格兰百岁老人为研究对象的分析表明，长寿者往往具有以下几个象征性心理特征。

1. 性格开朗

瑞典一项最新研究表明，性格开朗的人患痴呆症的概率低50%，且不易受到外界压力影响，得益于大脑中的皮质醇水平偏低。

2. 人缘好，朋友多

多项研究显示，良好的人际关系是应对紧张的缓冲器，长期精神紧张会削弱免疫系统并加速细胞老化，最终让寿命缩短4~ 8年。

3. 自我感觉年轻

紧跟时尚，如发电子邮件，通过谷歌搜索失去联系的朋友，网上约会等。

4. 自制力强

头脑机敏能较好地处理压力。

不妨比比看，你有没有上述征象？如果有也不要沾沾自喜，因为那仅是征象而已，要在你身上落实并非易事；如果没有也不必悲观，因为生活方式与行为才是决定寿命的关键因素。换言之，长寿是日常生活中健康细节一点一滴地积累而成，如果从现在起就开始你的健康积累大计，你最终的寿命将比你想象的要长很多。

第四节　世界长寿之乡

全世界有5个地方被国际自然医学会认定为长寿之乡，其中中国有两个，它们是中国广西巴马、中国新疆和田、巴基斯坦罕萨、外高加索地区、厄瓜多尔的比尔卡班巴。

一、中国广西巴马

中国广西巴马瑶族自治县位于广西盆地和云贵高原的斜坡地带。在这里，90岁和100岁以上的老人分别由第三次人口普查的242和44人，上升到第四次人口普查的291和66人，到第五次人口普查时，已经增加到531和74人，有3位老寿星达到了110岁以上，是五大长寿乡中唯一长寿老人不断增多的地方。

巴马人长寿首先与饮食有关。他们经常吃火麻、玉米、茶油、酸梅、南瓜、竹笋、白薯等天然食品。玉米、白薯等含有丰富的微量元素，火麻制成的油和汤含有大量的不饱和低脂肪酸。国际自然医学会会长森下敬一对巴马进行调查后认为，不饱和低脂肪酸和微量元素的摄入正是巴马人长寿的关键所在。

巴马人长寿与喜欢劳动、生活有规律关系密切，老人每天早睡早起，耳不聋、眼不花，一头黑发。他常说："每天不出去活动一下，吃饭就不香，晚上睡不好觉。"要不是亲眼看到他麻利地摘猪菜，我们真不敢相信他的话。

巴马人长寿还得益于大自然良好环境的赐予。巴马属于亚热带气候，空气清新，每立方米负氧离子的含量高达2 000~ 5 000个，最高可达到两万个，被称为"天然氧吧"。

除了以上几点，乐观也是巴马长寿老人的另一个突出特点。在平安村平寒屯，我们遇到106岁的黄妈能时，她还背着小孙子。黄妈能耳聪目明，一边说话一边发出爽朗的笑声。她告诉我们，她五代同堂，还能记起年轻时唱的山歌。

二、中国新疆和田

中国新疆和田于田县的拉依苏村是另一个在中国境内的世界长寿之乡。拉依苏村有2 400人，仅90岁以上的长寿老人就有16人。

肉孜老人已有110岁，身体健朗，还能干简单的农活。"晚上吃饭睡不着觉"他说。据肉孜的大儿媳妇讲，老人喜欢吃汤汤水水的东西，爱吃玉米做的馕。“我家的大孙子16岁啦，希望我公公能看到他重孙子的婚礼”她说。

104岁的买提库尔班·肉孜和95岁的肉孜汗·肉孜。他们是亲兄妹，哥哥早晨起来喜欢散步，回家时顺便把一些草放到羊圈里喂羊。妹妹肉孜汗在50岁之前没得过什么大病，只是近几年来偶尔患上感冒。她早晨喝茶、吃馕，中午吃拌面、汤饭和馍馍，晚上吃半个馕。

97岁的努热勒阿洪·托乎提和他80岁的老伴。努热勒阿洪看电视能看到晚上11时，早晨7时起床，中午能吃一盘拉条子，不好甜食。他早晚必做的一件事就是喝足白开水。当问起他的长寿秘诀时，努热勒阿洪说，他年轻时身体很好，一个人开垦出了3亩荒地，身体还是挺结实。另外，他和老伴从来没吵过架，子女都很孝顺，跟邻居也很和睦。

三、格鲁吉亚阿巴哈吉亚

据统计，格鲁吉亚500多万人口中百岁寿星达20 000多人，90岁以上的超过20万。而在阿塞拜疆，20世纪80年代初每10万人中百岁老人曾多达630人。在格鲁吉亚举办的90岁以上老人的“选美大赛”上，参赛者中年龄最大的已有106岁，百岁老人选美，这可能只有在外高加索这样的长寿乡才会发生。

当地人的饮食很讲究是他们长寿的主要原因。在格鲁吉亚的长寿乡阿巴哈吉亚，当地居民每天都吃用玉米面做的面包和粥。这里的人每天至少喝两杯牛奶、三杯赫莎蜜、三四杯酸奶，喝时还要放葱、芹菜等。此外，当地人还常吃菠菜、豆角、韭菜、白菜、洋葱、红辣椒以及当地产的无花果，不吃香肠、熏肉或火腿，很少吃蛋糕、土豆、动物油脂和糖果。他们不喝咖啡，主要喝当地产的“格鲁吉亚茶”。

外高加索人的乐观生活态度是他们长寿的主要原因之一。记者在参加当地人的婚礼时，经常发现八九十岁的长者和年轻人一起又唱又跳。如果他们自己不说，人们都猜不出他们的真实年龄。

四、巴基斯坦罕萨

1933 年，英国作家詹姆斯·希尔顿来到巴基斯坦的罕萨山谷，在领略了当地的风土人情后，他写出了闻名世界的《失落的地平线》。在书里，他把罕萨称为“香格里拉”。罕萨山谷距离中国的新疆仅 30 多千米，4.5 万罕萨人世代过着“日出而作，日落而息”的农耕生活。据记者了解，在罕萨，当地人几乎从不患病，六七十岁根本不叫老人，八九十岁仍可在地里劳作，健康地活过一百岁在这里并不算什么稀罕事。

为了解开罕萨人的长寿之谜，英国医生罗伯特·麦卡森进行了实地考查，发现了罕萨人长寿的秘诀。一是饮食，罕萨人喜欢吃粗制面粉、奶制品、水果、青菜、薯类、芝麻等。他们还喜欢适量饮用一种由葡萄、桑葚和杏制成的烈酒“罕萨之水”。二是生活习惯，罕萨人多以务农为生，古朴的生活习惯使他们远离了现代社会的恶性竞争，又为自己的长寿增加了一块砝码。三是得天独厚的自然条件，罕萨山谷附近有许多冰川、河流，这些水体中含有丰富的矿物质，常年饮用有利于人体健康。罕萨人在种庄稼时也用这种水进行灌溉，从来不施农药，种出来的瓜果蔬菜特别有营养。

五、厄瓜多尔比尔卡班巴

在厄瓜多尔南部山区有一个叫比尔卡班巴的村庄。比尔卡班巴大约有 5 000 人，其中有 20 多位百岁以上的老人。由于一百年前这个地区还比较落后，没有完整的人口档案系统，这个数字很难证实。但不管怎样，这个山村是公认的西半球最长寿之地。村里有位 102 岁的卢西拉老太太，还能在小镇的狂欢节上跳舞。在被问到为什么长寿时，她说：“我们走路走得多，到老了也要干活。”1970 年，村里一个叫米格尔·卡尔比奥的人得了眼病，有生以来第一次去看病。这次眼病使比尔卡班巴闻名于世，因为米格尔当时据称已活过了 120 岁。

第五节 中国长寿之乡案例分析

中国老年学学会 2011 年 11 月 7 日公布，截至 2011 年 7 月 1 日，全国（不包括港、澳、台地区）健在百岁老人已达到 48 921 人。在谈到中国十大寿星长寿共性规律时，专家指出：一是心态平和、凡事顺其自然；二是粗茶淡饭、生活俭朴；三是勤劳好动，终生劳作；四是子女孝顺，家庭和睦；五是居住地环境、水质和气候特殊；六是有遗传因素，家族长寿。中国人口监测中心公布长寿之乡的标准是每 10 万人中百岁老人至少达到 3 人。

1990 年，全国第四次普查统计数据显示，钟祥市拥有 46 位百岁老人，居全国"长寿之乡"第三位。2000 年全国第五次人口普查资料显示，该市又跃居全国六大长寿之乡的第二位。该市人均寿命为 75.88 岁，高于全国平均水平 4.48 岁，比世界平均水平高 9.88 岁，比发展中国家平均水平高 11.88 岁，已接近发达国家和地区的平均水平。截至 2003 年 8 月，全市 105 万人口中，80 岁以上的老人已达 10 627 名，90 岁以上人口 766 人，100 岁以上老人 48 人，其中男性 4 人，女性 44 人。通过调查分析，该市居民何以长寿的主要启示有以下五点。

一、遗传特性

中外生物学、医学研究成果表明，人类寿命长短，遗传因素也是一个十分重要的方面。通过对全市百岁老人普查，发现 80% 的百岁老人都有家庭长寿史。寿星张德亮，107 岁，老伴高传英 103 岁。张德亮的祖父是百岁寿星，父母活到 80 多岁，二弟、三弟都已 90 多岁。张的三个子女，也都年过 70 岁，个个身强体壮。在漫长的历史进程中，钟祥已形成众多长寿家庭群。这些生命体的优化组合，是人类自身发展规律的体现。

二、生活习惯特点

48 位百岁老人均出身渔户和农家，清贫的家境使他们养成了随遇而安、与世无争的性格。而且这些寿星老人的饮食爱好有很多共同特点：一是正餐饭量大，他们绝大多数坚持一日三餐，主食以米饭为主，有 6 人喜爱面食、4 人以稀饭为主，对于菜类不挑食，荤素皆可，只有 3 人一生素食、一人不食猪肉和禽蛋。但无论口味习惯如何，他们主食进餐量都很大，一餐大都在 3 两至半斤之间，即使是 3 位长年卧床的百岁老人也是如此。二是半数有饮酒史。48 位长寿老人中，24 位有多年的饮酒史，占 50%。4 位男寿星从青壮年开始至今一直饮酒。但据亲属反映，这些饮酒的老人都有很好的自制力，从不过量饮酒，也没有发现不良反应。三是都爱食用豆制品特别是“钟祥豆腐”。

三、劳动增强体质

“生命在于运动”。48 位百岁以上老人大都生活在农村，年轻时都从事农田耕作和体力劳动，即使年老体迈，仍坚持做一些力所能及的家务或轻微的农活。如洋梓镇蒋滩村六组 102 岁的陈秀英老人整天不停干活，早上天一亮就起床，先将屋里屋外打扫干净，然后为退休后开河沙场的儿媳做早餐，闲下来就侍弄菜园子、喂鸡，或者把捡到的柴禾整齐堆好，晚上协助儿媳做饭，中午从不午休，隔三岔五就要走 1~ 2km 路程到集市上买些日用品或探望 76 岁的女儿，而且从不拄拐杖。南湖农场公议集大队 103 岁的王道英老人，至今眼不花、耳不聋，喂猪、烧饭、洗衣服、轻微农活样样都干。她说：“我们农村有句俗话，人越做越英雄，越玩越狗熊。我劳动了一辈子，习惯了，歇下来就浑身不舒服，心里就像缺少什么。”这些百岁老人用一生的勤劳印证了健康格言：“生命在于运动”，“流水不腐，户枢不蠹”，“经常运动，百病不碰”。

四、自然环境优美

该市水资源丰富，而且水质好，主要水系汉江钟祥段及三座大型水库和六座中型水库的水质都在国家规定的二级标准以上，有的接近一级标准；1/3 的乡镇有富含锶、铝、钾等多种微量元素的矿泉水；市内 90 岁以上和百岁以上老人分布比较集中的洋梓、长寿、郢中、胡集、柴湖、丰乐等乡镇大部分在汉江及其水质较好的支流岸边，其中洋梓镇的主要饮水源——温峡水库，接近 1 类标准，所以这里长寿老人最多，据人口普查统计，该镇人口总数占全市的 5.8%，80~ 89 岁人口占全市同龄段的 7.75%，90~ 99 岁人口占同龄段人口的 9.19%，100 岁以上的老人达 7 人。

土壤种类齐全，包括水稻土、潮土、黄棕壤、石灰岩土、紫色土五个土类，12 个亚类，186 个土种；土质好，耕地中一、二级地占 95%，荒地中 95% 以上能种草种树；土壤质地好、酸碱度适中，为多种植物的生长提供了条件，也为人们提供了多种营养条件。钟祥市在老百姓中流传着这样一段精辟的谚语，即“自然平衡宇宙行，生态平衡万物兴，心理平衡心舒畅，身体平衡无疾病”。这正是人类长寿的至理名言。

阳光充足，太阳辐射年均平均值为 112.364kcal/cm^3，全年日照时数在 1 931~ 2 114h 之内，日照率为 45%~ 48%，是邻近各县的高值中心；降水丰沛，雨热同季，年降水量 878~ 1 097mm 之间，不仅有利于人类生存，而且有利于整个生态系统共生，如森林覆盖率 35.7%，有记载的生物资源总数达 1 650 种，其中动物 155 种，植物类 1 384 种，天敌资源 111 种，许多植物可加工成保健食品。

五、人文关怀

钟祥市古称长寿县，自古就是长寿之乡。西汉时称郢县，东汉时称石城县，南北朝南朝时称苌寿县，明朝嘉靖十年改为钟祥县。顾名思义，长寿者多才称长寿县。据《宋书州郡志》记载，南宋明帝泰始年间人口统计表明，长寿县的长寿老人占县内总人口的 1/4。这种敬老与长寿的遗风，一直流传至今并发扬光大。温峡水库的村民卢克定因赡养三位孤寡老人被授予“国家敬老金榜奖”。农村评比“十星农户”

中，有一颗星就是“尊老爱幼星”，凡不孝敬老人的电视台予以曝光。为了适应人口老龄化的趋势，多年来，钟祥市委、市政府出台了一系列政策和措施解决老有所养的问题，逐步完善了国家、社会、家庭三结合的老年社会保障体系。特别是对百岁老人实施“五个一”的“惠老工程”值得称道，凡百岁老人由政府每月发100元的营养费；每年检查一次身体；百岁时做一次百岁寿宴；免费送一台彩电；市镇领导每年登门慰问一次。同时，钟祥市崇尚长幼有序、祖孙同堂的风尚和习俗，形成了尊老爱幼、家庭和睦的良好家风。据调查，48位百岁以上老人中，只有2人独居(靠侄儿侄女供养)，2人住福利院，其余44人分别与子女、养子女、孙子女共同生活，多数四世同堂，其中5户五世同堂。

第六节 百岁老人、脑科专家的长寿秘诀

百岁老人、脑科专家、诺贝尔奖得主丽塔·李维·蒙塔西妮的长寿秘诀就是——保持清醒思考的状态。对死亡的态度，她用“漠视”来形容：“死亡只影响我的身体，什么时候死一点也不重要，重要的是保持头脑的清醒。用理性的左半部分思考，而不是受控于直觉和天性，那只会导致灾难和悲剧。”

一、用理性的左半脑思考

丽塔·李维·蒙塔西妮是一名享誉世界的脑科专家。5年前，是她在罗马建立了欧洲脑部研究协会（EBRI)，她在罗马市政厅召开的“脑部的健康与疾病”研讨会上，面对来自世界各地的与会者，她发表了精彩的演讲：“脑部由两个半球组成，其中一个比较古老，负责管理我们的情感和天性；另一个年纪较轻，控制着我们推理或辩论的理智。如今，前者日渐盛行。它是所有人间惨剧的罪魁（比如说大屠杀），亦

将引导我们走向终结。”

“很多将自己伪装成‘智能’和有理有据的东西事实上都是天性，而且还是低层次的那种。”恐怖主义、原教旨主义以及大规模杀伤性武器，还有“诸如墨索里尼和斯大林那种极权主义政权都不是理性的，而只是受控于原始的人性。危机就在于，在这些悲剧中，只是一些人大脑中的一部分起着统帅作用，控制着我们的行为——而这样的人却成了领袖。”

她也把当今种族主义的复苏看作是一种危机吗?“是的，绝对是这样。因为就像我所说的，在许多关键时刻，我们倾向于遵从头脑中本能的那部分，而不是理性的思考。”在法西斯时期，她是否感到过恐惧?“从未。我鄙视并憎恨墨索里尼，但那并不是恐惧。”在自己的故乡都灵念大学时，正是20世纪30年代法西斯主义的高潮期，身为犹太人的丽塔·李维·蒙塔西妮却从未意识到自己面临着迫害。

二、我是自由思想者

丽塔·李维·蒙塔西妮的双亲都受过良好的教育，并灌输给孩子们对追求知识的热切愿望。然而，这是一种典型的维多利亚式生活，所有决定都由身为一家之主的父亲作出，他始终认为职业生涯会影响女性身为妻子和母亲的义务，于是他决定包括丽塔·李维·蒙塔西妮在内的三个女儿都不可以上大学，更不可以为职业操劳。

正是因为感受到母亲一直以来遭受的“统治”，丽塔·李维·蒙塔西妮终身未婚。“从小我就决定不要结婚，并且我做到了。我不想像母亲那样受控于人，尽管我很爱她。我告诉父亲我绝不会成为一个妻子和母亲。当时我并没意识到想要成为一名科学家，甚至不知道什么是科学，但我已决定要把一生用于帮助他人。”

丽塔·李维·蒙塔西妮说：“我20岁那年决定学医，父亲尽管反对，但却不能阻止。”在她看来，家庭带给她最宝贵的东西，是“多种价值观的并存”。“我们不受宗教观念约束，也不会被强加某些准则，然而行为标准却出奇地严格。家里的每个人都有着很强的责任感，我们必须打扮端庄得体。”

1936年，丽塔·李维·蒙塔西妮在内科和外科都以最优秀的成绩毕业，之后参加了为期3年的神经病学和精神病学特训班。“那时我还在犹豫究竟是要投身内科专业还是从事神经病学研究。”当时正值墨索里尼当政时期，1938年颁布的法律更是极大地阻碍着非雅利安人的学术、职业发展，不久后意大利又加入第二次世界大战。丽塔·李维·蒙塔西妮全家并没有离开意大利，而是选择坚守在这里。“我决定在家进行研究，于是把我的卧室改造成了研究所。”她在自传中写道，“我的灵感来自维克托·汉姆伯格（VikorHamburger，美国胚胎学家）于1934年发表的一篇关于《鸡胚在截肢的作用》的文章。”

当战火燃向都灵时，丽塔·李维·蒙塔西妮搬到了一个农舍中。在那里她重新建立了自己的“迷你实验室”并继续着实验。1943年墨索里尼被罢免，德军占领意大利，全家人又逃往佛罗伦萨，开始支持游击队员的地下生活，直到1944年盟军攻入意大利。丽塔·李维·蒙塔西妮自愿担当盟军军医，救助难民，并处理斑疹伤寒症及其他多种疾病。

战后她返回都灵大学，后受维克托·汉姆伯格邀请迁往美国圣路易斯，“重复早些年在鸡胚中做过的实验。”1977年丽塔·李维·蒙塔西妮返回意大利，晋升正教授，并在罗马建立了一家研究所，同时领导细胞生物学协会（隶属意大利国家研究委员会）。在1986年，因为发现神经生长因子，丽塔·李维·蒙塔西妮被授予诺贝尔奖。

三、现在的我远比年轻时心智强大

丽塔·李维·蒙塔西妮坚持认为在遗传学角度来看，男女两性的脑部是相同的。“但是男人总是把自己的意愿强加给女性，大多借助他们的体力优势。”她经常前往位于罗马郊外的欧洲脑部研究协会，鼓励那里的女性科学家。“她们充满智慧和天赋，但我不会区别对待。”脑部的运作方式依然悬念重重吗？“不，事实上问题已经比较明朗了。我们已经取得了令人惊讶的科学技术成果，可以解释脑部是如何运作的了。现在解剖学家、生理学者、行为学专家、物理学家、数学家、计算机专家、生物化学家和分子科学家正通力合作，学科之间的藩篱正被打破，100 岁的我也依然做着半个多世纪前就开始的事。”

谈到自己的身体状况，丽塔·李维·蒙塔西妮表示“我的视力和听力不是很好，但是脑部很健康。我相信现在的我要远比从前年轻时心智强大，毕竟我有着如此丰富的阅历。”对刚刚过完自己的生日这件事情，“我正在努力忘记这件事呢。‘100 年前出生’并不具备任何庆祝价值。长寿的秘诀在于保持思考的状态，但不要只是考虑自己，这是我的一生所得。”

对死亡的态度，丽塔·李维·蒙塔西妮用“漠视”来形容。“死亡只影响我的身体，而我所取得的成就将会永存。我毫不畏惧死亡，因为它真的只能影响我生活中微小的一部分。什么时候死一点也不重要，重要的是保持头脑的清醒，用理性的左半部分思考，而不是受控于直觉和天性，那只会导致灾难和悲剧。”

如果你想活到 100 岁，那么不妨考虑遵照丽塔·李维·蒙塔西妮的作息表：早晨 5 点起床，一天只吃一次（只吃午餐），保持脑部的活力，并且晚上 11 点准时睡觉。“我可能允许自己在晚上喝一碗汤，或是吃个橘子，但也就是这样了。”她说，“我对食物和睡眠确实不热衷。”

关键在于工作，每天早晨，丽塔·李维·蒙塔西妮前往实验室，监督一支“娘子军”科研队伍继续进行着研究，下午要赶到位于城市另一端的基金会，帮助筹资援助非洲妇女。

是我们的灵魂吗？“不，是我们创造的事物，那些所作所为，那些思想会被铭记而不灭。”并不是每个人都应该活到 100 岁，哪怕生物学的发展将会创造出可能。“不该那样，我们没有足够的空间。如果我们都活到100岁以上，我们的星球又怎么容纳新生儿呢？”“这一生我没有遭遇太多磨难，我是一个无怨无悔的女人，坦坦荡荡无可诽谤。”她会对生活感到疲倦吗？“永远不会。”

第七节　中国人的长寿食物

中国人在几千年前就开始注重养生了，吃什么可以更长寿，这个问题每个人都很关注。可能每个人都有自己的“半亩田”，因此，对养生的参悟也有所不同。人口专家指出，人的平均寿命是跟社会经济发展水平相对应的，平均寿命也是在近半个多世纪以来才得到大幅度提高的。除此之外，还跟人的饮食结构有很大的关系。怎么吃才能长寿呢？专家经过对长寿案例的分析，初步揭示了长寿食物的“秘诀”。

1. 豆腐是老人喜欢的美食

随息居饮食谱谓：“处处能造，贫富攸易，询素食中广大教主也，亦可入荤馔，冬月冻透者味尤美。”豆腐主要成分是蛋白质和异黄酮。豆腐具有益气、补虚、降低血铅浓度、保护肝脏、促使机体代谢的功效，常吃豆腐有利于健康美和智力发育。老人常吃豆腐对于血管硬化、骨质疏松等症有良好的食疗作用。老人们普遍爱吃豆腐。他们说：“鱼生火，肉生痰，白菜豆腐保平安。”

2. 长寿老人很喜欢喝粥

历代医家和养生家对老人喝粥都十分推崇。《随息居饮食》说：“粥为世间第一滋补食物。”粥易消化、吸收，能和胃、补脾、清肺、润下。清代养生家曹慈生说：“老年，有竟日食粥，不计顿，亦能体强健，享大寿。”他编制了粥谱一百余种，供老年人选用，深受欢迎。从长寿老人的饮食习惯看无一不喜欢喝粥。著名经济学家马寅初和夫人张桂君，夫妻双双都是百岁老人，俩人尤其喜欢喝粥。每天早晨，把50克燕麦片加入250克开水，冲泡2分钟即成粥。天天如此，从不间断。上海第一百岁老人苏局仙先生，一日三餐喝大米粥，早晚喝稀粥，中午喝稍稠的粥，每顿定量为一浅碗，已形成习惯。他们说："喝粥浑身舒坦，对身体有益。"

3. 大白菜人人爱

大白菜含有矿物质、维生素、蛋白质、粗纤维。从药用功效说，大白菜有养胃、利肠、解酒、利便、降脂、清热、防癌等七大功效。大白菜，平常菜，老年人，最喜爱。白菜味道鲜美，国画大师齐白石先生有一幅大白菜图，独论白菜为"菜中之王"，并赞"百菜不如白菜"。老人常说："白菜吃半年，大夫享清闲"。可见，常吃白菜有利于祛病延年。

4. 小米是老人的最佳补品

祖国医学认为，小米益五脏，厚肠胃，充津液，壮筋骨，长肌肉。清代有位名医说："小米最养人。熬米粥时的米油胜过人参汤。"可见，长寿老人喜欢小米很有道理。老人最喜欢小米，把小米当成最好的滋补佳品，小米是谷子去皮后的颗粒状粮食，历来就有"五谷杂粮，谷子为首"的美称，体弱有病的老人常用小米滋补身体。

让人很惊讶的是，这些"饮食佳品"都是很常见的，只不过很少有人相信进食这些常见的食品就能长寿，相信的人也很难坚持。不过，只有相信才能得到，正在为自己找寻长寿秘方的你，不妨试一试。

5. 每天吃一个苹果

每日吃一个苹果可以大幅降低患老年痴呆症的风险。苹果含有的栎精不仅具有消炎作用，还能阻止癌细胞发展。苹果同时富含维生素和矿物质，能够提高人体免疫力，改善心血管功能。每天吃一个苹果是当代中国人都能做到的事情。

6. 坚持吃胡萝卜

胡萝卜富含β—胡萝卜素，不仅能够保护基因结构，预防癌症，还能改善皮肤，增强视力。坚持吃胡萝卜很重要，最好天天吃一点。

7. 坚持吃大蒜

大蒜不仅能够防治感冒，还能降低胃癌、肠癌风险，增强消化功能。另外大蒜还能很好地净化血管，防止血管堵塞，有效预防血管疾病。有些人对大蒜有较强的肠胃反应，生大蒜不能吃，也可以吃煮熟的大蒜。

8. 坚持吃香蕉

香蕉是碳水化合物含量最高的水果，还含有各种各样的微量元素，能阻止糖迅速进入血液，其中镁含量丰富，吃上 1 根香蕉就能满足人体 24 小时所需镁元素的 1/6。

9. 多吃草莓

只要多吃草莓就能充分补充维生素 C，草莓同时富含铁，可以提高机体免疫能力。草莓中的染色物质和香精油，能形成特别酶，预防癌症。

10. 适量吃鱼

关心心脏健康的人应当多吃鱼，每周做三顿鱼菜或每天吃 30g 鱼肉，能够使中风风险降低 50%。医学研究证明，经常吃鱼的日本人和爱斯基摩人与很少吃鱼的民族相比，患心血管疾病的比例要小得多。

第八节　长 寿 药

长寿几乎是世界各民族的追求。中国历史上，秦始皇、汉武帝等强大的帝王，也不能免俗地求仙、服丹，以求长生。研究人员发现一种药物疗法，有望通过限制并修复细胞 DNA 损伤的方法治疗一种影响儿童的早衰疾病。澳大利亚新南威尔士大学医学院院长彼得·史密斯也宣称，随着干细胞治疗等新技术以及用于帮助人体自身修复的新药物的研发，人类寿命预期将很有可能达到 150 岁。

对于“长寿药”的研究世界各国都在进行：2006 年的俄罗斯《共青团真理报》就报道俄罗斯莫斯科州立大学研究人员已经发明了一种强大的抗氧化剂，如果这种抗氧化剂工作正常，人类将来甚至可以活到 800 岁；2009 年，美国科学家在《自然》杂志上宣称，一种名为雷帕霉素的药物可能延长人类寿命；2010 年，英国科学家称，从千年冰川中提取的细菌有可能使人类活到 140 岁，但面临的最大问题是如何将这种细菌制成药物并进行临床试验；同年，美国纽约艾伯特爱因斯坦医学院老龄化研究协会的一个科研小组表示，他们已经找到三种可以阻止老年疾病，延长寿命的基因，据此原理研制的药物，让人们活到100岁没问题。

第九节　延年益寿的方法

在这里介绍几种延年益寿的方法，如果您能够坚持这样做的话，我们相信一定会有意想不到的效果。

一、“三慢”给身体调整的时间

什么样的人能长寿？我们听说过世界各地长寿老人的秘诀，媒体也不断报道出医学专家对长寿的最新研究。《生命时报》请国内权威专家从众多长寿方法中筛选出以下几种，只要坚持做到这“三慢四快”，长寿对你来说也许不是一件遥不可及的事。

1. 吃饭速度慢一点

我们的整个消化系统都需要时间来处理食物。在以长寿著称的地中海地区，慢慢吃饭就已成为当地人的长寿秘诀之一；而遍及45个国家和地区的“国际慢餐协会”的成立，更是让慢餐变成了一种健康时尚。卫生部老年医学研究所原所长高芳堃指出，细嚼慢咽可以增加唾液的分泌量，且有助于其与食物的充分混合，增进消化吸收。这一点，对于牙齿不好的老年人来说，尤其重要。此外，也有专家认为，慢慢吃饭能缓解紧张、焦虑的情绪；多花些时间咀嚼食物，还可以锻炼面部肌肉，减少皱纹。所以，想长寿，就要慢点吃饭。一般建议，一口饭最好嚼20次以上，每顿饭吃15min以上。

2. 脾气上来慢一点

研究表明，生闷气不利于心脏，同时也会影响免疫系统正常工作。所以，正确的化解方法很重要。有“火”能发出来是好的，但“点火就着”却不是什么好事。学会控制不良情绪是保障身心健康的重要因素。需要强调的是，控制不良情绪，不代表要压抑愤怒。如果你能经常用深呼吸、运动等方式调节自己的心理状态，心态慢慢就会变得平和。当你觉得没什么事值得发脾气时，就说明你正在踏上健康长寿之路。

3. 心脏跳得慢一点

为什么乌龟能活百岁，有些动物却只有十几年，甚至更短的寿命？德国科学家发现，寿命的长短似乎与心跳的快慢成反比，也就是说，心跳越快，寿命越短。乌龟心跳每分钟 20~ 30 次，因而长寿；老鼠的心跳达到每分钟 500~ 600 次，所以寿命很短。这一理论能否套用到人身上？美国克利夫兰诊所女性心脏血管中心主任莱斯利·曹博士认为，绝大多数人的静止心率在每分钟 60~ 100 次，较慢的心率意味着，你的心脏不用太过卖力工作，就可以完成输送血液的任务。因此，心跳次数越少，身体就越健康。有研究显示，对于这些患者，心跳快要比心跳慢的死亡率高。意大利心肌梗死治疗中心的研究人员认为，如果健康人能够每天用 1h 步行 4km，即可刺激迷走神经，减慢心跳速度。

二、做到“四快”最健康

1. 走路快

当快走成为一种运动方式，它会让身体变得更健康。但法国居里大学的研究发现，平时干什么事都喜欢快走，也对身体有益。走路慢会增加人的血管壁厚度，让人更容易患心脏病或中风，而步速快则会提高体内高密度脂蛋白，也就是好蛋白的水平，保护心脏，让人更长寿。

2. 反应快

反应快的人更长寿。做点智力游戏，如数独、猜谜，甚至电脑游戏等，都有利于保证大脑灵活；而练练单脚站立、侧走等动作，也会让你的平衡性变得更好。

3. 大便快

要想长寿，各个系统都得“运转”正常。而检验排泄系统健康与否的重要标准之一，就是大便通不通。大便顺畅，说明肠蠕动好，没有肛肠疾病；反之，总也解不出大便，宿便堆积，会不断产生毒素，造成肠胃功能紊乱、内分泌失调、精神紧张等问题。北京二龙路医院副院长谭静范认为，避免便秘最重要的是养成良好的生活习惯，如多吃蔬菜杂粮、多喝水、定时排便，多进行提肛、按摩腹部等保健动作。此外，美国肠道学专家还建议用大笑缓解便秘，因为它能让肚皮颤动，对肠子起到按摩作用，并缓解压力与紧张。

4. 入睡快

入睡快的人往往拥有充足而高质量的睡眠，因为他们能够较快地进入深睡眠状态，这是养生保健的一个重要前提。而入睡慢的人则会老觉得累，还会影响记忆力、抗病能力，或是出现心理问题。为了能够尽快入睡，要保证睡前不要太饿、太饱或太累。做些小动作，尽量放松肌肉，如重复握拳动作、抬抬肩膀、咬咬牙。另外，也有专家指出，睡觉时采用右侧卧位，左手自然放于左股之上，双脚交叉的状态，最利于快速入眠。

三、养肾长寿10秘诀

1. 饮水养肾

水是生命之源。水液不足，则可能引起浊毒的留滞，加重肾的负担。因此，定时饮水是很重要的养肾方法。

2. 大便畅通

大便不畅，宿便停积，浊气上攻，不仅使人心烦气躁，胸闷气促，而且会伤及肾脏，导致腰酸疲惫，恶心呕吐。保持大便通畅，也是养肾的方法。大便难解时，可用双手手背贴住双肾区，用力按揉，可激发肾气，加速排便；行走时，用双手背按揉肾区，可缓解腰酸症状。

3. 护好双脚

足部保暖是养肾的一种方法。肾经起于足底，而足部很容易受到寒气的侵袭。因此，足部要特别注意保暖，睡觉时不要将双脚正对空调或电扇；不要赤脚在潮湿的地方长期行走。另外，足底有许多穴位，如涌泉穴。“肾出于涌泉，涌泉者足心也。”每晚睡觉前可以按揉脚底涌泉穴，按摩涌泉穴可起到养肾固精之功效。

4. 运动养肾

生命在于运动。通过运动养肾纠虚，是值得提倡的积极措施。这里向您介绍有助于养肾纠虚又简单易学的运动方法：两手掌对搓至手心热后，分别放至腰部，手掌向皮肤，上下按摩腰部，至有热感为止。可早晚各一遍，每遍约200次。此运动可补肾纳气。

5. 吞津养肾

口腔中的唾液分为两部分：清稀的为涎，由脾所主；稠厚的为唾，由肾所主。你可以做一个实验，口里一有唾液就把它吐出来，不到一天时间，就会感到腰部酸软，身体疲劳。这反过来证明，吞咽津液可以滋养肾精，起到保肾作用。

6. 睡眠养肾

充足的睡眠对于气血的生化、肾精的保养起着重要作用。临床发现，许多肾功能衰竭的患者有过分熬夜、过度疲劳、睡眠不足的经历。因此，不要过度熬夜，养成良好的作息习惯，早睡早起，有利于肾精的养护。

7. 饮食保肾

能够补肾的食物有很多。除了黑色的黑芝麻、黑木耳、黑米、黑豆等黑色食物可养肾外，韭菜、核桃、羊腰、虾等也可以起到补肾养肾的作用。

8 及时排尿

膀胱中贮存的尿液达到一定程度，就会刺激神经，产生排尿反射。这时一定要及时如厕，将小便排干净。否则，积存的小便会成为水浊之气，侵害肾脏。因此，有尿时就要及时排出，也是养肾的最好的方法之一。

9. 警惕药物

不论中药还是西药，都有一些副作用，有的药物常服会伤肾。所以在用药时要提高警惕，要认真阅读说明书，需长期服用某种药物时，要咨询相关专家。

10. 避免劳累

体力劳动过重会伤气、脑力劳动过重会伤血、房劳过度会伤精。因此一定要量力而行，劳作有度，房事有节。这样才有助于养肾护肾精。

四、日常做法

①清晨醒来时多吃食物；②来不及吃早餐别空手上班；③和孩子一样喝奶；④睡不好会发胖：每天睡 5~ 6h 的人，平均比每天睡 7~ 8h 的人重 2.72~ 3.63kg；⑤蜂蜜是人体细胞忠实的捍卫者，据美国一项研究发现，深暗色的蜂蜜例如森林蜂蜜对人体细胞特别有效，因为它含有丰富的抗氧化作用的保护细胞的物质。并对血液大有好处，能预防心脏循环系统的疾病；⑥不停地运动，把日常锻炼分为两部分，例如，清晨 20min 的力量练习，晚饭后半小时的散步，新陈代谢的速度将会增大一倍；⑦饮食宜粗不宜细，一项最新的科学研究表明，在瘦身过程中关键不是摄入纤维素的量，而是何种纤维素可在消化过程中起到最好的催化脂肪消耗作用；⑧5min 完全放松，当一个人处于完全放松的状态下，身体不会产生抗压激素，从而会感觉舒适宜人。人在这种放松状态下，紧张的情绪得到了释放，受压的肌肤也获得了休憩感。因此，不妨时常提醒自己放松 5min 吧；⑨餐前餐后多补充水分，饭前饭后都应补充大量的水分。身体缺水时，新陈代谢的水平，会比原先降低减少 2%，这时候避免喝茶、苏打水、咖啡等含有咖啡因的饮料。在咖啡因的作用下，身体只会吸收一半的水分；⑩精神食粮，谁想脑子灵，思维敏捷和工作效率高，谁就应多吃碳水化合物丰富的食品和补充维生素 B，核桃、粗面粉面包和香蕉是你首选的壮脑品，因为它们供给你脑力劳动所必需的精神营养。

五、延年益寿的生活习惯

(1) 每天吃一份未加工蔬菜，可延寿 2 年。该发现出自意大利研究人员的试验。一定是未加工的，因为蒸煮会消耗掉蔬菜中 30% 的抗氧化剂。但如何达到规定摄入量呢？研究人员建议，把剁碎的辣椒、青椒、胡萝卜等蔬菜塞满面包，将其当成早餐或午餐。

（2）将身体质量指数（BMI）保持在25~35，可延寿3年。美国阿拉巴马大学研究人员发现，多余的脂肪会增加糖尿病、心脏病等几率。而BMI（体重（千克）/身高（米）的平方）保持在25~35则会延迟这些疾病发生。但这需要坚持锻炼。杜克大学研究表明，如果有伴侣陪着锻炼，惯于久坐的男性每周锻炼三次的可能性将增加50%。

（3）每周吃5次坚果，可延寿3年。美国洛玛连达大学调查发现，一周中有5天坚持嚼坚果的人，比一般人多活2.9年。而每天吃2盎司（约合57g）坚果就足够了。

（4）多交朋友，可延寿7年。澳大利亚研究人员发现，朋友圈广的人平均延寿7年。所以，尽量在工作中多认识新面孔或主动向素未谋面的邻居问好。

（5）告诉自己，"退休后的生活依旧五彩缤纷"，可延寿7.5年。该研究出自耶鲁大学。专家们指出，老年人应多给自己的晚年生活找点儿乐子，培养些兴趣，或多做公益事业。《身心医学》杂志研究报告显示，无私的行为将对人的生活产生积极的影响，并能将注意力从一些让人不开心的事情上移开。

第十三章　茶为天然饮品之王

茶是一种起源于中国由茶树植物叶或芽制作的饮品，也泛指可用于泡茶的常绿灌木茶树的叶子，以及用这些叶子泡制的饮料，后来引申为所有用植物花、叶、种子、根泡制的草本茶，如“铁观音”等。茶叶作为一种著名的保健饮品，它是古代中国南方人民对中国饮食文化的贡献，也是中国人民对世界饮食文化的贡献。几千年的历史证明，特别是现代人类生活证明，茶为天然饮品之王。

第一节　茶的起源及文化含义

“茶”字出于《尔雅·释木》：“槚，苦茶（即原来的“茶”字）也。”。茶的古称还有茶、诧、茗等。由于中国各地方言对“茶”的发音不尽相同，中国向世界各国传播茶文化时的叫法也不同，大抵有两种。比较早从中国传入茶的国家语言依照汉语比较普遍的发音叫“cha”，或类似的发音，如阿拉伯、土耳其、印度、俄罗斯及其附近的斯拉夫各国，以及比较早和阿拉伯接触的希腊和葡萄牙。俄语和印度语更叫“茶叶”（чай、chai）。而后来由于荷兰人和西班牙人先后占据台湾，从闽南语中知道茶叫“te”，或类似的发音，所以后来了解茶的西欧国家将茶称为“te”（后演变为 tea），尤其是相距很近、互相之间完全可以用自己语言交谈没有问题的西班牙人和葡萄牙人，对茶的名称却完全不同。

《九经》无茶字，或疑古时无茶，不知《九经》亦无灯字，古用烛以为灯。于是无茶字，非真无茶，乃用茶以为茶也。不独《九经》无茶字，《班马字类》中根本无茶字。至唐始妄减荼字一画，以为茶字，而荼之读音亦变。荼，读若徒，诗所谓“谁谓荼苦”是也。东汉以下，音宅加切，读若磋；六朝梁以下，始变读音。唐陆羽著《茶经》，虽用茶字，然唐岱岳观王圆题名碑，犹两见荼字，足见唐人尚未全用茶字。（清席世昌《席氏读说文记》卷一）只可谓荼之音读，至梁始变，茶之体制，至唐始改而已。（摘自黄现璠著《古书解读初探》，广西师范大学出版社，2004年7月第1版）“茶”字从“荼”中简化出来的萌芽，始发于汉代，古汉印中，有些“荼”字已减去一笔，成为“茶”字之形了。不仅字形，“茶”的读音在西汉已经确立。如现在湖南省的茶陵，西汉时曾是刘欣的领地，俗称“荼”王城，是当时长沙国13个属县之一，称为“荼”陵县。在《汉书·地理志》中，“荼”陵的“荼”，颜师古注为：音弋奢反，又音丈加反。这个反切注音，就是现在“茶”字的读音。从这个现象看，“茶”字读音的确立，要早于“茶”字字形的确立，从而到通天下。

中国地大物博，民族众多，因而在语言和文字上也是异态纷呈，对同一物有多种称呼，对同一称呼又有多种写法。代表茶字的还有茗字。在古代史料中，有关茶的名称很多，到了中唐时，茶的音、形、义已趋于统一，后来，又因陆羽《茶经》的广为流传，“茶”的字形进一步得到确立，直至今天。

在中国古代文献中，很早便有关于食茶的记载，而且随产地不同而有不同的名称。中国的茶早在西汉时便传到国外，汉武帝时曾派使者出使印度支那半岛，所带的物品中除黄金、锦帛外，还有茶叶。南北朝时齐武帝永明年间，中国茶叶随出口的丝绸、瓷器传到了土耳其。茶的广泛普及但是也可以考证，茶在社会中各阶层被广泛普及品饮，大致还是在唐代陆羽的《茶经》传世以后。所以宋代有诗云“自从陆羽生人间，人间相学事春茶”。也就是说，茶发现以后，有1 000年以上的时间并不为大众所熟知。

第二节 茶的起源

一、茶树起源

文字记载表明，我们祖先在 3 000 多年前已经开始栽培和利用茶叶树。随着考证技术的发展和新发现，中国茶树的起源问题，才逐渐达成共识，即中国是中国茶树的原产地，并确认中国西南地区，包括云南、贵州、四川等山区是茶叶树原产地的中心。由于地质变迁及人为栽培，茶树开始由此普及全国，并逐渐传播至世界各地。

二、起源及原产地

茶树起源于何时？必是远远早于有文字记载的 3 000 多年前。只是在 1824 年之后，印度发现有野生茶树，国外学者中有人对中国是茶树原产地提出异议，在国际学术界引发了争论。这些持异议者，均以印度野生茶树为依据，同时认为中国没有野生茶树。其实中国在公元 200 年左右，《尔雅》中就提到有野生大茶树，且现今的资料表明，全国有 10 个省区 198 处发现野生大茶树，其中云南的一株，树龄已达 1 700 年左右，仅是云南省内树干直径在一米以上的就有 10 多株。有的地区，甚至野生茶树群落大至数千亩。所以自古至今，我国已发现的野生大茶树，时间之早，树体之大，数量之多，分布之广，性状之异，堪称世界之最。近几十年来，茶学和植物学研究相结合，从树种及地质变迁气候变化等不同角度出发，对茶树原产地作了更加细致深入的分析和论证，进一步证明我国西南地区是茶树原产地。

三、发源地

对这一点的探求往往集中在茶树的发源地的研究上来。关于茶树的发源地，有这么几种说法。

（1）西南说：我国西南部是茶树的原产地和茶叶发源地。

（2）四川说：清. 顾炎武《日知录》："自秦人取蜀以后，始有茗饮之事。"言下之意，秦人入蜀前，今四川一带已知饮茶。其实四川就在西南，四川说成立，那么西南说就成立了。

（3）云南说：认为云南的西双版纳一代是茶树的发源地，这一带是植物的王国，有原生的茶树种类存在完全是可能的，但是茶树是可以原生的，而茶则是活化劳动的成果。

（4）川东鄂西说：陆羽《茶经》："其巴山峡川，有两人合抱者。"巴山峡川即今川东鄂西。该地有如此出众的茶树，是否就有人将其利用成为了茶叶，没有见到证据。

（5）江浙说：考古学家认为茶的历史始于以河姆渡文化为代表的古越族文化。在浙江余姚田螺山遗址就出土了6 000年前的古茶树。江浙一带目前也是我国茶叶行业最为发达的地区。

四、起源时间

中国饮茶起源众说纷纭：追溯中国人饮茶的起源，有的认为起源于上古神农氏，有的认为起于周，起于秦汉、三国的说法也都有，造成众说纷纭的主要原因是因唐代以前"茶"字的正体字为"荼"，唐代茶经的作者陆羽，在文中将荼字减一画而写成"茶"，因此有人说茶起源于唐代。但实际上这只是文字的简化，而且在汉代就已经有人用茶字了。陆羽只是把先人饮茶的历史和文化进行总结，茶的历史要早于唐代很多年。

1. 神农说

唐·陆羽《茶经》："茶之为饮，发乎神农氏。"在中国的文化发展史上，往往是把一切与农业、与植物相关的事物起源最终都归结于神农氏。而中国饮茶起源于神农的说法也因民间传说而衍生出不同的观点。有人认为茶是神农在野外以釜锅煮水时，刚好有几片叶子飘进锅中，煮好的水，其色微黄，喝入口中生津止渴、提神醒脑，以神农过去尝百草的经验，判断它是一种药而发现的，这是有关中国饮茶起源最普遍的说法。另有说法则是从语音上加以附会，说是神农有个水晶肚子，由外观可得见食物在胃肠中蠕动的情形，当他尝茶时，发现茶在肚内到处流动，查来查去，把肠胃洗涤得干干净净，因此神农称这种植物为“查”，再转成“茶”字，而成为茶的起源。

2. 西周说

晋·常璩《华阳国志·巴志》：“周武王伐纣，实得巴蜀之师，……茶蜜……皆纳贡之。”这一记载表明在周朝的武王伐纣时，巴国（今川北及汉中一带）就已经以茶与其它珍贵产品纳贡与周武王了。《华阳国志》中还记载，那时就有了人工栽培的茶园了。《华阳国志》是第一部以文字记载茶的典籍，因此历史意义更大，也更为可靠。

3. 秦汉说

西汉·王褒《僮约》：现存最早较可靠的茶学资料是在汉代，以王褒撰的僮约为主要依据。此文撰于汉宣帝神爵三年（公元前 59 年）正月十五日，是在茶经之前，茶学史上最重要的文献，其文内笔墨间说明了当时茶文化的发展状况，内容如下：舍中有客，提壶行酤。汲水作哺，涤杯整案。园中拔蒜，斫苏切脯。筑肉臛芋，脍鱼炰鳖。烹茶尽具，哺已盖藏。舍后有树，当裁作船，上至江州，下到煎主。为府椽求用钱。推纺垩，贩棕索。绵亭买席，往来都洛。当为妇女求脂泽，贩于小市。归都担枲，转出旁蹉。牵牛贩鹅，武阳买荼。杨氏池中担荷，往来市聚，慎护奸偷。“烹荼进具”“武阳买荼”，经考该荼即今茶。由文中可知，茶已成为当时社会饮食的一环，且为待客以礼的珍稀之物，由此可知茶在当时社会地位的重要。近年长沙马王堆西汉墓中，发现陪葬清册中有“□一笥”和“□一笥”竹简文和木刻文，经查证“□”即“槚”的异体字，说明当时湖南已有饮茶习俗。

第三节　茶的成分

茶叶中所含的成份很多，将近500种。主要有咖啡碱、茶碱、可可碱、胆碱、黄嘌呤、黄酮类及甙类化合物、茶鞣质、儿茶素、萜烯类、酚类、醇类、醛类、酸类、酯类、芳香油化合物、碳水化合物、多种维生素、蛋白质和氨基酸。氨基酸有半胱氨酸、蛋氨酸、谷氨酸、精氨酸等。茶中还含有钙、磷、铁、氟、碘、锰 、钼、锌、硒、铜、锗、镁等多种矿物质。茶叶中的这些成份，对人体是有益的，其中尤以锰能促进鲜茶中维生素C的形成，提高茶叶抗癌效果。

第四节　茶的生物功效

茶能消食去腻、降火明目、宁心除烦、清暑解毒、生津止渴。茶中含有的茶多酚，具有很强的抗氧化性和生理活性，是人体自由基的清除剂，可以阻断亚硝酸胺等多种致癌物质在体内合成。它还能吸收放射性物质达到防辐射的效果，从而保护女性皮肤。用茶叶洗脸，还能清除面部的油腻、收敛毛孔、减缓皮肤老化。

中国明代李时珍（1518 — 1593）所撰的一本药物学专著《本草纲目》，成书于明万历六年（1578）。李时珍自己也喜欢饮茶，说自己“每饮新茗，必至数碗”。书中论茶甚详。言茶部分，分释名、集解、茶、茶子四部，对茶树生态，各地茶产，栽培方法等均有记述，对茶的药理作用记载也很详细，曰：“茶苦而寒，阴中之阴，沉也，降也，最能降火。火为百病，火降则上清矣。然火有五次，有虚实。苦少壮胃健之人，心肺脾胃之火多盛，故与茶相宜。”“茶主治喘急咳嗽，祛痰垢。”认为茶有清火去疾的功能。

早在《神农本草经》中，即有“茶味苦，饮之使人益思，少卧”的记载，还记载相传“神农尝百草，日遇七十二毒，得茶而解之”。《唐本草》说：“茶味甘苦，微寒无毒，去痰热，消宿食，利小便。”汉代名医张仲景说：“茶治便脓血甚效。”至今，我国民间仍有用茶叶治疗痢疾和肠炎的习惯。

如将茶叶与药物或食物配成药茶，则疗效更好。如用姜茶治痢疾，薄荷茶、槐叶茶用于清热，橘红茶用于止咳，莲心茶用于止晕，三仙茶用于消食，杞菊茶用于补肝等。现代医学研究发现，茶还具有抗癌防癌作用。

第五节 饮茶习惯与习俗

茶在中国被很早就有认识和利用，也很早就有茶树的种植和茶叶的采制。但是人类最早为什么要饮茶呢？是怎样形成饮茶习惯的呢？

一、祭品说

这一说法认为茶与一些其它的植物最早是做为祭品用的，后来有人尝食发现食而无害，便“由祭品，而菜食，而药用”，最终成为饮料。

二、药物说

这一说法认为茶“最初是作为药用进入人类社会的”。《神农本草经》中写到：“神农尝百草，日遇七十二毒，得茶而解之。”

三、食物说

“古者民茹草饮水”，“民以食为天”，食在先符合人类社会的进化规律。

四、同步说

最初利用茶的方式方法，可能是作为口嚼的食料，也可能作为烤煮的食物，同时也逐渐为药料饮。

五、交际说

《载敬堂集》载：“茶，或归于瑶草，或归于嘉木，为植物中珍品。稽古分名槚蔎茗荈。”《尔雅·释木》曰：“槚，苦茶。蔎，香草也，茶含香，故名蔎。茗荈，皆茶之晚采者也。茗又为茶之通称。茶之用，非单功于药食，亦为款客之上需也。”有《客来》诗云：“客来正月九，庭迸鹅黄柳。对坐细论文，烹茶香胜酒。”（摘自《载敬堂集·江南靖士诗稿》）此说从理论上把茶引入待人接物的轨畴，突显了交际场合的一种雅好，开饮茶成因之“交际说”之端。

全世界有100多个国家和地区的居民都喜爱品茗。有的地方把饮茶品茗作为一种艺术享受来推广。各国的饮茶方法相同，各有千秋。

（1）斯里兰卡：斯里兰卡的居民酷爱喝浓茶，茶叶又苦又涩，他们却觉得津津有味。该国红茶畅销世界各地，在首都科伦坡有经销茶叶的大商行，设有试茶部，由专家凭舌试味，再核等级和价格。

（2）英国：英国各阶层人士都喜爱饮料。茶，几乎可称为英国的民族饮料。他们喜爱现煮的浓茶，并放一二块糖，加少许冷牛奶。

（3）泰国：泰国人喜爱在茶水里加冰，一下子就冷却了，甚至冰冻了，这就是冰茶。在泰国，当地茶客不饮热茶，要饮热茶的通常是外来的客人。

（4）蒙古：蒙古人喜爱吃砖茶。他们把砖茶放在木臼中捣成粉末，加水放在锅中煮开，然后加上一些牛奶和羊奶。

（5）新西兰：新西兰人把喝茶作为人生最大的享受之一。许多机关、学校、厂矿等还特别订出饮茶时间。各乡镇茶叶店和茶馆比比皆是。

（6）马里：马里人喜爱饭后喝茶。他们把茶叶和水放入茶壶里，然后炖在泥炉上煮开。茶煮沸后加上糖，每人斟一杯。他们的煮茶方法不同一般，每天起床，就以锡罐烧水，投入茶叶，任其煎煮，直到同时煮的腌肉烧熟，再同时吃肉喝茶。

（7）加拿大：加拿大人泡茶方法较特别，先将陶壶烫热，放一茶匙茶叶，然后以沸水注于其上，浸七八分钟，再将茶叶倾入另一热壶供饮。通常加入乳酪与糖。

（8）俄罗斯：俄罗斯人泡茶，每杯常加柠檬一片，也有用果浆代柠檬的。在冬季则有时加入甜酒，预防感冒。

（9）埃及：埃及的甜茶。埃及人待客，常端上一杯热茶，里面放许多白糖，只喝二三杯这种甜茶，嘴里就会感到粘糊糊的，连饭也不想吃了。

（10）北非：北非的薄荷茶。北非人喝茶，喜欢在绿茶里放几片新鲜薄荷叶和一些冰糖，饮时清凉可口。有客来访，客人得将主人向他敬的三杯茶喝完，才算有礼貌。

（11）南美：南美的马黛茶。南美许多国家，人们用当地的马黛树的叶子制成茶，既提神又助消化。他们是用吸管从茶杯中慢慢地品味着的。

第六节　天然富硒茶

一、天然富硒茶

现代科学研究证实，茶含有机化合物450多种、无机矿物质15种以上，这些成分大部分都具有保健、防病的功效。在这个基础上，如果茶含硒较高，比如天然富硒茶，就具有更好的特殊功能。富硒茶具有独特性。

（1）天然富硒茶具有降脂减肥，防止心脑血管疾病。饮茶与减肥的关系是非常密切的，《神农本草》一书早在 2 000 多年前已提及茶的减肥作用："久服安心益气……轻身不老"。现代科学研究及临床实验证实，饮茶能够降低血液中的血脂及胆固醇，令身体变得轻盈，这是因为茶里的酚类衍生物、芳香类物质、氨基酸类物质、维生素类物质综合协调的结果，特别是茶多酚与茶素和维生素 C 的综合作用，能够促进脂肪氧化，帮助消化、降脂减肥。此外，茶多酚能溶解脂肪、而维生素 C 则可促进胆固醇排出体外。茶本身含茶甘宁，茶甘宁是提高血管韧性的，使血管不容易破裂。

（2）防癌抗癌功能。绿茶所含的成分——茶多酚及咖啡碱，两者所产生的综合作用，除了起到提神、养神之效，更具备提高人体免疫能力和抗癌的功效。近年，美国化学协会总会发现，茶叶不仅对消化系统癌症有抑制的功效，而且对皮肤及肺、肝脏癌也有抑制作用。经过科学研究确认，茶叶中的有机抗癌物质主要有茶多酚、茶碱、维生素 C 和维生素 E；茶叶中的无机抗癌元素主要有硒、钼、锰、锗等。中、日科学家认为，茶多酚中的儿茶素抗癌效果最佳。

（3）抗毒灭菌功能。把茶用作排毒的良药可以追溯到远古的神农时代（约公元前 2737 年），"神农尝百草，日遇七十二毒，得茶而解之"之说，这在《史记·三皇本记》《淮南子·修武训》《本草衍义》等书中均有记载。茶圣陆羽在他的《茶经》这部 1 200 多年前（公元 780年）世界上第一部权威性茶叶著作中关于"茶的效用"中指出："因茶性至寒，最宜用作饮料……如感到体热、口渴、凝闷、脑疼、眼倦、四肢疲劳、关节不舒服的时候，喝上四、五口茶就显效。"

(4) 抗衰老功能。富硒茶对人体的抗衰老作用主要体现在若干有效的化学成分和多种维生素的协调作用上，尤其是茶多酚、咖啡碱、维生素 C、芳香物、脂多糖等，能增强人体心肌活动和血管的弹性，抑制动脉硬化，减少高血压和冠心病的发病率，增强免疫力，从而抗衰老，使人获得长寿。根据医学研究证明，茶多酚除了能降低血液中胆固醇和甘油三脂的含量，还能增强微血管的韧性和弹性，降低血脂，这对防治高血压及心血管等中老年人常见病症极为有用。富硒茶中含有硒元素，而且是有机硒，比粮油中的硒更易被人吸收，美国理查德·派习瓦特博士认为：食物中加入硒与维生素 C、维生素 E 配合成三合剂，可以延长人的寿命，而富硒茶叶中正富含这些有益生命的奇异元素。食物硒含量受地理影响很大，土壤硒的不同造成各地食品中硒含量的极大差异。土壤含硒量在 0.6mg/kg 以下，就属于贫硒土壤，我国 72% 的国土都属贫硒或缺硒土壤，长期摄入严重缺硒食品，必然会造成硒缺乏疾病。

二、紫阳富硒茶

紫阳富硒茶，中国陕西省南部紫阳县特产，中国地理标志产品。产区位于汉江上游，大巴山北麓，夏无酷暑、冬无严寒、降雨适中、气候宜茶。境内产销茶叶历史悠久，且天然富硒区，所产茶叶硒元素含量高，具有特种保健功效。

1. 历史渊源

紫阳县所在的安康市产茶历史悠久，至少有 3 000 多年历史。茶祖神农氏在陕西形成了最早的饮茶习俗，开创了陕西 5 000 年“茗饮之风”，陕西更是开启了“茶马互市”的先河，将“茗饮之事”推广至大江南北，形成了举国饮茶之风，陕西茶文化是中华茶文化的源头，它的发展史基本上代表了中国茶文化的发展史。而作为陕西茶树最佳生长区和茶叶主产区的安康更是中国最早栽培茶树、最早生产贡茶的地方，一直处于茶树原产地与古代政治、经济、文化中心的中间地带。

据《华阳国志·巴志》载："北接汉中，南极黔涪。土植五谷，牲具六畜。桑蚕、麻苎、鱼盐、铜、铁、丹、漆、茶、蜜，灵龟巨犀，山鸡台雉，黄润鲜粉，皆纳贡之。其果实之珍者，树有荔枝，蔓有辛蒟，园有芳蒻香茗。"其中香茗即指茶叶。这说明包括今紫阳茶区在内的巴国，茶叶的栽培已十分普遍。

佛教的传入，对茶叶的传播起了重要作用。古文献载，东汉中期佛教已传入紫阳。由于僧侣们讲究坐禅戒酒，就在寺院旁开辟茶园，以供饮茶之需。在民间，专为进贡而兴植的茶园也陆续出现。

南北朝时期，由于战乱，大批流民涌入大巴山区，促进了山区的开发和茶叶的发展。此后数百年间，汉水流域一直比较安定——这是唐代金州成为当时有名的富庶之区的重要原因。金州境内的"西城、安康二县山谷"(即今紫阳、安康、岚皋一带)，成为唐山南茶区的一部分，陆羽《茶经》有载。朝廷还将茶叶列为仅次于金的第二位贡品。《新唐书》载："金州……土贡麸金、茶牙、椒、干漆、椒实、白胶香、麝香、杜仲、雷丸、枳壳、黄檗。"

2. 产地环境

紫阳县所在的安康茶区生态优良，全市境内气候湿润温和，紫阳县茶叶产地，空气清新，山水相依，景色秀丽。由于北有秦岭、凤凰山双重屏障，西北高，东南低，冬季能阻挡西北寒流入侵，夏季又可充分接纳东南暖湿气流，从而形成冬无严寒、夏季湿润的气候特点。年平均气温在12.1~ 15.7℃，年平均降水700~ 1 100mm，加之区内宜茶土壤绝大部分为黄棕壤，有机质含量丰富，茶树生长季节水热资源充沛，非常有利于茶树生长，被公认是地球上同纬度地带中最适合人类生活和最适合茶树生长的地方。

全国有71%的县缺硒，而紫阳是富硒地区，微量元素硒被茶树吸收转变为有机硒蛋白。台湾大学刘荣标教授经过多年研究发现，福建泉州产的乌龙茶可抑制癌细胞生长，其原因是含有较丰富的硒。而紫阳茶含硒量比乌龙茶更为丰富，因此有人把茶叶称为“原子时代的饮料”，而把紫阳茶称为“延年益寿的良药”也并非是无根据的。早在清代即有人发现紫阳茶的药用价值：“茶性最寒，能疗疾，醒酒消食，清心明目。”（《紫阳县乡土志》）这一发现已为当代科学研究所证明。

3. 品质特点

天然紫阳富硒茶的珍品为紫阳毛尖系列，分翠峰、银针、翠芽等，其品质特征是芽叶嫩壮匀整，白毫显露，色泽翠绿，香气高长带花香，汤色嫩绿明亮，滋味鲜美、回甘，叶底嫩匀成朵。紫阳茶富硒，含硒量在0.3mg/kg以上。肥嫩壮实、色泽翠绿、栗香浓郁、浓而不涩、醇厚回甜、耐冲泡。

自1981—1982年春季，紫阳茶试站、汉中地区、西北植物所及陕西省茶树品种资源组分别按规定采留标准（第一轮新梢长到1芽3叶时采1芽2叶）制成蒸青化验样品，送中国农业科学院茶叶研究所化验，结果表明，紫阳茶的品质成分有下列显著特点。

（1）富含氨基酸。平均值最高的是紫阳大柳叶，含3.46%，其次为苦茶、紫阳槠叶种、大青茶，均超过3%。绝对值最高的是1981年在紫阳焕古公社铁壁三队采集的以大叶泡、槠叶种为主体的混合样，氨基酸含量高达5.69%。其次是1982年采集的紫阳县洄水区斑桃公社店湾队7号样，氨基酸总量达5.10%。1981年紫阳茶试站在同样肥培管理条件下的品种园中采样化验，除贵州湄潭苔茶达3.01%，其余7个外地品种均≤3%，而紫阳茶达3.08%。富含氨基酸是紫阳茶浓而不涩、滋味醇和回甜的物质基础。

（2）咖啡碱含量高。咖啡碱含量与茶叶品质呈正相关。一般茶叶中咖啡碱含量为 2～4%，品质滋味好的茶叶，一般咖啡碱含量也高。紫阳群体中，除紫阳圆叶含 2.51% 外，其余均在 4% 左右。苦茶最高，为 4.43%；其次为柳叶种 4.37%，槠叶种 4.36%，小叶种 4.16%。咖啡碱含量高且稳定，变异系数都不大，是紫阳茶品质好的又一标志。

（3）多酚类化合物中儿茶多酚类含量高，品质成分比率协调。紫阳群体各地方种茶多酚含量中等偏高且比较稳定。高于 26% 的有圆叶种（28. 7%），柳叶种（27. 61%），紫芽种（27. 14%），大叶泡（26.16%），其余均在中等范围。变异系数除圆叶种和小叶种超过 20% 以外，其余均在 13% 以下。紫阳种与外地良种相比，仅次于贵州湄潭苔茶和湖南云台山大叶种。儿茶多酚类总量仅次于贵州湄潭苔茶，而高于其他 7 个外地良种。

据杭州茶叶试验场多年研究认为，儿茶多酚类与氨基酸的比值大则适宜制红茶，儿茶多酚类与氨基酸的比值小则适宜制绿茶。紫阳种儿/氨比值仅 67，比南江大叶种和福鼎大白茶稍高，而低于其他 6 个外地良种。尤其是焕古茶儿/氨比值仅 40，充分说明是适制绿茶的优质鲜叶。

紫阳茶除了富含影响茶叶品质的化学成分外，还富含微量元素硒。1981 年对紫阳 31 个公社 48 个样进行含硒测定，其范围在 0.122～3.83 mg/kg 之间，高于安徽、浙江、福建等地。

中国人民解放军第四军医大学附属二院自 1972 年至 1977 年 8 月，采用茶树根治疗高血压症 140 例，表明茶树根有降低血清胆固醇及甘油三酯的作用，同时观察到茶树根尚有一定的降压作用，对高血压伴有高血脂症者尤为适宜。药物的副作用少，对心电图、肝功能无明显影响。1978 年以来，又进行了一年多防治实验性动脉粥样硬化的研究，不仅证明茶树根有防治实验性动脉粥样硬化作用，还证明紫阳茶树根的作用不仅高于对照组，还高于四川江津茶树根组。从实验期间的动物健康状况看，紫阳茶树根组明显比作为对比标准药物的安妥明组好。凝血时间紫阳茶树根组也比安妥明组明显延长1倍。

（4）关于地理标志。紫阳富硒茶原产地域范围以陕西省安康市人民政府《关于界定紫阳富硒茶原产地域产品保护范围的函》（安政函[2004] 38号）提出的地域范围为准，为陕西省紫阳县城关镇、焕古镇、向阳镇、红椿镇、毛坝镇、麻柳镇、洞河镇、蒿坪镇、瓦庙镇、高桥镇、双桥镇、斑桃镇、洄水镇、汉王镇、双安乡、东木乡、芭蕉乡、苗河乡、广城乡、燎原乡等20个乡镇现辖行政区域。在紫阳富硒茶原产地域范围内的生产者，如使用“原产地域产品专用标志”，须向设在当地质量技术监督局的紫阳富硒茶原产地域产品保护申报机构提出申请，经初审合格，由国家质检总局公告批准后，方可使用紫阳富硒茶“原产地域产品专用标志”。

三、恩施富硒茶

恩施富硒茶以恩施玉露最为著名。产于著名的鄂西南武陵山茶区，绿林翠峰、伍家台绿针、恩施玉露、雾洞贡羽、极叶高山野茶是恩施富硒茶的佼佼者。湖北恩施是世界硒都，土壤中富含硒元素，恩施茶为天赐的富硒茶，深受茶人喜爱，日本人尤其钟爱。

绿林翠峰茶由鹤峰县绿林茶场生产，伍台绿针由宣恩县伍家台贡茶总厂生产，恩施极叶高山野茶由恩施极叶茶业有限责任公司生产，雾洞绿峰由利川市雾洞茶厂生产，极叶高山野茶在2013年上海湖北农产品周获得销量第一的好成绩，其品质特点以富硒、味鲜、香高、色绿、形美、显毫六绝著称于世，多次在全省和全国茶叶评比中获奖夺魁。

恩施市山清水秀，空气清新，硒矿储量位居世界第一。所产茶叶无污染且富含人体必需的硒元素，茶叶平均含硒量1.068mg/kg。长期日均饮用富硒茶 500ml，是人体补充有机硒的最佳途径，具有抗癌防癌、抗高血压、延缓衰老的功效。

（注 1: 我国非富硒茶地区茶叶平均含硒量为 0.15mg/kg。2004 年国家正式颁布了中国富硒茶标准。标准设定富硒茶含硒值为 0.25mg/kg~4.00mg/kg）。

（注 2: 世界卫生组织推荐人体每日硒需要量为 60～120μg）

恩施富硒茶尤以芭蕉侗族乡为甚。芭蕉侗族乡现有茶园面积 6 万亩（1 亩等于 0.0667 公顷），建成了“全省无性系良种茶园第一乡”。该乡生产的“恩施玉露”，历史悠久，中外驰名，1991 年被评为湖北省优质产品，载入《中国名茶》。近年来，还研制了“龙潭翠峰”“金星玉毫”“炒青绿茶”等产品，这些产品多次在“鄂茶杯”评比中获金奖。2003 年举办了“恩施茶叶文化节”，吸引了众多外地客商。

恩施富硒茶在全国以及全世界都形成了相当的名气，不光在国内享有盛誉，同时也向东盟等国外市场销售，产品包括富硒绿茶、富硒红茶、富硒白茶、富硒龙井、富硒铁观音等。2014 年 5 月 16 日，湖北恩施土家族苗族自治州硒茶博览会在北京民族文化宫展览馆举行。

四、凤冈富锌富硒茶

凤冈富锌富硒茶，产于贵州省遵义市凤冈县。凤冈产茶历史悠久，茶圣陆羽在《茶经》里就有相关记载。凤冈富锌富硒茶具有色泽绿润、汤色绿亮、滋味醇厚、叶底嫩绿鲜活等特点。2006 年 1 月，国家质检总局批准对凤冈富锌富硒茶实施地理标志产品保护。凤冈富锌富硒茶具有色泽绿润、汤色绿亮、滋味醇厚、叶底嫩绿鲜活等特点。2006 年 1月，国家质检总局批准对凤冈富锌富硒茶实施地理标志产品保护。

1. 历史渊源

凤冈产茶历史悠久。唐代茶圣陆羽的在他撰写的世界第一部茶书《茶经》八之出中记述："黔中生思州、播州、费州、夷州……往往得之,其味极佳。"据考证，夷州治所就是今凤冈县绥阳镇。宋代《华阳国志》中记载："平夷产茶蜜"。乐史的《太平寰宇记》中记载："夷州、播州、思州以茶为贡。"清代《梅移随笔》也有"龙泉产云雾芽茶,色味双绝"的说法。其中的夷州、思州、龙泉，都是指遵义市凤冈县一带。

2. 产地环境

凤冈县平均海拔 720m，地势西高东低，系大娄山脉向武陵山脉的过渡地带。年均温度 15.2℃，极端最高气温 37.8℃, 极端最低气温 - 7.4℃，无霜期 277 天，年平均积温 5 548℃，年日照时数 962.4～1 349h，年平均日照时数 1 139h，年平均降雨日数 180 天左右，降水量 1 257.21mm，属中亚热带湿润季风气候，适应各种农作物生长发育。全县地表水资源由 315 条支流汇集成五大河流，河道总长 1 229.6km，地表径流 11.72 亿 m^3；地下水资源 2.57 亿 m^3；现有水利工程设施 986 处，设计灌溉面积 106km^2，占田总面积的 70%，其中，有效灌溉面积 87.9km^2，占 57.7%，保灌面积 83.3km^2, 占 54.7%。县内是典型的喀斯特溶山区、低山丘陵、低山深切割地貌，土壤主要分布为黄壤、石灰土、紫色土、水稻土四个土类，11 个亚类、45 个土属、113 个土种。

2004 年，贵州省理化检测所、贵州师院理化检测中心对凤冈有机茶规划区内的土壤和茶叶（茶青和干茶）进行检测，结果发现凤冈县土壤中锌含量为 95.3 mg/kg，硒含量为 2.5 mg/kg；茶叶中锌含量为 40～100mg/kg，硒含量为 0.25～3.50mg/kg，且完全来源于茶树对土壤中锌硒的天然吸附。锌元素被称为"生命的火花"，硒元素具有"月亮元素"和"婚姻和谐素"的美誉。凤冈县有宜茶地土地 191.8km^2，其中田 68.5km^2、土 64.6km^2、退耕还林地 11.9km^2；宜茶地海拔在 500m～1

200m之间，且多为黄壤，土层深达80~ 200cm，PH值4.5~ 6.5，肥力中等，有机质含量丰富。

3. 品质特征

凤冈富锌富硒茶毛尖茶条索紧细、翠芽茶扁平直滑、色泽绿润、香气清高、汤色绿亮、滋味醇厚、叶底嫩绿鲜活。茶叶富含人体所需的17种氨基酸和锌硒等多种微量元素，其中锌含量40mg/kg~ 100mg/kg，硒含量0.25mg/kg~ 3.5mg/kg。

4. 社会肯定

2005年5月，“凤冈锌硒茶”被评为贵州十大名茶。2006年1月，“凤冈富锌富硒茶”获得国家质检总局地理标志产品保护。从2006年以来，凤冈锌硒茶已分别在“中茶杯”“中绿杯”、中国国际茶业博览会等茶赛（事）活动中胜出，累计获得了43个金奖。2010年凤冈锌硒茶被评为贵州省三大名茶，现已获得中国锌硒有机茶之乡、中国名茶之乡、全国重点产茶县、全国特色产茶县、中国茶叶出口食品安全示范区、全国休闲农业旅游示范点等诸多殊荣。“锌、硒、有机”三合一的内在品质，受到了陈宗懋院士、于观亭会长、林治先生、王致远教授等茶学专家的一致好评。

2014年12月29日，贵州省工商行政管理局在《贵州日报》正式发布《贵州省著名商标认定公告》，出炉新一年度的省级著名商标榜单。此次共计认定281件商标为“贵州省著名商标”，凤冈“四茶叶商标”获此殊荣榜上有名。这是继2013年12月“凤冈锌硒茶”商标荣获“中国驰名商标”保护认定后，凤冈锌硒茶业品牌打造又添新喜。

5. 关于地理标志

根据《地理标志产品保护规定》，国家质检总局组织了对凤冈富锌富硒茶地理标志产品保护申请的审查。审查合格，批准自2006年1月24日起对凤冈富锌富硒茶实施地理标志产品保护。凤冈富锌富硒茶产品地理标志产地保护范围以贵州省凤冈县人民政府《关于界定凤冈富锌富硒茶地理标志产品保护范围的函》（凤府函［2005］366号）提出的地域范围为准，为贵州省凤冈县所辖行政区域。

凤冈富锌富硒茶地理标志产品保护范围内的生产者，可向凤冈县质量技术监督局提出使用“地理标志产品专用标志”的申请，由国家质检总局公告批准。

附　录

附录一　全球公认的最健康作息时间表

对于健康来说，年轻并不是资本，因为如果你肆意的挥霍，30岁之后都会一一报偿回来，监督自己和他一起养成好作息吧，不熬夜、不暴饮暴食、不吸烟、多运动，这才是健康生活的真谛哟！

1. 7: 00起床

7: 00是起床的最佳时刻，身体已经准备好一切了。打开台灯，告诉身体的每一个部分，尽快从睡眠中醒来，调整好生物钟。醒来后需要一杯温开水，水是身体内成千上万化学反应得以进行的必需物质，饮水帮助每一个缺水的细胞都重新活力四射。

2. 7: 20—8: 00吃早饭

早饭必须吃，这没有什么好解释的！一上午专注的工作学习需要正常的血糖来维持，因此为自己也为他准备一份丰盛的早餐是必须的。

3. 8: 30—9: 00避免运动

清晨并不是运动的最佳时间，因为此时免疫系统功能最弱，你可以选择步行上班，那却是很健康的。

4. 9: 00—10: 30安排最困难的工作

学习工作的最佳时间，头脑最清醒，思路最清晰的时间段。

千万不要把宝贵的时间用来看电影、逛淘宝。

5. 10: 30眼睛需要休息一会儿

看看窗外，眼睛很累了，需要休息一会儿。

6. 11: 00吃点水果

上午吃水果是金，水果的营养可以充分地被身体采纳。

此时血糖可能会有一些下降，让身体无法专心工作，水果是最佳的加餐食物。

7. 12: 00 — 12: 30 午餐别忘了多吃豆类

豆类是很棒的食物，富含膳食纤维和蛋白质，别光顾着吃肉，多吃些豆类食物。

8. 13: 00 — 14: 00 小睡一会儿

30min 的午休会让你精力充沛，更重要的是会更健康。逛淘宝、聊天并不能帮你缓解困意，反而会在停止后更加困倦，最好的休息方式当然还是小睡一会儿。

9. 16: 00 一杯酸奶

酸奶是零负担的健康零食。酸奶可以保持血糖稳定的同时，还能帮助肠道消化，而且有研究发现，喝酸奶对心血管系统的健康很不错。

10. 19: 00 最佳锻炼时间

晚餐后稍作休息，可以开始健身了。你可以选择相对温和的快步走，也可以慢跑或游泳，根据个人需求进行体育锻炼，既可以消耗晚餐热量，也能够轻松瘦身。最关键的不仅是你的运动时间超过 40min，而且需要长期坚持。

11. 20: 00 看电视或看书

工作太辛苦就看会儿电视或书籍杂志，反而会让你更轻松随意。如果希望自己学习更多的东西，不如看些专业的书籍，这对你的个人积累很重要。

12. 22: 00 洗个热水澡

帮助身体降温和清洁，有利于放松和睡眠。

13. 22: 30 上床睡觉

为了保证充足的睡眠和身体各个系统，是时候该睡觉了。

试图颠倒生物钟的作息，会为身体留下抹不掉的痕迹，35 岁之后你会明白什么叫“病找人”。

附录二 饮食禁忌表

一、三餐的饮食营养选择

一日三餐的饮食禁忌：早餐忌过“酸”、早餐忌只吃干食、只吃鸡蛋；午餐忌吃得太饱、自带午餐不宜带绿叶蔬菜，晚餐不宜过油腻、忌暴饮暴食、忌吃含糖过多的食物、晚餐不宜过晚。

二、日常生活中的饮食禁忌

（1）生活习惯中的禁忌：忌饭后喝汤，忌吃饱即睡，忌饭后即吃水果，忌饭后吸烟、喝茶，忌饭后即刻洗澡，忌饭后松裤带，忌“饭后百步走”。

（2）吃鸡蛋的禁忌：鸡蛋忌生吃、吃鸡蛋不宜多。

（3）豆腐食用禁忌：豆腐不宜多吃、菠菜豆腐汤不宜吃、小葱忌豆腐、臭豆腐忌多吃、豆腐不宜单独吃。

（4）吃鱼的禁忌：活鱼忌马上烹调、吃带鱼忌刮鳞、忌吃生鱼、忌活吃鲤鱼、忌滥食鱼胆、冰箱中的鱼忌存放太久、忌吃煎焦了的鱼、痛风患者不宜吃鱼。

三、蔬菜吃法的几种禁忌

青菜忌久存、豆芽忌未炒熟、忌吃菜不喝汤、忌吃素不吃荤、忌给孩子过多吃菠菜、忌边看电视边进食。

四、食法禁忌

忌烫食，忌快食，忌暴饮暴食，忌咸食，晨起忌喝盐开水，忌喝酒御寒，忌吃刚屠宰的猪、牛肉、海带忌长时间浸泡，忌多吃汤泡饭，忌用咖啡提神，忌浓茶解酒，忌喝醋解酒、忌生食醉虾，补品不可当饭吃，补药贵不等于好，忌“虚”一定要补，妇女、儿童忌乱补，备考时忌乱补。

五、饮食卫生的禁忌

忌用酒消毒餐具、忌用餐巾纸擦拭餐具、忌将变质食物煮沸后再吃、忌把水果烂掉的部分去掉再吃、忌饮食过于清淡。

六、油脂食用禁忌

忌完全不吃动物油、忌用胆固醇含量来衡量油质、忌用大火煎猪油、忌食用变质食油、忌多吃油炸食品、忌依赖甜食解压。

七、几种食物忌吃新鲜

鲜海蜇、鲜黄花菜、鲜木耳、鲜咸菜、桶装水、忌“饥餐渴饮”。

八、空腹吃食物有禁忌

忌空腹食用牛奶、豆浆、酸奶、白酒、茶、糖、柿子、西红柿、香蕉、山楂、橘子、大蒜、白薯、冷饮。

九、补钙禁忌

忌过多摄入磷、忌补钙不补镁、忌大鱼大肉、忌只喝骨头汤补钙、辣椒不宜多吃。

十、部分四季禁忌

1. 春季饮食禁忌

被亚硝酸盐污染的青菜（青菜中的荠菜、灰菜等野菜中含亚硝酸盐较多）、新鲜木耳、生蚕豆、生十字花科类蔬菜、生蓝紫色的紫菜、生黄花菜、生四季豆、生豆浆、生木薯、发芽马铃薯。

2. 夏季饮食禁忌

大暑宜食老鸭汤、夏季饮食忌“水果化”、夏日食姜有益健康、夏季忌过食生冷、夏季多吃凉性蔬菜。

3. 秋季饮食禁忌

（1）红枣禁忌。红枣进补忌过量、腐烂变质忌食用、忌与维生素类同食、服用退热药时忌食枣。

（2）食蟹的禁忌。不宜食用死蟹、不宜食用生蟹、不宜食蟹过多、食蟹后不宜饮茶、蟹与柿子不宜同食、吃螃蟹忌用水煮。

（3）吃海鲜的禁忌。关节炎患者忌多吃海鲜、食海鲜不宜饮啤酒、海鲜忌与一些水果同食、虾类忌与维生素 C 同食。

4. 冬季饮食禁忌

（1）吃羊肉的禁忌。羊肉忌与醋同吃、吃完羊肉不宜立即饮茶、肝炎患者忌吃羊肉、羊肉忌与西瓜同吃、不宜多吃烤羊肉串。

(2) 吃火锅的禁忌。忌忽视安全隐患、忌烫食即吃、忌用变质原料、忌喝火锅汤、忌食碱量过重的原料、忌在卤汁中放酱油、火锅忌装得太满、涮肉时间忌太短、涮羊肉忌太嫩。

十一、日常生活中的烹调禁忌

煲汤时间不宜过长，忌饮未煮沸的豆浆、炒菜油不宜过热，煮鸡蛋不宜用凉水冷却，剩菜忌回锅，剩饭忌热后再吃，木瓜做熟营养大减，炒菜用油忌多，炒胡萝卜忌放醋，单面煎鸡蛋不宜多吃，保养头发忌食物太甜(咸)，炸食物的油忌反复用，忌用碘盐"炸炸锅"，烹调酱油最好别生吃，炖肉不宜一直用旺火，煮粥忌放碱，烹调绿叶菜忌放醋，肉、骨烧煮过程中忌加冷水，黄豆忌未煮透，冻肉忌在高温下解冻，吃茄子不宜去掉皮，忌生吃蔬菜，忌生吃海鲜，忌生吃牛肉，忌用热水泡发木耳，忌食用未煮熟的豆类食物，忌长时间吃腌菜，铝铁炊具忌混用。

十二、厨房用具禁忌

忌用铁锅煮绿豆、忌用不锈钢锅或铁锅煎中药、忌用乌柏木或有异味的木料做菜板、忌用油漆或雕刻镌镂的筷子、忌用铁锅煮藕、忌用铝制器皿搅拌鸡蛋、忌用铝制器皿存放饭菜。

十三、忌存放冰箱的食物

香蕉、鲜荔枝、西红柿、火腿、巧克力。

十四、忌食用的果蔬皮

土豆皮、柿子皮、红薯皮、荸荠皮、银杏皮。

十五、煮牛奶的禁忌

忌高温久煮、忌用文火煮、热牛奶忌贮在保温瓶里、煮牛奶忌先加糖、钙片忌与牛奶同服。

十六、味精禁忌

忌多吃、忌高温使用、忌用于碱性食物、忌用于甜口菜肴、忌使用过量。

十七、水果食用禁忌

（1）吃水果的卫生禁忌。吃水果忌不卫生、水果忌用酒精消毒、生吃水果忌不削皮、忌用菜刀削水果、忌饭后立即吃水果、吃水果后忌不漱口、忌食水果过多、忌食烂水果、夏季忌过多吃寒性水果、西瓜不宜冷藏后再吃、不买畸形莓、不轻信“有机”、洗草莓忌去掉蒂头后浸泡。

（2）水果吃得太多可能引起的疾病：过敏、结石、便秘、低血糖、难消化。

十八、饮品食用禁忌

（1）日常饮茶的禁忌。忌用滚水冲茶、不宜多次冲泡、不宜空腹饮茶、发烧时不宜饮茶、饮茶忌过量、现炒茶叶（新茶）不宜多饮、时尚花茶不宜多饮、绿茶与枸杞忌同饮。

（2）饮酒的禁忌。白酒忌凉饮、忌饮刚酿制的白酒、啤酒、白酒忌同饮、葡萄酒忌久存、饮酒时忌吸烟、忌睡前饮酒、忌喝酒成性、饮啤酒酒温不宜过低、啤酒饮用不宜过量、忌空腹饮酒、酒后不宜大量饮浓茶、酒后不宜饮咖啡。

（3）豆浆饮用禁忌。忌未煮沸后饮用、忌冲鸡蛋饮用、忌与药物同饮、忌空腹饮、忌用保温瓶贮存、忌代替牛奶喂婴儿、忌加入红糖、忌过量饮用。

（4）牛奶饮用禁忌。酸奶饮用忌过量、忌将酸奶加热、夏季忌饮冷牛奶、忌与橘子同食、忌和豆浆同煮、忌和巧克力一起吃。

（5）饮料饮用禁忌。冰镇饮料忌多饮、忌用饮料代替开水、山楂片泡水忌多喝、鲜橘皮不宜泡茶饮、喝饮料不宜过多。

十九、常见食物搭配的禁忌

（1）食物搭配不当可致病。海鲜与啤酒易诱发痛风、菠菜与豆腐易诱发结石症、萝卜与橘子易诱发甲状腺肿大、鸡蛋与豆浆降低蛋白质吸收、牛奶与巧克力易发生腹泻、火腿与乳酸饮料易致癌、柿子与白薯易产生胃柿石、柿子与螃蟹导致呕吐腹泻、维生素C与虾易发生砒霜中毒。

（2）猪肉搭配的禁忌。猪肉忌牛肉、猪肉忌芫荽。

（3）羊肉搭配的禁忌。忌与醋同食、忌与西瓜同食、忌与茶同食、忌与南瓜同食。

（4）饮品与相关食物搭配的禁忌。茶与鸡蛋、茶与酒、茶与羊肉、豆浆与蜂蜜、鲜汤与热水、白酒和啤酒。

（5）调味品与相关食物搭配的禁忌。盐与红豆、炒菜先放盐、烧肉先放盐、煮鸡汤先放盐、醋与海参、醋与牛奶、醋与羊肉、醋与猪骨汤、醋与青菜、醋与胡萝卜、麦酱与鲤鱼、碱与菜、烧鱼早放姜、硫磺与馒头、不宜过多吃胡椒。

（6）水果搭配的禁忌。含鞣酸的水果与鱼、虾，梨与开水、柿子与章鱼、柿子与海带、紫菜，柿子与白薯、柿子与酒、橘与蛤、西瓜与油条、甜瓜与田螺、柑橘与螃蟹、山楂与猪肝、山楂与富含维生素C分解酶的果蔬、山楂与海味。

（7）蔬菜搭配的禁忌。芹菜与蚬、蛤、毛蚶、蟹，黄瓜与柑橘、黄瓜与西红柿、黄瓜与辣椒、黄瓜与花菜、黄瓜与菠菜、葱与枣、茄子与螃蟹、辣椒与胡萝卜、韭菜与白酒、芥菜与鲫鱼、菠菜与豆腐、菠菜与鳝鱼、花生与毛蟹、花生与黄瓜、葱与豆腐、赤小豆与鲤鱼。

二十、部分疾病患者的饮食禁忌

（1）感冒药物服用禁忌。忌滥服胖大海、发烧时忌喝茶、感冒不宜喝凉茶、不宜用姜糖水治疗春季感冒。

（2）儿童咳嗽的饮食禁忌。忌食凉性食物、忌食肥甘厚味食物、忌食橘子。

（3）眼病患者禁忌。眼病患者忌吃大蒜、近视者忌过多吃糖、急性结膜炎忌戴眼罩。

（4）关节炎患者禁忌。饮食不当易得骨质疏松、饮食不当可加重关节炎、缺锌会使关节炎加重、忌吃肥腻食物、唾液缺乏也可导致关节炎、忌吃甜食品。

（5）类风湿性关节炎患者的饮食禁忌。高脂肪类、海鲜类、过酸、过咸类。

（6）骨折患者的饮食禁忌。忌多吃肉骨头、忌偏食、忌食难消化的食物、忌少喝水、忌过多食用白糖。

（7）肝炎患者的饮食禁忌。忌饮酒吸烟、忌荤素搭配不当、忌暴饮暴食、不宜多吃油腻煎炸食品、忌多吃葵花子、忌多吃糖和罐头、忌吃生姜、忌吃大蒜、忌吃羊肉、忌食甲鱼、忌多吃糖。

（8）高血压患者饮食禁忌。忌酒，忌喝浓茶，忌吃狗肉，忌多吃盐，忌食辛辣、精细的食物，多食动物蛋白质，忌食高热能食物，忌喝鸡汤。

（9）糖尿病患者的饮食禁忌。忌过多食用木糖醇、忌嗑瓜子、忌多吃盐、忌单纯控制饮食、忌饮酒、忌多吃水果。

（10）贫血患者的饮食禁忌。忌吃生冷不洁食物、忌过量吃盐、忌吃过多脂肪、忌吃碱性食物、忌饮茶、缺铁性贫血患者忌喝牛奶、咯血患者忌吃木耳。

（11）菌痢患者的饮食禁忌。忌吃肉类浓汁及动物内脏，忌吃粗纤维、胀气食物，忌吃刺激类食物，忌吃不洁食物，忌吃性寒滑肠食物，忌吃辛热刺激食物。

（12）胃病患者的饮食禁忌。忌吃辣椒、忌喝浓茶、忌少量多餐、忌饮酒吸烟、忌浓茶及其他刺激性食物、进食忌狼吞虎咽、忌暴饮暴食、苦味健胃药忌拌糖吃、胃疼忌服止痛片。

（13）胆结石患者的饮食禁忌。忌多食甜食、忌不吃早餐。

附录三　全国家庭数据

2015 年 5 月 13 日，国家卫计委发布“中国家庭发展追踪调查”结果，这是我国首次由政府主导的全国性家庭追踪调查。在此基础上编写的《中国家庭发展报告》（2015），用数据反映了中国家庭发展的基本状况。本次调查共涉及全国 31 个省（区、市）、321 个县（市、区）、1 624 个村（居委会）的 32 494 个家庭，空间分布均衡合理。

一、2~ 3 人小型家庭成主流

中国是世界上家庭数量最多的国家。调查显示，我国家庭平均规模为3.35人。家庭人口数量以2人或3人为主，2~ 3人的小型家庭（户）已经成为主流家庭，4~ 6人的家庭（户）所占比例已经低于小型家庭。家庭代数的构成以2代人为主，占50.6%；1代人居其次，占24.5%。

近四成的家庭有老年人共同居住。家庭人口中，有1位60岁及以上老年人的家庭比例为19.1%。分城乡来看，农村家庭至少有1位老年人的比例为43.0%，高于城镇家庭的33.3%。

家庭类型主要分为单人家庭、核心家庭、直系家庭、联合家庭和其他家庭。家庭类型中，核心家庭占64.3%。核心家庭中，主要是夫妻子女核心家庭，其次是夫妻核心家庭。

家庭规模小型化不仅是世界家庭发展的潮流，也是当前中国家庭变化的主要趋势。核心家庭成为城乡家庭的主导形式，直系家庭已经退居其次，传统的大家庭即使在农村也不多见。计划生育家庭占全国家庭总数的70%左右，城镇地区独生子女家庭已经成为主流，农村独生子女家庭比例占1/4以上。

调查表明，我国的婚姻状况相对保持稳定，但不稳定性已初露端倪。其中，未婚男性多集中在农村地区，而且分布在各个年龄组；未婚女性更多集中在城镇地区。50岁及以上农村男性的未婚比例在2%以上，这些仍未婚者极有可能终身不婚。

中国人口发展研究中心主任姜卫平指出，在我国城乡差别较大、人口流动等背景下，加上人们在择偶过程中的婚姻梯度选择，婚姻匹配的矛盾将不可避免地发生转移。其中，在一些贫困地区，条件较差的农村男性往往容易成为婚姻梯度挤压的最终承担者，导致经济欠发达地区一些大龄男性因择偶困难，被迫未婚甚至终身不婚。

国家卫生计生委计划生育家庭发展司司长王海东认为，今后应逐步建立符合家庭规模小型化、家庭类型多样化趋势的支持政策。研究出台密切家庭成员关系的相关民生政策，如建立父亲与母亲同样享受产假的政策；建立家中有 70 岁及以上老年人的成年人带薪假期政策；建立家中有 0~ 5 岁儿童的成年人带薪休假政策，促进父母特别是父亲在儿童抚育等方面发挥更多作用。

二、农村计划生育家庭收入优势突出

调查显示，工资性收入是家庭收入的最主要来源。城乡家庭收入差距较大，城镇家庭年均收入为农村家庭的 1.8 倍。全国家庭收入最低的 20% 家庭的年均收入为 9 745 元，占全部家庭总收入的份额为2.9%；收入最高的 20% 家庭的年均收入为 189 519 元，占全部家庭总收入的份额为 55.3%，是最低的 20% 家庭的 19 倍。农村家庭间的收入不均等程度大于城镇家庭。

相对于非计划生育家庭，农村计划生育家庭收入优势更为突出。计划生育家庭负债比重低于非计划生育家庭。消费支出前三位是食品、医疗保健和人情往来，共占家庭消费的 57.0%。其中，食品支出比重最大，达到 38.1%，城乡食品支出占比差异不大。

全国城乡家庭恩格尔系数为 40.4%，城镇比农村高 1.2 个百分点，总体相差不大。

三、老年人收入的三成用于看病

调查显示，成年人确诊慢性疾病的比例随年龄升高而增加。58.1% 的老年人患有经医生诊断的慢性疾病，以高血压、关节炎为主，女性的比例高于男性。城镇老年人患慢性疾病的比例高于农村。

老年人患慢性疾病未治疗的主要原因是自感病情轻和经济困难，看病和住院医疗费用占老年人年收入比例较高。老年人看病和住院医疗费用平均为 5 075 元，老年人医疗费用占其总收入的比例为 30.2%。农村老年人医疗费用负担高于城镇老年人。

城乡老年人自理状况差别大，老年人的护理需求和供给之间还有很大差距。家庭成员承担照料老人的主要责任，但仍有超过1/4不能完全自理的老年人缺乏照料。城镇老年人在生活自理能力和精神健康方面均优于农村，城镇老年人中生活能自理的比重高于农村。

王海东认为，我国家庭中失能、部分失能老人比例大，长期护理需求大，急需探索社会保险和商业保险相结合的筹资与资源分配、协调机制，开展以家庭为单位长期护理保险研究和制度设计研究。建立完善居家养老照护服务机制，鼓励医疗机构设立家庭病床。建议将医养结合纳入经济社会建设发展总体规划，出台促进医养业务融合发展的政策，促进养老模式创新和新业态涌现。

四、父母双方照料孩子只占7.5%

调查显示，无论是农村还是城镇，0~ 5岁儿童日常生活的主要照料人是母亲，其次是祖父母，但父母双方共同照料的只占7.5%。在日常生活照料过程中，父亲的角色发挥不足。

王海东认为，在儿童成长过程中，对孩子最好的照料方式应是父母双方共同照料。

调查显示，农村儿童父母陪伴时间少于城镇，父亲陪伴时间少于母亲，不完整家庭父母陪伴时间更少。农村儿童在园率低于城镇儿童，0~ 5岁农村儿童与同伴的交往频率高于城镇。家庭对孩子的期望主要是聪明健康，对促进情感发展的关注度较低。儿童抚养成本随年龄增长而增加，食品、教育、医疗为主要支出。

青少年的健康服务不足，农村家庭、留守家庭、不完整家庭的青少年在健康发展上处于劣势。仅约一半的青少年参加了健康体检。特殊家庭青少年性行为发生率高。15~ 17岁青少年性行为发生率为4.1%，其中，农村5.4%，城镇2.8%。发生初次性行为的平均年龄为15.9岁。初次性行为避孕比例为53.3%，青少年避孕知识及能力严重缺乏。

空巢老年人比重较高，占老年人总数的一半，农村面临的问题比城镇更严重。老年人的社会支持主要来自家庭，城镇老年人与子女的日常关系比农村更为紧密。社会化养老服务供给与老年人需求差距较大。农村老年人获得家庭支持的力度在减弱，因此对社会化养老服务需求更迫切。

五、农村留守儿童占比超过 1/3

调查显示，流动家庭与留守家庭成为常态家庭模式。流动家庭的比例接近 20%，农村留守儿童占比超过 1/3。

流动家庭属于一种特殊家庭，即一个完整家庭受成员迁移流动影响，分裂为两个部分，留在家乡的部分和离开家乡的部分。其中，离开家乡的部分称为流动家庭。流动家庭已经成为我国家庭模式中的一种重要形态。夫妻共同流动和夫妻携子共同流动，是当前家庭流动的主流模式。当前，我国流动家庭平均户规模为 2.59 人。

流动家庭就业抚养比虽然较低，但是收入结构较为单一，支出负担较重。与户籍家庭相比，流动家庭需要支出的项目更多，最突出的一项支出就是房租。流动家庭成员居住具有相对稳定性，居住时间越长，在流入地居住的家庭成员越多。流动家庭在老家平均还有 0.54 个家庭成员，户均支付给留守家庭成员费用为 4 040 元。

农村留守儿童占农村全部儿童的 35.1%。在农村留守儿童中，接近一半的父母双方都不在身边，比例达 47.2%。留守儿童比例最高的是中部地区和西部地区。分年龄看，留守儿童分布呈“倒 U”形，中间略有波动。两岁孩子留守比例最高，为 44.1%，随后开始下降。

农村留守妇女占 6.1%，其家庭经济状况较好。留守妇女从事体力劳动的比例高达 95.2%。农村留守老人占 23.3%，从事劳动比例高。由于主要劳动力的外出，留守家庭的农业生产功能、养育功能、情感和陪伴功能、赡养功能受到极大的影响。留守妇女和留守老人承担了原本由成年男性承担的繁重农业劳动。

姜卫平建议，积极构建农村留守家庭综合服务网络。创办留守儿童托管所、留守妇女和留守老人服务中心等社会组织，加强对留守人群的生活照护、心理疏导和劳动帮扶。

《人民日报》

（2015 年 05 月 14 日 15 版）

参考文献

[1] 于若木. 于若木文集 [M]. 北京：中共中央党校出版社，1999.
[2] 焦亮. 黄帝内经养生智慧 [M]. 北京：北京联合出版计公司，2015.
[3] 潘德孚. 人体生命医学 [M]. 北京：华夏出版社，2014.
[4] 陈文玲. 中国医药卫生体制改革改革报告 [M]. 北京：中国经济出版社，2015.
[5] 吴永宁，李筱薇. 第四次中国总膳食研究 [M]. 北京：化学工业出版社出版，2015.
[6] 郑子新，张荣欣. 现代营养全书——营养与健康卷 [M]. 成都：四川人民出版社，1999.
[7] 沈同. 生物化学. 2 版 [M]. 北京：高等教育出版社，1990.
[8] 王镜岩. 生物化学教程 [M]. 北京：高等教育出版社，2008.
[9] 洪昭光. 洪昭光健康养生精华集 [M]. 北京：新世界出版社，2007.
[10] 李媛. 水是人类的朋友 [M]. 北京：金城出版社，2010.
[11] 张清华. 战胜衰老 [M]. 北京：中国社会出版社，2002.
[12] 樊光春，程良斌. 紫阳茶叶志 [M]. 西安：三秦出版社，1987.